畜産学入門

唐澤　豊・大谷　元・菅原邦生　編

文永堂出版

表紙デザイン：中山康子（株式会社ワイクリエイティブ）
写 真 提 供：竹田謙一（表紙，裏表紙），栃木県畜産振興課（表紙右上）

まえがき

　家畜生産，つまり，畜産を取り巻く環境は，時代とともに大きくかわってきた．特に日本の畜産は，第二次世界大戦後（1945年以降）急速に発展した．その契機は，大戦後の食料難の時代に，アメリカからの余剰農産物である脱脂粉乳，コムギなどの援助物資を得て，学校給食の中で子供たちが従来の米食一辺倒の日本食から，パン食，脱脂粉乳などを主体とする欧米食に慣れ親しんだことにある．これに伴い一般の家庭でも，食生活は急速にそれほど抵抗なく欧米化が進み，国民所得の増加と相まって，1960年以降日本における畜産物の消費量は急増した．このことは，日本人の栄養改善に大きく貢献した．

　畜産物の需要の増大に応える形で政策的にも増産対策が講じられたため，牛乳，肉，卵の生産量は日本で急速に増加し，畜産業は飛躍的に発展，拡大することになった．それとともに，日本の大学には畜産技術者の養成や畜産に関する学術的な支援が求められ，大学や国，都道府県などの試験研究機関の整備充実が図られ，畜産業の急速な発展を基盤から支えることになった．畜産学教育はその中で，関連学問分野の進歩とともに変貌を遂げ，研究の深化，細分化が進んだ．そのため現在では，初心者が畜産学の全貌を理解し，把握しにくくなったきらいがある．また，畜産の発展は，専業大規模化を伴ったため，子供達にはかつて日常生活で身近に慣れ親しんだ家畜や畜産が，目に見えない遠い存在になるという事態を引き起こした．その結果，今までと異なりこれからは，畜産を学ぶ入門者が畜産のおおよそを理解し，その後の専門教育に円滑，かつ速やかに進むことができるための仕掛けと配慮が，導入教育には特に求められるようになっているように感じられる．本書はこの点に配慮して，まずは畜産の社会的な意義について理解を深めるために多くのページを割いた．

　乳，肉，卵などの畜産物は栄養価において非常に優れた食品である．しかし，BSE（ウシ海綿状脳症）や高病原性インフルエンザの発生，ならびに病気治療に

使う抗生物質耐性菌の出現などにより，最近，畜産物の安全性が大きな課題となっている．また，家畜生産と環境負荷との関係，家畜福祉と家畜飼育との関係については，法的規制とのからみで対応が必要である．さらに最近は，TPP（環太平洋戦略的経済連携協定）に対する対策も必要になりつつある．したがって，生産効率一辺倒だった従来の畜産から，これらを十分に考慮し，リスク回避した畜産への移行が，必須で急務な状況にある．畜産学教育ではこれに早急に対応して，関連する知識と技術を身に付けた人材の養成が行われなければならない．本書においては，それらの点を十分満たすよう，できるだけわかりやすく，専門用語についてもていねいに解説し，また多くの図説を掲載するなどの配慮をして編集を行った．

　本書が，畜産を初めて学ぶ学生の専門教育の導入書となる教科書として，また，一般の方々に畜産の現状を理解していただくうえで役立てば幸いである．

　本書の完成には，著者以外の多くの方々から資料の提供などのご協力を頂いた．また，本書の企画から，編集，出版にわたり，文永堂出版（株）の鈴木康弘氏に終始お世話になった．記してお礼を申しあげる．

　　平成24年5月吉日　　　　　　　　　編集者を代表して　唐澤　豊

執 筆 者

編 集 者

唐澤　豊	信州大学名誉教授
大谷　元	信州大学名誉教授
菅原邦生	宇都宮大学名誉教授

執筆者（執筆順）

唐澤　豊	前掲
大谷　元	前掲
西村敏英	女子栄養大学栄養学部
水町功子	農研機構 西日本農業研究センター
竹之内一昭	元・北海道大学大学院農学研究院
小原嘉昭	東北大学名誉教授
平松浩二	信州大学学術研究院農学系
森　　誠	静岡大学名誉教授
祐森誠司	東京農業大学農学部
小林茂樹	元・北里大学獣医学部
山崎　信	農研機構 畜産研究部門
米持千里	アメリカ穀物協会
大下友子	農研機構 北海道農業研究センター
近藤誠司	北海道大学名誉教授
松下浩一	山梨県畜産酪農技術センター養鶏科
長田　隆	農研機構 畜産研究部門
竹田謙一	信州大学学術研究院農学系

執筆者

都築政起	広島大学大学院生物圏科学研究科
万年英之	神戸大学大学院農学研究科
甲斐 藏	日本大学生物資源科学部
小野珠乙	信州大学学術研究院農学系
中井 裕	東北大学大学院農学研究科
横山次郎	日本農産工業株式会社ヨード卵部
小林信一	日本大学生物資源科学部
信岡誠治	東京農業大学農学部
菅原邦生	前　掲
伊東正吾	元・麻布大学獣医学部
岡本全弘	酪農学園大学名誉教授
北川政幸	京都大学大学名誉教授
岡野寛治	滋賀県立大学名誉教授

目　次

第1章　家畜生産の意義と役割……………………………（唐澤　豊）…1
1．家畜とは………………………………………………………………… 1
　1）家畜の起源（家畜はどこから来たのか）………………………… 1
　2）日本にはいつ来たのか……………………………………………… 2
　3）家畜化の進行と能力の向上………………………………………… 3
　4）家畜の種類…………………………………………………………… 5
2．畜産，畜産学………………………………………………………… 8
　1）日本における畜産の発達…………………………………………… 9
　2）多様な家畜生産の展開………………………………………………13
　3）畜産の発展を支えた技術（畜産技術史）…………………………15
3．家畜生産の意義………………………………………………………18
　1）資源の循環……………………………………………………………18
　2）優れた食品の生産（国民栄養における畜産物の重要性）………20
　3）生活資材の生産………………………………………………………23
　4）医療用資材の生産と畜産……………………………………………23
　5）保健休養機能と家畜…………………………………………………23
　6）そ　の　他……………………………………………………………24
4．畜産と環境……………………………………………………………25
　1）物質循環と食物連鎖…………………………………………………25
　2）畜産の環境側面………………………………………………………27
　3）環境に負荷をかけない畜産…………………………………………29
　4）環境負荷物質の低減化技術…………………………………………31

第2章　畜産物の利用……………………………………………………33
1．乳と乳製品……………………………………………………（大谷　元）…33
　1）乳の種類と乳質………………………………………………………33
　2）牛乳および乳製品とその製造法……………………………………35

viii　目　　次

2．肉と肉製品……………………………………………（西村敏英）…42
　　1）肉の種類と品質…………………………………………　42
　　2）肉の加工と肉製品………………………………………　47
3．卵と卵の利用…………………………………………（水町功子）…50
　　1）卵の種類と成分，品質…………………………………　50
　　2）鶏卵の品質と規格………………………………………　51
　　3）鶏卵の加工………………………………………………　51
4．機能性食品としての畜産物…………………………（水町功子）…52
　　1）牛乳の機能成分…………………………………………　52
　　2）鶏卵の機能成分…………………………………………　53
　　3）食肉に含まれる機能性成分……………………………　54
5．皮，毛，羽毛…………………………………………（竹之内一昭）…54
　　1）皮　　革…………………………………………………　54
　　2）毛…………………………………………………………　57
　　3）羽　　毛…………………………………………………　58
6．医療用器材の生産……………………………………（唐澤　豊）…58

第3章　家畜の生産機能……………………………………　61
1．乳　生　産……………………………………………（小原嘉昭）…61
　　1）乳腺の構造と発育………………………………………　61
　　2）泌乳の調節………………………………………………　63
　　3）乳量，乳成分……………………………………………　66
　　4）搾乳技術の発達…………………………………………　70
2．肉　生　産……………………………………………（平松浩二）…71
　　1）家畜の成長の生理………………………………………　71
　　2）産肉量に影響する要因…………………………………　73
　　3）肉　　質…………………………………………………　76
3．卵　生　産……………………………………………（森　　誠）…78
　　1）産　卵　生　理…………………………………………　78
　　2）産卵を制御する要因……………………………………　82

第4章　栄養と飼料…………………………………………　85
1．栄養，栄養素，栄養学………………………………（唐澤　豊）…85

1) 栄養, 栄養素……………………………………………… 85
　　2) 栄　養　学…………………………………………………… 86
　2. 栄養素の化学………………………………………（祐森誠司）… 86
　　1) タンパク質, アミノ酸…………………………………… 86
　　2) 炭 水 化 物……………………………………………… 88
　　3) 脂　　　　質……………………………………………… 89
　　4) ビ タ ミ ン……………………………………………… 90
　　5) ミ ネ ラ ル……………………………………………… 92
　3. 採食, 消化, 吸収……………………………………（祐森誠司）… 93
　　1) 採食（摂食）, 家畜の消化器 ………………………… 93
　　2) 栄養素の消化と吸収…………………………………… 95
　4. 栄養素の代謝…………………………………………（小林茂樹）… 96
　　1) タンパク質の代謝……………………………………… 96
　　2) エネルギーの代謝………………………………………100
　　3) 飼料エネルギーの分配…………………………………102
　5. 栄養素要求量と飼養標準……………………………（山崎　信）…103
　　1) 栄養素要求量の求め方…………………………………103
　　2) 飼養標準の役割…………………………………………106
　6. 飼　　　料……………………………………………………108
　　1) 飼 料 と は……………………………((1)～(2) 唐澤　豊, (3) 米持千里)…108
　　2) 栄養価の評価とその方法……………………（唐澤　豊）…113
　　3) 飼料の自給率と輸入…………………………（唐澤　豊）…117
　　4) 飼 料 資 源……………………………………（唐澤　豊）…118
　　5) 飼料作物と牧草………………………………（大下友子）…126
　　6) 飼料の加工と貯蔵……………………………（大下友子）…131

第5章　飼 養 管 理………………………………………………135
　1. 早期離乳と人工哺育…………………………………（近藤誠司）…135
　2. 飼 育 設 備……………………………………………………136
　　1) ウシの飼育方式………………………………（近藤誠司）…136
　　2) ブタの飼育方式（豚舎, 飼料貯蔵受入れ施設）………（近藤誠司）…142
　　3) ニワトリの飼育方式他………………………（松下浩一）…144
　　4) 堆　肥　舎……………………………………（松下浩一）…149

3．生産と環境……………………………………………（松下浩一）…150
　　1）温度管理………………………………………………………150
　　2）光線管理………………………………………………………151
　　3）換気量…………………………………………………………151
4．畜産経営の環境対策…………………………………（長田　隆）…152
　　1）畜産のもたらす環境負荷……………………………………152
　　2）環境負荷防止対策……………………………………………155
　　3）法規制と新たな技術動向……………………………………159
5．アニマルウェルフェアと動物飼育への倫理配慮……（竹田謙一）…160
　　1）アニマルウェルフェアの定義と基本原則…………………160
　　2）アニマルウェルフェア思想の歴史的背景…………………162
　　3）アニマルウェルフェアに配慮した畜舎……………………164
　　4）アニマルウェルフェアへの誤解と家畜生産………………165
　　5）アニマルウェルフェアと法整備……………………………167

第6章　家畜の品種と改良，増殖……………………………………169
1．家畜の品種……………………………………………（都築政起）…169
　　1）ウシの品種……………………………………………………169
　　2）ブタの品種……………………………………………………171
　　3）ニワトリの品種………………………………………………176
2．遺伝と育種……………………………………………（万年英之）…178
　　1）家畜育種の目的………………………………………………178
　　2）形質の遺伝……………………………………………………182
　　3）集団の遺伝……………………………………………………186
　　4）交配法…………………………………………………………187
3．繁　　殖………………………………………………（甲斐　藏）…188
　　1）繁殖とホルモン………………………………………………188
　　2）性現象の生理…………………………………………………193
　　3）生殖細胞とその生理…………………………………………196
　　4）受精と着床……………………………………………………198
　　5）妊娠と分娩……………………………………………………200
4．家畜の改良技術………………………………………（小野珠乙）…203
　　1）人工授精………………………………………………………204

2）胚　移　植 ··· 205
　　3）体 外 受 精 ··· 206
　　4）胚　操　作 ··· 207
　　5）発情周期の同期化 ··· 207
　　6）選 抜 淘 汰 ··· 208

第7章　安全な畜産物の生産 ·· 209
1．畜 産 衛 生 ····································（中井　裕）···209
　　1）生産と動物衛生 ··· 209
　　2）感染症とその予防 ··· 213
　　3）衛 生 管 理 ··· 215
　　4）家畜衛生と法規制 ··· 216
2．畜産食品の衛生と管理 ·· 217
　　1）生産製造過程における危害 ···············（横山次郎）···217
　　2）給与飼料と畜産物の安全性 ···············（米持千里）···225
　　3）ポジティブリスト制度 ····················（米持千里）···229
3．畜産物の流通管理と安全性の担保 ············（米持千里）···231

第8章　畜産経営と畜産物の流通 ·································· 233
1．世界の中の日本畜産 ·························（小林信一）···233
　　1）世界の家畜飼養頭羽数 ······································ 233
　　2）世界の畜産物消費 ··· 234
　　3）日本畜産の発展と停滞 ······································ 235
　　4）日本畜産の発展方向 ·· 241
2．生産の形態と経営 ·····························（信岡誠治）···245
　　1）土地利用型畜産（草地畜産）·· 246
　　2）施設型畜産（舎飼い畜産）·· 251
　　3）コンフォート畜産 ··· 255
　　4）有 機 畜 産 ··· 256

第9章　家畜飼育の実際 ·· 257
1．養　　　鶏 ····································（菅原邦生）···257
　　1）コマーシャルヒナ ··· 257

2）ニワトリの栄養と飼料……………………………………………258
　3）飼育形態と施設および設備………………………………………260
　4）飼　　　育…………………………………………………………261
2．養　　　豚……………………………………………（伊東正吾）…266
　1）ブタの銘柄（各地の銘柄豚作出法）……………………………266
　2）飼養形態と施設および設備………………………………………267
　3）ブタの栄養と飼料…………………………………………………270
　4）飼　　　育…………………………………………………………271
3．酪　　　農……………………………………………（岡本全弘）…275
　1）酪農の経営形態と施設……………………………………………275
　2）栄養と飼料…………………………………………………………277
　3）繁殖生理と交配および分娩………………………………………279
　4）飼　　　育…………………………………………………………280
　5）飼育環境と泌乳生理………………………………………………283
4．肉　　　牛……………………………………（北川政幸・岡野寛治）…284
　1）銘柄牛の作出………………………………………………………284
　2）肉牛経営のタイプ…………………………………………………285
　3）飼育方法と施設および設備………………………………………285
　4）飼料の種類と給与…………………………………………………287
　5）肥 育 技 術 ………………………………………………………288
　6）衛生と病気…………………………………………………………291
5．その他の家畜…………………………………………（唐澤　豊）…293
　1）ヒ　ツ　ジ…………………………………………………………293
　2）ヤ　　　ギ…………………………………………………………293
　3）ウ　　　マ…………………………………………………………294

参 考 図 書……………………………………………………………………295
索　　　引……………………………………………………………………299

第1章

家畜生産の意義と役割

1. 家畜とは

　家畜とは,「その繁殖がヒトの管理のもとで行われ人間の利用目的にかなった形質および能力を付与された動物」をいい,農用動物（ウシ,ブタ,ニワトリ,シチメンチョウ,ウズラ,ウマ,ヒツジ,ヤギ,ロバ,スイギュウ,カイコ,ミツバチなど）,伴侶（愛玩）動物（イヌ,ネコなど）,実験動物（ラット,マウス,ウサギ,イヌ,サルなど）の3つに分けられる．狭い意味では,家畜は農用動物のことを指す．本書では農用動物のうち,代表的なウシ,ブタ,ニワトリの畜産について主に述べることにし,養蜂や養蚕については言及しない．

1）家畜の起源（家畜はどこから来たのか）

　イヌが最も早く家畜化され,それは中国オオカミを祖先とし東アジアで今から1万5千～2万年前であった．

　ヒツジとヤギは1万～1万2千年前に,西南アジアの山沿いの地域で,肉,毛皮の利用を目的に家畜化されたと考えられる．ヒツジの先祖は,ユリアル（*Ovis vignei*）とムフロン（*Ovis orientalis/musimon*）,アルガリ（*Ovis ammon*）で,現在の家畜のヒツジはアルガリを祖先とするものが最も多く,ヤギの原種は西アジアの山岳地帯に生息したベアゾールヤギ（*Capra aegagrus aegagrus*）である．ヒツジやヤギがきわめて早い時期に家畜化された理由は,粗末な草類を肉や毛皮に効率よく変換できる反芻動物[注]であること,比較的小型で,群れで生活する傾

注）複数の胃を持っており,いったん食べた飼料を第一胃から逆蠕動運動で口に戻し再度噛み返す行動を反芻といい,反芻を行う動物を反芻動物という．ウシ,ヒツジ,ヤギ,ラクダ,トナカイ,シカなどがある．

向が強いため，管理しやすい動物であることが考えられる．

ブタは中国大陸と西南アジアで1万年以上前に，またその他の地域でも別個に，多元的に家畜化された可能性がある．ブタの原種はイノシシで，アジアのスス・ウィタートス（*Sus vittatus*）とヨーロッパのスス・スクローファ（*S. scrofa*）の2種である（図1-1）．

ウシは8～9千年前，西アジアで，最初は肉用，役用に家畜化され，その後遅れて乳用に利用された．現在見られるウシの祖先はヨーロッパのこぶのないボス・タウルス（*Bos taurus taurus*）と，アジアのこぶのあるボス・インディカス（*B. taurus indicus*）である．

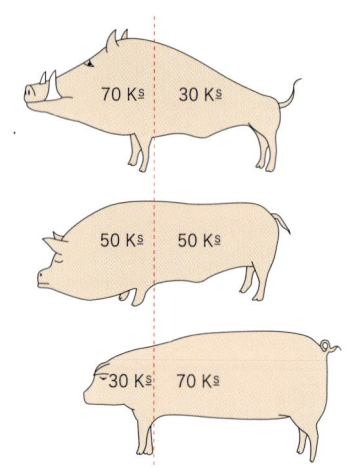

図1-1 ブタの祖先イノシシとブタ
（Hammond, J., 正田陽一が模式化，1981）

ニワトリは東南アジアの大陸部で5～8千年前に赤色野鶏（*Gallus gallus bankiva*）から家畜化され，最初は肉用であったが，のちに改良されて卵用のものが作られた．

ウマはタルパン（*Equus ferus gmelini*）から軽種馬，モウコノウマ（野馬）（*E. ferus przewalskii*）から蒙古馬，シンリン（森林）タルパンから重種馬が肉や乳を目的に南ロシアで，ロバは野生ロバから北アフリカで，5～6千年前に家畜化されたという．

スイギュウはインドで5千年前に，最初は肉用を目的に家畜化されたとみられ，のちに役用に使われるようになった．

2）日本にはいつ来たのか

日本にウシが伝えられたのは，稲作伝来と同時期の縄文後期から弥生初期（紀元前300年前後）である．大陸からの移住者が稲作とともに耕作用にウシを持ち込んだといわれる．日本に持ち込まれたウシは，ボス・タウルスと考えられている．

大陸からニワトリが日本に伝えられたのは，紀元前300年前後で，小型の地鶏系のものは古墳時代前に，大型のシャモ系のものは鎌倉時代前に渡来したといわれ，その後平安時代から江戸初期にかけて中国や東南アジアから新種のニワトリが次々と入ってきた．その後愛玩用に改良されて，尾長鳥など日本独特の日本鶏がいくつか作出された．現存する日本鶏で，天然記念物に指定され保存されているものは17品種ある．

産業動物として家畜が外国から日本に本格的に導入されたのは，日本における産業としての畜産が解禁され，富国強兵のため軍用馬として馬産に，また，畜産物の生産に政策的に取り組み始めた明治以降（1868年）である．

3）家畜化の進行と能力の向上

(1) 家畜化の目的

本来，家畜化の目的は，その用途によって設定され，それに向けて動物の育種改良が行われた結果，その目的とする用途に適した家畜の品種が成立することになる．家畜を利用するヒトの立場から分類すると，①乳，肉，卵などの畜産食品の生産，②毛，皮，革などの生活資材の生産，③運搬，乗用，農耕などの役用，④愛玩，鑑賞，福祉などの文化的な用途，⑤医薬品開発などの動物実験用，⑥ワクチン，抗体などの医療用資材の生産，⑦肥料生産用などである．

家畜が現在のように用途別に分化し，品種として成立したのは，最近200〜300年のことである．それまで，ウシは地域の気候，風土に適し，役用に優れたものがそれぞれの地域ごとに選抜され，在来種として飼養されてきた．ウシは主に運搬，耕作の役用にもともと利用されたのが，その後，乳，肉にも利用されるようになり，家畜飼養の多目的化が進んだ．その後，農業の機械化の進展とともに，役用としての利用はすたれ，農業から畜産業が分派して専業化が進み，乳肉兼用，さらには時代とともに乳用，肉用など，それぞれ用途別に高い能力が求められるようになり，特化した専用種としての改良が行われ品種が成立することになる．

現在では，役利用と文化的な用途を除けば，家畜化の主な目的はすべて，ヒトの利用できない飼料を効率的に変換してヒトにとって良質で有用な畜産物を生産することにあるといえる．しかし，家畜の医薬品開発などへの実験動物としての

利用，医療用資材の生産など新しい家畜飼養の用途も今後増大し，そのための家畜改良が行われる可能性がある．

(2) 家畜化と能力の向上

ヒトと動物との関係は，動物を幼獣のときから飼育すると，ヒトに対する依頼的・従属的習性が発達する．ヒトが何代も継続して飼育するうちに，従属性について選抜淘汰が加わると，家畜にはヒトに対する慣れが高度に発達してくる．

経済形質に見られる生産性向上は，家畜化の大きな成果である．生殖に関連する機能の向上は，卵子や精子の形成をはじめとする発情，交尾，受胎，分娩，子育てなどの早熟化，排卵卵子数の増加（一腹産子数の増加）となり，乳腺の発達による育成率の向上となる．一方，野生動物には欠かせないが，家畜には不用な形質が除かれる．野鶏は，産卵後，就巣，抱卵，孵化，育雛の過程を経て子孫を残すが，この間，産卵を停止し休産状態になる．孵卵器の発明によりニワトリの生存および増殖に就巣性が必要なくなったため，この性質を育種改良により取り除くことによって，もともと年間せいぜい20個程度の産卵数が300個以上にもなるニワトリが作出され，これによって養鶏産業は飛躍的に発展することになった．

その他，近代遺伝・育種学の発展と応用により，乳量や産肉性の増加，飼料効率（生産物の量／そのとき摂取した飼料の量）の向上など家畜改良の成果には目覚ましいものがある（表1-1）．

家畜の抗病性，栄養素の利用性，耐暑性，馴致性，繁殖性能などもまた，家畜

表1-1 家畜化されたブタと野生のイノシシの比較

	ブタ	イノシシ
毛色	白，赤，褐，灰，黒色	濃淡はあっても褐色
頭骨	下顎骨の短縮	強力な顎，鋭い牙
発育（90kg到達に要する）	6ヵ月	1年
腸の長さ	26m	17m
性成熟	早い	遅い
繁殖能力	周年繁殖	季節繁殖
産子数	10頭以上	5頭
体型	産肉型（後躯が発達）	運動型（前躯が発達）
性質	おとなしく従順	荒い気性
行動範囲	狭い	広い

の生産性に関係する重要な資質である（☞第6章2.「遺伝と育種」）．

4）家畜の種類（☞第6章）

　家畜に含まれる種とは，ウシ，ブタ，ニワトリなどで，分類上の最小単位であり，同一種内では交配が可能である．さらに同一の種に属するが，他と識別できる遺伝的特徴を共通に持つ集団のことを品種といっている．地球上にはおよそ，哺乳動物が8,500種，鳥類が8,600種，魚類が25,000種存在する．そのうち家畜化されている動物は100種以下で，乳用，肉用のために飼育している家畜は，両方で20種以下である．

　求められる家畜の品種は，畜産経営の形態によって異なる．他の耕種農業と合わせての自給的な家畜飼育であれば，乳肉兼用種や卵肉兼用種が求められ，畜産専業とその経営の大規模化とともに生産目的に沿って乳，肉，卵の生産性の高い専用種が求められるようになった．現在，多くの先進諸国では，畜産は専用種を飼養する専業大規模化が進み，これが近代畜産の主流になっている．

　一方，その土地で飼養されてきた在来家畜は，役用，肉用，乳用能力だけでなく，耐暑性，抗病性，放牧適性，従順性，持久力，粗飼料利用性などの点からも，自然または経験的，伝統的人為淘汰によってその土地に成立した特有の品種であり，その土地の気候風土に適し農業や生活のシステムによく適合した家畜である．

(1) ウシとは

　ウシなどの反芻家畜は草食性で4つの胃を持ち，最も大きい第一胃は多量の微生物を含む発酵槽になっており，ここで飼料が発酵され，その発酵産物が牛乳や肉の生産に利用される．つまり，ウシは人間の利用できない資源を良質な動物性食品をはじめ必要な生活資材に変換することができる，欠くことのできない家畜である．

　牛乳生産を目的とするウシを乳用牛といい，世界で最も多く飼養され，日本でも代表的な品種はホルスタイン種である．ホルスタイン種は，ヨーロッパ原産で，毛色は白黒斑，または白茶斑，体重は雌600kg，雄1,000kgと大型で，乳量は年間1万kgを超えるものも珍しくない．ホルスタインは高温環境に弱いが，耐暑性に富み山地での放牧に適するジャージー種が，わずかではあるが日本で飼養

されている．これは小型褐色で，乳量は年間 3,600kg と少ないが，乳脂率が 4〜5％と高い．

　肉生産を目的とするウシを肉用牛といい，日本で代表的なものは黒毛和種である．もともとは農耕，運搬に用いられたが，明治時代初期に改良のため欧州種が交配され，その後品種内で交配，改良を進め，役肉兼用種になった．農業の機械化の進展とともに，1960 年代から肉専用種への改良が行われ，神戸牛，松坂牛などの銘柄牛が作出された．その美味な肉質から霜降り肉（筋繊維が細く，筋肉内に脂肪が入った肉）として，黒毛和牛は世界的なブランド肉になった．体重は雌 550kg，雄 900kg と比較的小型である．その他，褐毛和種(あかげ)は熊本県と高知県で，無角和種は山口県萩市や阿武郡一帯で，日本短角種は青森，岩手，秋田の各県で少数飼われている．外国で飼養されている代表的な品種としては，アバディーン・アンガス，ヘレフォード，シャロレーなどがある．和牛の原型を留めるウシとして見島牛が知られている（山口県萩市）．

　肉専用種の他，肉用には乳用種雄去勢牛，乳用種雌牛およびこれらの交雑種が用いられる．その意味では，ホルスタインも乳肉兼用牛ともいえるが，初めからそれを意図して育成された乳肉兼用品種としては，ブラウン・スイスやシンメンタールがある．

(2) ブタとは

　ブタは肉生産のために，生後約 6 ヵ月間肥育し体重 100〜120kg になったとき出荷される．現在では，肉の生産のための素豚(もとぶた)[注1]には，60％以上は三元交配の雑種が用いられる．素豚生産に使うブタの代表的品種には，繁殖に優れ産肉性とのバランスがよい大ヨークシャー種，肉質のきめが細かく食味に優れているバークシャー種，繁殖に優れたランドレース種，脂肪が筋肉内に編み目状にサシが入るデュロック種，付加価値の高い部位が多く産肉性に優れているハンプシャー種などがある．中国大陸には，体型，毛色など種々雑多なブタが飼われており，これを総称して中国種と呼んでいる．

　代表的な三元交配のやり方は，繁殖に優れたランドレース種（L）と大ヨークシャー種（W）を交配して得た雑種豚（LW）を子取り用の母豚とし，雄豚とし

[注1] 素豚とは肉生産のための肥育用子豚のことで，同様の意味で肥育用の子牛を素牛(もとうし)と呼ぶ．

て肉質の優れたデュロック種（D）を使って肥育用の雑種豚の子（LWD）を取るという方法で，繁殖性，産肉性，肉質について雑種強勢（ヘテローシス）[注2]の効果を期待している．このときL，Wを原原種豚，LWとDを原種豚という．それぞれの品種の特徴を考えて独自に作出した雑種豚を独自のブランド豚として売り出している例が多い．

(3) ニワトリとは

卵生産を目的とするニワトリを卵用鶏（採卵鶏）といい，イタリア原産の白色レグホーン種が代表的な品種である．改良が進み，現在では平均年間産卵数は280個で，年間最多産卵数は365個の記録がある．

肉生産を目的とするブロイラーのコマーシャルヒナは，卵を比較的多く産む卵肉兼用種の白色プリマスロックの雌に成長の早い肉用種の白色コーニッシュの雄をかけて得た雑種が大半である．ブロイラーとは，孵化後7〜8週齢で出荷される若齢肥育のニワトリの総称で，雄は孵化後8週齢で3kgにもなる肥育効率の高い系統間交雑種である．肉用種としてはその他，ブラーマ種，コーチン種などがあり，卵肉兼用種としてはその他，ロードアイランドレッド種，横斑プリマスロック種などがある．

地鶏とは，古くから郷土料理に用いられた肉用鶏で，愛知の名古屋コーチン，秋田の比内鶏，鹿児島の薩摩鶏などが知られている．ただし，比内鶏は昭和17年に天然記念物として指定されたために，食べることができなくなり，現在ではロードアイランドレッド種との一代雑種を，比内地鶏として生産および販売している．

こうした地域の在来地鶏や，肉質に定評のあるシャモなどを利用し，卵肉兼用や肉用の外国種と交雑を図るなどの研究の結果，「銘柄鶏（特殊肉鶏）」が開発され，肉のうま味を求める消費者の需要に応えた高級鶏肉として販売されている．

(4) そ の 他

ヒツジとヤギは，第二次世界大戦の前後にわが国でも多く飼養されたが，現在の飼養頭数は少ない．ヒツジでは肉用のサフォーク種，毛用のメリノ種，毛肉兼

注2) 雑種強勢とは，雑種である子の能力が，両親よりも優れている現象のことをいう．

用のコリデール種などが知られている．ヒツジは群れて飼いやすく，世界で 5.5 億頭以上が飼養され，主に毛や肉が用いられるが，乳も利用される．羊毛産地としてはオーストラリアやニュージーランドが有名であるが，飼養頭数が最も多い国は中国である．

ヤギには肉用のシバヤギ，乳肉兼用のヌビアン種，乳用の日本ザーネン種，毛用のアンゴラやカシミヤヤギなどがある．世界で 7 億頭が飼養され（FAO, 1997），うちアジアが 65.7％を占め，飼養頭数は世界的に増加傾向にある（☞第 6 章 1.「家畜の品種」および第 9 章 5.「その他の家畜」）．

2．畜産，畜産学

畜産とは，「土地の生産力を用いて作った飼料で家畜を飼養し，これを利用して人類に必要なものを生産し，その生産物を利用することである」という（上坂章次，1965；清水寛一，1993）．しかし現在では，飼料原料は土地からの直接的な生産による他，食品工業副産物，食品残渣なども多く用いられていることから，飼料の由来にこだわることなく，「家畜を飼養し，人類に必要なものを生産し，その生産物を利用すること」を，単に畜産といって差し支えない．

生産物としては，乳，肉，卵，脂肪，蜂蜜などの食料があり，生活に必要な資材としては，羊毛，皮革，骨，角，羽などがあることから，これらを生産し利用することを一般的に畜産といっている（狭義の意味）．

血清，ワクチンなどの医療用資材も生産物として重要であり，その他，物の生産ではないが乗用，耕耘，荷物運搬などの役利用，堆肥，燃料，愛玩用動物としての利用などもある．また，実験動物の生産も広義の意味では畜産の範疇に入る．

経済動物である家畜を対象に，人間の経済活動と関連させながら生命現象を解明しようとするのが畜産学である．畜産学はその点において，動物学や動物科学が生命現象をその応用価値を考えることなく自然現象そのものとしてその奥にある法則性を明らかにしようとしていることと，根本的に異なっている．

1）日本における畜産の発達

(1) 家畜飼育の目的の変遷

　奈良・平安時代には支配者の周辺に馬飼部，牛飼部，猪飼部，鳥飼部という家畜飼養の専門家集団がいて，家畜生産を行っていた．天武天皇が牛馬肉用禁令（673年）を出し，聖武天皇が官私牛馬の屠殺禁止（724年）を出したことから，この時期まで牛馬をはじめ家畜が相当数飼養され，これらの肉が食べられていたことがうかがえる．大宝律令（701年）には，各地に「馬の牧（国家の管理していた牧場）」を置いて，政府機関としての「馬医寮」を設置していた記録が残っていることから，かなり広範囲に牛馬が飼われていたとみられる．鎌倉後期の書，『国牛十図』には「ウマは関東をもって先とし，ウシは西国をもって基とす」とあるように，すでにこの時代，関東はウマの産地，関西はウシの産地になっていた．江戸時代後期（1740年以後）には牛馬の商品化が進み，南部馬，三春駒などの馬産地の東北をはじめ，北関東，中部地方のウマや，但馬牛などの中国山地のウシ，南九州の牛馬などが有名となり流通が活発になった．

　肉食禁令後，牛馬は表向き軍用，交通用，運搬用，一部農耕用の役畜として使われることになった．わが国に犂耕技術が入ったのは奈良時代である．この犂耕は，近畿，瀬戸内，北九州などの先進地には普及したが，東日本には加賀，甲斐を除けば明治になるまで普及しなかった．ただし，田んぼの代かきには，牛馬がどこでも用いられた．牛馬の飼養は，林野での放牧や草刈によって行うため，近くに共有林や入会林野を持たない平野部の農家はできなかった．そこで，牛馬を役用に賃貸借する，北陸の手間馬（注）または田馬，中国地方（島根，鳥取）の鞍下牛，四国（阿波）の米牛と呼ばれる慣行が，江戸時代から発達し，昭和20年代まで続いた．

　1960年頃までの日本農業に，農産物や農業資材の運搬や，農地の耕耘，除草など畜力が果たした生産性向上と農民の労力の軽減への貢献ははかり知れない．

　注）富山県の手間馬は，昭和8年の農繁期に7千数百頭であり，うち4千数百頭は県外の馬が賃貸借された．当時，富山は耕地のうち水田の割合が77％と高く，そのうち牛馬耕に適する乾田が88％と多かったうえ，冬季の積雪のために大家畜の飼養が困難であり，売薬行商をする者が多いことからウマの移動に関与する機会が多く，また，県民性が経済的利益の追求に熱心であることと近在に馬産地を持っていることなどから，手間馬が広く行われた．

また，牛馬耕に加えて，堆肥の生産も農業生産の向上には欠かせなかった．このように，それまでの耕作農家にとって家畜は必須で大切な宝であったが，昭和30年（1955年）代から導入が始まった耕耘機やトラクター，それに化学肥料の普及は，耕作農家から家畜を駆逐し，耕，畜の分離を起こす契機になった．ウシの飼育目的は役肉兼用から肉専用へ転換し，以後急速に家畜生産の専業化と大規模化が進むことになった．

ウマは役用の他に軍馬として重要であった．古代から国家的な規模で馬産行政が進められ，戦国時代には領主が良馬の生産に努めた．江戸時代には，ウマの飼い方や調教方法を書いた大坪流の馬術書や，解馬新書などのウマに関するいろいろな書物が刊行された．明治時代以後は，富国強兵のための軍馬生産を国策として進め，外国馬との交配により改良に努め成果をあげた．しかし，第二次世界大戦の敗戦（1945）とともに軍馬の時代は終わり，1948年以降日本の畜産は馬産から畜産物の生産という本来の畜産へ大きく舵を切ることになった．

(2) 肉食の普及と定着

538年に仏教が百済から伝えられると，仏教の肉食禁止の教えにより，天武天皇は「牛馬犬猿鶏の肉を喰うなかれ，犯す者あれば罰する」という布告を出し，次いで聖武天皇は「殺生禁断の令」を出すなど，奈良時代以降たびたび布告が出され，江戸時代が終わるまで（1868年以後）表向きはこれらの肉を食べられなくなった．しかし，薬食いと称してシカ，イノシシ，ヤマドリ，カモ，クマなどの山肉が当初は陰で，江戸時代の元禄や文化文政の頃から幕末には公に一般人もこの薬食いをするようになった．また，江戸時代に彦根藩では牛肉の味噌漬けが作られこれが将軍などに贈られていたように，為政者は陰で半ば公然と肉食をしていた．

日本で肉食が本当の意味で始まったのは，明治時代になってからである．開国に当たり横浜に作られた外国領事館などへ，関西地方から集められた牛肉が神戸港から積み出された．1872年（明治5年）1月に明治天皇が牛肉料理を食べたことが新聞に大々的に報じられ，牛肉は滋養によいと福沢諭吉がいった影響もあって徐々に肉食が広がり，大正から昭和の初期にかけて肉料理が普及し，肉消費量が増加した．その後消費量は，第二次世界大戦の影響によって戦後一時的

表 1-2　牛肉，豚肉，鶏肉の国産および輸入供給（需要）量の経年変化

年	1934〜1938*	1951	1960	1970	1980	1990	2000	2005
牛肉	61	67	141	282	431	555	520	500
	13	0	6	33	172	549	1,055	658
豚肉	58	50	149	779	1,430	1,536	1,255	1,245
	0	0	6	17	207	488	952	1,247
鶏肉	21	12	103	496	1,120	1,380	1,195	1,273
	0	0	0	12	80	297	686	428

*平均値．上段数値は国産量，赤文字数値は輸入量．単位は千 t．　　　　（坂田亮一，2005）

に激減したが，1955年（昭和30年）頃から急激に増加し，肉食が一般化した．ブタの生産は1956年に戦前のピークに戻り，ニワトリの飼養羽数は1958年に戦前のピークを越え，生産量の回復と増加に加え，その後の食肉輸入量の増加がその消費を支えた．

日本人1人当たり年間の肉消費総量は約45kg（枝肉ベース）で，アメリカ，オーストラリア，フランスなどの半分以下であるが，2005年の食肉需給量は1960年の約14倍にも達している（表1-2）．

(3) 乳の文化

ウシは日本に6世紀頃に仏教とともに持ち込まれた．呉の国（古代中国の一部）からの帰化人・智聡は，高麗（朝鮮王朝の1つ）から手に入れた医書により，牛乳は医薬としての効能があることを知り，その子福常（のちに善那）は645年に孝徳天皇に牛乳を献上し，「和薬使主（やまとのくすしのおみ）」の称号を賜った．この頃から日本最古の乳製品である酪，蘇，醍醐（らくそだいご）(注)（現在のヨーグルト，バター，チーズといわれる）などが薬として利用され始めた．飛鳥・奈良・平安時代にかけて蘇を奉納する貢蘇の儀が制度化されたが，平安時代の終焉とともに，それはすたれ，以後牛乳利用の空白時代となった．

1727年に徳川吉宗は，千葉県嶺岡に牧場を設け，輸入した白い印度牛を飼い「白牛酪」の製造を始めた．1856年に，下田に来たアメリカ人のタウンゼント・ハリスは，幕府に牛乳を所望する嘆願書を提出し，1863年に横浜の前田留吉は日本で初めて牛乳搾乳所を開き市乳の販売を始めた．明治時代になって，西欧か

注）本当の面白さや深い味わいを表す言葉である「醍醐味」は，この醍醐の味わいに由来している．

ら乳加工技術が導入されるようになると，新しい乳製品が次々と製造発売されるようになり，次第に日本社会に乳製品が浸透し定着することになった．そして，第二次世界大戦後（1945年），学校給食の導入とともに始まったパン食，脱脂粉乳（のちに牛乳）の昼食は，日本人の食生活の欧米化を進める契機となり，パン食（粉食）が普及するとともに乳製品の消費が拡大し，酪農を飛躍的に発展させることになった．飲用牛乳の国民1人当たりの年間消費量は，1994年の41Lをピークに減少し2001年に34.6Lになり，以後下げ止まっている．

現在の乳用牛の能力が高くなっているのは，19世紀末から家畜の登録事業や乳牛の能力検定が組織的に行われるようになり，ことに後代検定による雄の改良が進んだことが大きな要因である．

(4) 養　　鶏

弥生時代に日本に伝わったニワトリは，平安時代にかごに入れて飼うようになって，養鶏が始まり，平安末期には鶏卵を売る店が出現したといわれている．滋養食としての鶏肉と鶏卵は非常に貴重な病人食であったため，その後もニワトリの飼養が続けられ，江戸時代に入ると貧しい下級武士の副業として養鶏が薦められ，八代将軍吉宗の時代に養鶏業者が出現した．この頃から広く卵が食べられるようになり，天秤棒の桶に卵を載せて売り歩く「たまご売り」が現れた．宮崎安貞の『農業全書』（元禄9年，1696年）に，佐藤信渕の『培養秘録』（天明4年，1784年）に養鶏技術が詳しく記されていたことからも，養鶏が産業として行われていたことがうかがえる．それでも当時，卵はまだまだ庶民には手の届かない特別な栄養食で，「高嶺の花」といえる存在であった．

明治維新（1867年）後，武士は禄を失い，生活の糧を他に求めなければならなくなった．そのとき，養鶏が奨励され，侍は大消費地の江戸周辺の関東地域で養鶏を手がけるようになったことから，産地が関東一円に形成されることになった．名古屋の尾張藩士の中に養鶏に熱心に取り組む者がいて，500羽を超える大規模な養鶏場が現れた．そのため，名古屋周辺は明治時代以後養鶏の中心の1つになった．その後，政府の養鶏振興もあって，養鶏の産業化は進み，1888年（明治21年）には，総飼養羽数910万羽，卵生産量3億8,000万個に増加した．その後も養鶏産業は発展を続けるが，第二次世界大戦によって壊滅的な打撃を受

けた．しかし，戦後の復旧は早く，庭先養鶏の小規模なものから大規模な養鶏場まで合わせて 1960 年には大戦前の水準を超えるまでに回復し，1975 年以後は特に大規模専業養鶏場へと経営構造の変更も進み，養鶏場の大規模化にいっそうの拍車がかかった．わが国では現在，10 万羽以上の経営体が全飼養羽数の 40% を占めるようになった（☞第 9 章 1.「養鶏」他）．

2）多様な家畜生産の展開

　家畜生産の形態は，大きく 2 つに分けられる．すなわち，その 1 つは草地の利用に重点を置いた家畜生産で，ウシ，ヒツジ，ヤギなどの草食性家畜が飼養され，また，必要とする飼料の大部分が草地から得られ，家畜は一般に放牧により飼養されるため草地畜産といわれる．もう 1 つはそれに対し，家畜を畜舎に収容し，飼料は家畜が動き回って自ら採食するのではなく，ヒトがあらかじめ刈り取り調製した，あるいは購入して得た飼料を家畜に給与する舎飼畜産と呼ばれる生産形態である．

(1) 草地畜産

　草地畜産には多くのバリエーションがある．遊牧型，放牧型，牧場経営型，混合農業型，酪農型，集約的商業的畜産型，集約的自給的農業型，プランテーション農業型がある．草地畜産に共通していえることは，人間の食料とならない，持続的生産が可能な草類から，良質で有用な畜産物を生産することである．

　遊牧型は，生産力の低い草地を人間と家畜が草を求めて移動して利用するもので，アフリカのサハラからアラビア半島を経てアジア内陸部のモンゴルにかけての旧大陸の広大な乾燥地域ならびに極北の地域で行われている．家畜はヤギ，ヒツジ，ラクダなどが主であり，乳，肉，皮，毛は遊牧民の衣食住に使われ，糞も燃料に使われる．

　移牧型では，夏には山地の自然草地に家畜を上げて放牧し，冬と春には平地の林地，休閑地，休耕地などに放牧される．スイスアルプス山地におけるウシの飼養に見られる典型的な飼養形態である．

　牧場経営型では，低生産性の広大な土地に牧柵を張り，ここにウシやヒツジを放牧して肉や羊毛の生産をする．中南米，南アフリカ，オーストラリア，ニュー

ジーランドなどの低生産性の自然草地での放牧がこの経営形態である．

　穀物と家畜の生産を有機的に結合した混合農業が，アルプス以北のヨーロッパから東シベリアまでの地域，北米の西経 98° 以東，メキシコ中部，ブラジル南部，アルゼンチン東部，オーストラリア南東部，ケニアの高地，アフリカ南部などに見られる．混合農業では，ノーフォーク式輪作に代表される輪栽農法により，穀物（コムギ，オオムギ，エンバク，トウモロコシなど），飼料カブとマメ科牧草の輪作が行われる．ノーフォーク式輪作（アカクローバ→コムギ→飼料カブ→オオムギ→アカクローバの輪作）では，マメ科牧草による空中窒素固定，家畜糞尿の施用，根菜類による土壌構造改善および高い飼料作物生産→高い家畜生産→高い糞尿生産→地力維持増進によって，高い穀物生産と家畜生産の両方を期待している．

(2) 舎飼畜産

　草食動物である乳牛，肉牛，ヒツジ，ヤギなどの飼養が高位生産を目指して大規模集約化すると，購入粗飼料に依存した舎飼畜産に移行する．このようになると，これらの草食家畜の飼料も牧草一辺倒からいろいろな飼料原料を利用することになる．一方，雑食性で穀物を主体とする飼料に依存するブタやニワトリは，自家用的な庭先養鶏や養豚と違って，大規模企業的な生産を行うために，穀物を主体とした購入配合飼料によって舎飼で飼養することになる．

　舎飼畜産による利点は，①家畜のきめ細かな管理が可能になる，②家畜を精密な飼養管理により効率的に飼養することができる，③家畜の飼養環境を整えることができる，④環境を管理することによって産卵成績など生産を高くすることが可能である，⑤科学的合理的飼料の給与によって家畜の事故を軽減できる，⑥飼養管理の労力を軽減するための機械化を図ることができる．

　短所としては，①伝染性病気感染の伝播が早い，②臭気，排水など環境汚染を発生する可能性が高い，③大量の糞尿の適切な処理が必須であり，そのために大規模な設備施設が必要である，④糞尿の地域的偏在を引き起こしやすいことなどがあげられる（☞ 第 8 章 2.「生産の形態と経営」）．

3）畜産の発展を支えた技術（畜産技術史）

(1) 繁殖関連技術
a．人工授精（☞第6章）
　雄の家畜の優れた遺伝子を有効活用するために開発された人工授精技術は，家畜生産性の向上と家畜改良の推進にきわめて大きな役割を果たした．ウシについては，現在世界的に最も広く普及しているが，ブタ，ヒツジ，ヤギ，ウマ，ウサギ，ニワトリなどでも技術が確立され，人工授精技術が用いられている．また，野生動物の保護増殖のためにも，人工授精技術が活用されようとしている．人工授精の利点はその他に，生殖器伝染病の予防，また，交配のために雄畜を優良なものに限り飼養すればよいことから，子畜生産経費の低減化のためにも大きな効果がある．

　人工授精の実施には，精液採取，精液性状検査，精液の希釈，希釈精液の保存，授精の段階を経なければならない．その中で，精液希釈のための卵黄緩衝液の開発と精液凍結保存技術の開発は，人工授精の普及をいっそう促進することになった．

b．胚移植
　優れた雌卵子を有効に活用するため開発されたのが，胚移植技術である．ウシのような単胎動物では，優れた雌の子孫を残すのはきわめて限定的になる．その優れた遺伝形質を持つ雌の子孫の拡大に，この胚移植技術はきわめて効果的である．体内受精による胚を対象にした場合，供胚動物に対する過剰排卵誘起，胚の回収，胚の凍結保存，胚の受胚動物への移植および発情周期の同期化といった技術が必要になる．

c．孵卵器，初生雛鑑別
　孵卵器の開発による人工孵化技術の開発と日本で開発された初生雛の性鑑別技術は，養鶏産業の急速な発展を可能にした画期的な技術であった．もともとニワトリは，ある程度産卵するとヒナを孵化するため抱卵し始め産卵を止める習性がある．このために，ニワトリから多くの産卵数を得ることには限界があった．ニワトリからこの就巣性を除去する改良を進めるとともに，大量孵化を必要に応じて思いのままに人工的にできることが，養鶏産業の発展のためには欠かせなかっ

た．その要請に応えた画期的な技術として，現在の人工孵卵技術の原型(1749年)はその後順次改良され，孵卵器の熱源は，当初の堆肥の発酵熱から，蝋燭の熱，ガス，電気へとかわり，現在では大量の種卵を一度に孵化できる完全自動制御の人工孵卵器，孵化器が用いられている．

　孵化した直後のヒナを速やかに性鑑別することは，卵を産まない雄ヒナをできるだけ早く廃棄し，経費を安く抑えたい経営者には死活問題であった．これに応えて，生殖器の突起から見分ける初生雛鑑別法が開発され（増井　清・橋本重郎,1926），優秀な日本の鑑別師が世界的に活躍している（☞ 第6章 4.「家畜の改良技術」）.

(2) 飼養・飼料技術
a．配合飼料

　家畜がその能力を極限まで出して生産するためには，その家畜の維持のため，成長のため，生産のための栄養素が十分与えられなければならない．そのために，必要に応じて必要な栄養素が与えられ，またその飼料コストも最少になることが家畜生産のための飼料には求められる．家畜を大規模に飼養するとき，これらの目的にあった完全配合飼料が工場で大規模に生産され，それが畜産農家に供給されている．それに沿って飼養している畜産農家では，家畜の栄養問題はほとんど起こることがない．一定の規格で作られる配合飼料の供給により，自動給餌が可能になり，大頭数，大羽数のウシ，ブタ，ニワトリの畜産経営が可能になっている．これは，コストの削減にも大いに貢献している．

b．サイレージ

　牧草や青刈りトウモロコシ，エンバクなどを嫌気的に乳酸発酵させてつくる貯蔵飼料である．現在，牧草などの多汁質飼料を貯蔵するための最も有効な貯蔵法である．この飼料は，①嗜好性が高く廃棄する割合が少ない，②干草を作るときのように調製時に天候による支配を受けない，③調製時の養分損失が少ない，④コンパクトであるから貯蔵時に場所をとらないなどの利点がある．サイレージを調製するために簡易なスタックサイロ，トレンチサイロ，バンカーサイロなどの他，タワーサイロのような機密性が高く良質のサイレージを作れるが，設置に高額を要するサイロもある．

c．子畜用人工乳

家畜は，子供に授乳中は次の発情がこないため，次の子供を妊娠することができない．分娩後，早く発情を回帰させて種付けし妊娠させなければ搾乳量が落ちる，あるいは子畜生産数が減少してしまうことになる．そこで，初乳を飲ませたあと，できるだけ早く，親から離乳させることが必要になるので，それぞれの子畜にあった人工乳の開発が欠かせない．現在では，ウシ用，ブタ用の人工乳がそれぞれ開発され，一般的に広く用いられている．母豚が健康を損ねた場合や泌乳量が足りない場合，人工乳があれば子豚を飼育することが可能で，これも大きなメリットである（☞第4章6.「飼料」および第5章1.「早期離乳と人工哺育」）．

(3) 管理技術

a．無窓鶏舎（☞第9章）

ウインドウレス鶏（豚）舎ともいわれる，文字通り窓のない鶏舎である．この鶏舎のいいところは，①ニワトリ（ブタ）を隔離して飼養するので，外部からの野鳥，野鼠，蚊などによる病気の伝染を阻止できる，②光線管理による産卵制御が可能になり生産性をあげることができる，③臭気，鳴き声など公害源を閉じ込め，外部への漏れを最少にすることができるなどの点である．

b．搾乳機，搾乳ロボット，ミルキングパーラー（☞第5章）

搾乳機の発明は，搾乳作業の省力化にきわめて大きく貢献した．これをさらに進めたのが搾乳ロボットの開発であるが，一部に導入されているものの値段が高いために，普及は今一歩の状況である．搾乳作業の省力化に関係するのがミルキングパーラーで，当然のことながら効率化の点から搾乳機と一体的に設置されている．これらの機械化は，多くの投資を必要とする側面はあるものの，搾乳作業の省力化によって酪農経営の多頭化を可能にした．

c．SPF 生産技術

特定病原菌不在（specific pathogen free）動物ということで，畜産では，SPF豚の生産が実用化され，少なくとも豚流行性肺炎，萎縮性鼻炎，豚赤痢，トキソプラズマ病原菌に汚染されていない環境で飼育され，その群全体がこれらの病原菌を保有しないことが確かめられているブタである．清浄な環境で飼育された母豚から胎子を無菌的に取り出し無菌室で飼育したブタを第一次 SPF 豚といい，

これから生産される子を第二次 SPF 豚として，養豚農家が育成および肥育する．疾病発症が少なく，発育がよい（☞ 第 5 章）．

（4）畜産物の加工技術
a．超高温殺菌技術，LL ミルク

牛乳は生鮮食料品であるが，生産現場から消費地への輸送が円滑に問題なく行われるためには，低温輸送に加えて，殺菌した製品の製造が最も重要である．その殺菌法として現在，80〜85℃予備加熱後，130〜150℃で数秒間加熱する超高温殺菌法が導入され，また同様予備加熱後 140〜160℃で加熱するロングライフ（LL）ミルクが開発され，これはさらに長期間にわたって貯蔵できる（☞ 第 2 章 1.「乳と乳製品」）．

3．家畜生産の意義

1）資源の循環

（1）有用な物質への変換

太陽エネルギーは，食品エネルギーの根源であり，畜産物は太陽エネルギーが植物，動物を介して変換された最終産物である．牧草に蓄積されたエネルギーは日射エネルギーの 0.9％であり，この牧草が乳牛によって摂取され最終的に牛乳になるのは日射エネルギーの 0.07％にすぎない．米の生産での太陽エネルギー

表 1-3　飼料から畜産食品への変換率

畜産物	タンパク質（％）[1]	エネルギー（％）[3]
牛　乳	17（3 乳期）[2]	35.1
鶏　卵	33（2 年）	19.2
鶏　肉	18（オス，1.6kg）	10.6
豚　肉	14〜16	9.5
牛　肉	7（舎飼肥育，640kg）	4.2
子羊肉	6	不　明

変換率は家畜の品種，能力，成長時期で異なる．
[1] 清水寛一・大久保忠旦が Halnan（1944）を改変，1993．　[2] 3 回目の泌乳期が終わるまでの全泌乳期の合計栄養摂取量にそのウシの生産のない育成期間，泌乳していない期間中の合計栄養摂取量を加えた総量に対する乳として出した栄養総量の比率である．　[3] 久馬　忠（2008）．

の捕捉率は約0.28％であり，牛乳に比べて約4倍高く，牛肉と比べると約25倍も高くなっている（表1-3）．

家畜生産の意義は，人間の食料として利用できない草類や低質な穀類などを，家畜を介して，栄養豊かな乳，肉，卵などの良質で優れた食料，毛皮などの優れた生活資材および予防，治療，検査などの医療用資材に変換することにある．

(2) 食物連鎖

家畜は，大地に栽培あるいは自生した植物を摂取して，乳，肉，卵の畜産物を生産することができる．家畜が排せつした糞尿は肥料の形で大地に還元され，大地ではこれらの肥料を栄養源に牧草，飼料原料の穀物，飼料作物などが栽培され，家畜はこれらの飼料を摂取して畜産物を再生産している（図1-2）．この循環の持続性と健全性が確保されるならば，畜産物の生産が永続的に継続されることになる．

広大な草地に家畜を放牧し，家畜を飼養する飼養形態では，前述の理想的な生態系が維持され，過放牧のようなことがなければ，持続的な家畜生産が行われる可能性が最も高い．しかしながら現代では，飼料や畜産物は地球的な規模で広く流通しているため，飼料は生産された土地からはるか遠くに移送され，そこで家畜に給与されて畜産物の生産が行われる例が多くなっている．その典型は日本の畜産である．日本の現在の畜産は，穀物だけでなく乾草などの粗飼料を含めて飼料の多くを輸入に依存し，乳，肉，卵の畜産物を生産している．飼料の生産地と

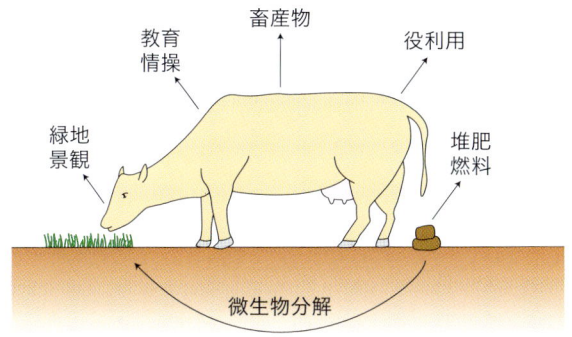

図1-2 家畜飼育の目的と資源循環（土地－飼料－家畜－糞尿－土地）

家畜に給与して畜産物を生産する地域の遠距離化は，前述の資源循環図からの逸脱を意味し，資源循環の健全性が維持できないことを示している．したがって，この点からも，できるだけ地域の自給的飼料資源を活用した畜産の展開が最も望ましいことになる．

2）優れた食品の生産（国民栄養における畜産物の重要性）

(1) 栄養食品としての畜産物の特徴

牛乳は，飲用乳として飲まれる他，加工されてチーズ，バター，生クリーム，脱脂粉乳として，あるいは菓子やその他料理の材料としても利用される．肉は，精肉としてそのまま利用される他，ハム，ソーセージ，乾燥肉，燻製などに加工され，食卓にのぼる．卵はテーブルエッグとして，生卵としてそのまま，あるいはゆで卵，目玉焼き，スクランブルエッグのように加熱加工して，さらには茶碗蒸し，プリン，ケーキなど菓子や料理の材料として幅広く使われている．このよ

表 1-4 畜産物の栄養組成の比較（肉，卵，ミルクと他の食品）

	水 分	タンパク質	脂 質	炭水化物	灰 分
和牛サーロイン	40.0	11.7	47.5	0.3	0.5
ブタロース	60.4	19.3	19.2	0.2	0.9
若鶏モモ肉	69.0	16.2	14.0	0	0.8
ラムロース	65.0	18.0	16.0	0.1	0.9
牛 乳	87.4	3.3	3.8	4.8	0.7
全 卵*	72.8〜75.6	12.8〜13.4	10.5〜11.8	0.3〜1.0	0.8〜1.0
コムギ（玄穀）	12.5	10.6	3.1	72.2	1.6
精白米	15.5	6.1	0.9	77.1	0.4

科学技術庁資源調査会（編）：五訂増補日本食品成分表より．* Burley, R. W. and Vdehra, D. V., 1989.

表 1-5 動物性タンパク質と植物性タンパク質のヒトにおける利用性

動物性タンパク質			植物性タンパク質		
	生物価	NPU		生物価	NPU
牛 肉	62	67	精白米	64	57
鶏 肉	74	72	玄 米	73	56
鶏 卵	74	74	小麦粉	52	50
魚 肉	94	80	大 豆	67	61
牛 乳	85	82	えんどう	73	47

生物価＝｛(摂取窒素－糞中排せつ窒素＋代謝性糞窒素)－(尿中排せつ窒素－内因性尿窒素)｝・100/(摂取窒素－糞中排せつ窒素＋代謝性糞窒素)．NPU（正味タンパク質利用率）＝生物価×真のタンパク質消化率．

(唐澤 豊, 2001).

うに，畜産物は現代人の食卓の料理に欠かせない食材である．また，これらの食材は栄養価も高く，その点からも優れた食品である（表1-4）．さらに，食品としての畜産物はすべて，おいしいという利点を持っている．これも，畜産物が食品として優れている点である．

a．良質なタンパク質源である畜産物

　肉，牛乳，卵のタンパク質のヒトにおける利用性は，植物性タンパク質のそれと比べ高い（表1-5）．その理由は，動物性タンパク質の消化がよいことに加え，タンパク質を構成する必須アミノ酸の組成と量がヒトの必要量に近いことによる．植物性タンパク質で不足する必須アミノ酸は，穀類タンパク質でリジン，スレオニン，大豆や大豆製品ではメチオニンなどのアミノ酸である．
　このように乳，肉，卵はヒトの栄養にとって，良質なタンパク質の供給源として欠くことのできない食品である．
　食品は，栄養特性としての一次機能，嗜好性としての二次機能，生体調節機能としての三次機能を持っているといわれている．食肉の分解過程でできるペプチドは血圧上昇を抑制し，牛肉や羊肉の赤身に多く含まれているカルニチンは，食事でとった脂肪や体内に蓄積されている脂肪の分解を促す．脳内の神経伝達物質として重要なセロトニンは，脳内でトリプトファンから合成される．タウリンは脳の神経細胞密度や視覚，骨の形成にも関与し，動脈硬化や心不全に予防的な効果があるといわれているアミノ酸である．ヒトは1日に必要なタウリンの半量を合成し，半量を食物からとらなければならないが，これは動物の骨格筋，肝臓，腎臓，脳などに多量に含まれている．
　牛乳にも，病原体に対する阻害作用，細胞の成長促進作用，細胞の成長阻害作用，ビタミンやミネラルの吸収促進作用，骨形成促進・骨吸収抑制作用，血清コレステロール低下作用を持ったタンパク質や乳タンパク質の分解によって生じたペプチドが生体調節作用を持っていることが知られている．

b．吸収のよいカルシウム

　牛乳に含まれるカルシウムの吸収率は40〜80％と，他の食品と比べて高い．その理由は，牛乳タンパク質のカゼイン分子中にあるリン酸化セリン残基の存在比の高い部分がカルシウムと結合することによって不溶性のカルシウムの生成を防ぐためであり，また共存する乳糖もカルシウムの吸収を促進することによって

c．ビタミン

豚肉はビタミン B_1 を多く含んでおり，その含量は鶏卵や木綿豆腐の約 10 倍で，牛乳のそれの 20 倍以上にもなる．これは豚肩ロース約 130g を摂取すれば成人の 1 日所要量が満たされる量である．豚肉はその他，ビタミン B_2，ナイアシン，ビタミン B_6 も豊富に含んでおり，約 200g の豚肩ロース肉で成人 1 日の所要量の 50％以上を充足することができる．鶏卵にはビタミン B_2 と B_{12} が多く含まれ，4 個食べれば成人 1 日の所要量の 75％をとることができる．

(2) 国民栄養と動物性食品の摂取量

日本はかつて短命国であったが，現在では世界有数の長寿国として知られている．2008 年の男性の平均寿命は 79.29 歳，女性のそれは 86.05 歳と，大正時代（1921〜25 年）のそれぞれ 42.06 歳，43.20 歳と比べて飛躍的に長くなっている．これは，生活習慣の変化，公衆衛生の改善，医学の長足の進歩による乳幼児死亡率の低下など多くの要因が関係しているが，その中でも国民の栄養改善が大きく関係しているものと考えられる．栄養状態は，病気感染への抵抗力，病気治癒・回復力と密接な関係があるが，日本人の栄養改善，その中でも動物性タンパク質の摂取量の増加が平均寿命の延伸に大きく寄与していることは間違いないと考えられる．

特に，第二次世界大戦後の昭和 30 年代からの日本畜産の発展とともに，日本人の動物性食品の摂取量は飛躍的に増加し，それに伴って平均寿命も著しく伸びた．1 日 1 人当たりのタンパク質摂取量は 1947 年には 68g に過ぎなかったが，1994 年には 80g に増加し，ウシ，ブタ，ニワトリ肉の合計消費量も 1955 年の 6g から 2003 年には 76g に大きく増加した（表 1-6，☞ 第 2 章）．

表 1-6 日本人の平均寿命と食肉消費量の推移

	1921〜25	1934〜38	1955	1975	1985	1995	2000	2003
食肉消費量[1]		4.70	6.00	41.30	59.20	76.20	77.80	76.30
平均寿命（女）	43.20	49.63[2]	67.75	76.89	80.48	82.85	84.60	85.49[3]

[1] 豚肉，牛肉，鶏肉の合計量（g/人/日），[2] 1935 年と 1936 年の平均値，[3] 2005 年の値．

3）生活資材の生産

（1）毛，皮，毛皮，羽根の生産と利用

　羊毛は保温性，吸湿性に優れた衣料用素材，カーペット用原料として利用される．カシミヤヤギ，アンゴラヤギ，アンゴラウサギの毛は特に高級衣料の素材として貴重である．皮を鞣したものを皮革といい，鞣しとは真皮のコラーゲンタンパク質をクローム塩，タンニンなどの鞣剤と化学的に結合させて柔軟性，保存性，耐水性と保温性を高めることをいう．皮革は靴，鞄，衣類，手袋などに使われる．毛皮は防寒衣料として，羽根は高級寝具に用いられる．

（2）糞尿の利用

　糞尿の肥効，厩肥による土壌改良効果が近代農業の進歩に大きく貢献したが，これらは現在の農業においても未だに重要な肥料であり，広く用いられている．また，乾燥した放牧地帯では，糞は重要な燃料になっている．糞尿をメタン発酵させ，発生したメタンを燃料として利用しているところもある．

4）医療用資材の生産と畜産

　医薬品開発のための安全性評価試験は，ラット，マウス，イヌ，ウサギ，サルなどの実験動物を使い行われる．特定遺伝子を欠損させたノックアウトマウスが研究のために使われる．これらの実験動物の生産も広義の畜産に含める．また，家畜と畜後の内臓などを材料に各種の医薬成分を抽出し，検査，分析用抗体の生産，さらには臓器移植用の臓器の生産も考えられている．

5）保健休養機能と家畜

（1）観賞用，乗馬，競馬

　ウマはレクリエーションのための乗馬，競技としての馬場馬術，競馬，挽曳競馬など，娯楽のために利用される．趣味鑑賞用に日本鶏がおり，チャボや高知県の尾長鶏が知られている．

(2) 文化的側面（闘鶏）

闘鶏は日本でも伝統的に行われてきたが，今ではほとんど見ることがない．しかし，東南アジアでは，現在でも闘鶏用のニワトリを飼って，競技が行われている．スペインなど一部の国では闘牛がある．また，日本でも沖縄県や新潟県山古志地域などで闘牛が行われている．

(3) アニマルセラピー，伴侶動物など

身体障害者や心身障害者が動物と接触することによって，心身の安定が得られ，症状の改善を見る例がある．また，伴侶動物としてヒトの豊かな情操を培う効果がある．

6）その他

(1) 役利用

日本においては，ウマもウシも馬車引きや耕作の役用に，もともと用いられたのが，そもそも家畜としてこれらの動物を飼い始めた理由であり，耕耘機やトラクターが出現し導入が始まった1955年頃まで盛んに用いられた．観光用を除けば，現在のわが国でこれらの家畜を役用に使うのを見ることはない．

(2) 耕作不適地の利用

気象，土壌，地形などから作物生産に不適当な土地にも，家畜の飼料となる草や飼料木は生育する．これを飼料として家畜を飼養し，良質の食料や生活資材となる畜産物を得ることができる．畜産は，農業には最も不適な土地を最後に有効に活用することが可能な物質生産手段である．

(3) 地力維持と土壌保全

栽培したマメ科牧草の根粒菌による空中窒素固定，飼料作物の株や根による土壌への有機物の供給，土壌の物理性の改善なども地力維持に貢献することになる．また，牧草で地表面を覆うことで，雨水による土壌の流亡防止に効果がある．

(4) 景観保全と景観保護

広大な草地が続き，天には青い空，草地には草を食むウシやヒツジの見られる牧歌的光景，平地だけでなく，山岳地域や山間地を利用する草地畜産は，この自然環境を構成する重要な要因として景観保護の役割を担っている．

4．畜産と環境

農林業が，自然生態系のキャパシティを超えない範囲であれば何も問題はないが，過剰放牧，熱帯雨林の開墾，大規模工業型畜産，大量施肥などでそれを超えたとき，砂漠化，温暖化，水質汚染などの環境問題を引き起こすことになる．近年の人口増加による食料増産の要請や生活資材の需要増は，生態系に対する相当な重圧であり，これは，今後の人口増加の予測に基づけばいっそう大きくなることが予想される．環境と密接な関係を持つ畜産は，健全な物質循環の中で良質な畜産物や生活資材を得るための持続的な物質変換システムとして機能するようにしなければならない．

1）物質循環と食物連鎖

植物群は太陽からのエネルギーを利用して，空中からの二酸化炭素と地中からの無機養分と水から，エネルギーやタンパク質に富んだ植物体（葉，枝，幹，種実など）を作る．これらは，人間や動物によって消費され，動物の死体や枯死した植物体は土壌中の虫，微生物，キノコ類などによって，再びもとの二酸化炭素，水，無機物に完全に分解される．すなわち，生物体は，①生産者としての光合成活動を営む植物群，②植物体を食べる一次消費者と一次消費者を食べる二次消費者，③有機物を無機物へ分解する生物群（分解者）に分けられる．家畜は②の一次消費者であり，ヒトは一次と二次の消費者である．

(1) 炭素の循環

炭素は地球上には99.49％が地殻（岩石）に存在し，この炭素は，例外的な石油，石炭，天然ガスを除けば，循環速度がきわめて遅く循環しないに等しい．石

油，石炭，天然ガスはもとをたどれば有機体であり，何億年という長い年月をかけてできたもので，これらは人為的に採掘され利用されて，初めて生物圏の比較的短い周期の炭素循環系に入ることができる．炭素は生物体を構成する最も基本的な元素の1つで，緑色植物の光合成により無機態から有機態にかえられ，生物体が死ぬことによって微生物の働きで有機態からまた無機態に戻る．

(2) 窒素の循環

　窒素もまた生物体の主要な元素である．大気は最大の窒素貯蔵源であり，その78％を窒素ガスが占める．ほとんどの生物はこれを直接利用できず，動植物によって利用できるように窒素固定が行われなければならない．窒素の循環経路は，窒素固定と脱窒素である．

　窒素固定は細菌と藍藻類が行う．これには独自の窒素固定と共生がある．窒素固定が活発に行われている場所は，森林地帯，マメ科植物が栽培されている耕地，外洋（藍藻類の増殖する熱帯海域）である．これに加えて，窒素の工業的固定技術が1914年にドイツで発明されて以来，大気中の窒素が固定され，化学肥料として大量に利用されるようになった．その量は，全世界で1億tを超えていると推定される．

　脱窒素作用は硝酸呼吸ともいわれ，系内に酸素がなくなると硝酸が酸素のかわりに電子受容体として利用される反応である．この反応の最終生成物は窒素であるが，二酸化窒素，一酸化二窒素である場合もある．活発に脱窒素作用が行われる場所は，無酸素状態が作られる土壌，水田，貧酸素水域，還元的な堆積物などである．

　合成窒素肥料の製造やマメ科植物の大量栽培以前には，自然界の窒素固定と脱窒素はほぼ平衡していた．人間活動の増大が大量の窒素固定をもたらし，過剰な固定窒素が生物圏に蓄積されている．その結果，硝酸態窒素の土壌への蓄積や水質汚染が発生している．また，大気中へは化石燃料の燃焼や山火事および焼畑による窒素化合物の放出がある．これは酸性雨の原因物質にもなる．

(3) そ の 他

　リンの主要な貯蔵源は岩石や堆積物である．リン鉱石から化学肥料を作りこれ

を土壌に施肥すると，一部土壌に残存蓄積したものは最終的に海に運ばれる．リンは陸域から海域へ移動するのみで再循環しない．家畜糞尿中のリンは，過剰施肥からの溶脱，流亡によって，水域中に蓄積し，閉鎖性水域で赤潮やアオコの原因になりうる．

イオウは，生物体にはタンパク質中のアミノ酸の構成成分として存在する．水圏や土壌中では硫酸イオン，硫化物イオンとして，大気中には二酸化イオウ，硫化水素などの気体として存在する．イオウ酸化物は，生物圏における循環速度を加速して酸性雨となり降下し，陸域生態系へ重大な影響を与える．

2）畜産の環境側面

(1) 日本畜産の特徴と環境問題

日本の畜産は，飼料，特に濃厚飼料の原料となる穀物の多くを外国からの輸入に依存し，全飼料の自給率は24％である（図1-3）．したがって，日本の畜産物の自給率は71％というものの，純国産ということになると16％にすぎない．このため，日本畜産の特徴は，輸入飼料を畜産物に加工する加工型畜産ということができる．遠方からの飼料の輸入に伴う輸送のための化石燃料の消費による二酸化炭素放出の他，輸入飼料に含まれるタンパク質の窒素とイオウ，またリンは，一部不消化物として糞尿中に排せつされ，日本国内にその多くが蓄積することになる．何もしなければ，畜産の盛んな地域に糞尿が集中的に集積することになるので，完熟肥料として製品にし，各地に配送，施肥して拡散利用されなけれ

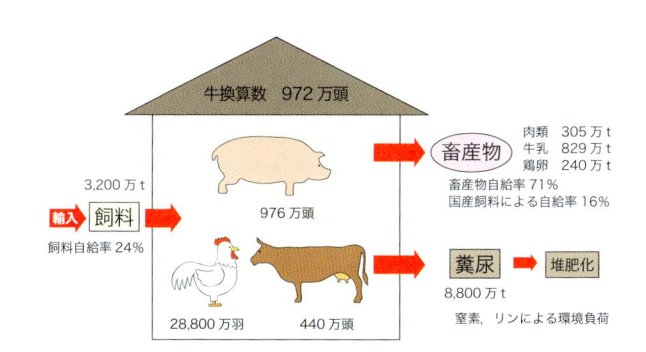

図1-3 輸入飼料に依存した日本の畜産
（平成18年のデータに基づき作成：久馬　忠，2009）

ばならない．また，多頭羽数の畜舎からの臭気や汚水，鳴き声などへの対策も十分立てなければならない．

(2) 生産の集約化と大規模化

国土の狭い日本でも，収益の増大ため，乳牛，肉牛，ブタは多頭飼育が，養鶏でも多数羽飼育によって効率化を図り，大規模で集約的な工業的畜産ともいうべき生産形態ができた．養鶏についていえば，窓のないウインドウレス鶏舎が普及し，採卵用にはニワトリのケージを何段にも積み重ねて立体式にして，収容羽数を増すとともに，集約的な管理ができるような構造になっている．このシステムは，狭い土地に多数羽を収容でき，集中的な機械による生産管理がやりやすく，生産を最大にあげる光線管理ができるなど，生産性を高めるためにはきわめて有効である．

しかし反面，糞尿が多量に狭い地域に集中的に排せつされるため，臭気が漏れ周辺の環境を悪化させること，過剰施肥による土壌の窒素過多，河川の汚染など環境問題を生むことがしばしばある．

小規模な自家用畜産であれば，その排せつ物は肥料として自分の農地に還元し，作物栽培などを通して自然生態系の中で処理することが可能である．

(3) 糞尿の施肥

大量の糞尿を肥料として地域の耕地に還元するためには，畜産の盛んな場所では排出量が必要量を超えて多すぎる．農地への多量の糞尿の投入は水質の硝酸汚染などの問題を生むことになり，またアンモニアの形で空中へ大量の窒素を放出することにもつながり，酸性雨の原因となる．

水の硝酸汚染は，世界各地で飲料水を通して深刻な健康被害をヒトにもたらすことになった．欧米諸国では，化学肥料が多用されるようになった1960年代の後半以降から，飲用地下水の硝酸窒素の高濃度化が問題になっている．そのため，現在では，農地への施肥量を制限している国もある．

窒素施肥に伴い，耕地から温暖化の原因にもなる一酸化二窒素が発散する．施肥窒素から発生する割合は，全体の24％で，人為的発生源のうちの61％に相当する．

（4）過放牧，砂漠化

　砂漠化とは，環境容量を超えた土地の過剰使用や不適切な土地管理によって生産能力が徐々に低下していくことをいう．世界では，砂漠化によって毎年約 600 万 ha の土地が失われている．砂漠化の主な原因は，降雨量の減少などの気象的要因によるものもあるが，人口増加に伴う貧困を背景とした過剰耕作や過放牧による土壌の劣化，ひいては土地生産性の低下，生活用の薪伐採量の増加による森林の減少のような，資源収奪的農業の結果である．アフリカや中央アジアの遊牧の民にとって，人口の増加は家畜の増頭によってまかなわなければならない．しかし，遊牧地の面積は限られているため，草勢の弱い乾季には草がどうしても不足することになり，結果として過剰放牧になる．過放牧は砂漠化の大きな要因である．中国青海省東部の共和郡では，地域の牧草地が養うことのできる羊の数は 370 万頭であると推測されているが，1998 年末までの羊の数は，土地の許容能力をはるかに超える 550 万頭に達している．その結果，牧草地は急激に劣化および砂漠化し，砂丘が形成されている．

（5）温暖化ガスに影響する畜産

　ブラジルのアマゾンでは，牛肉生産とダイズ生産のために熱帯雨林が伐採され，急速に破壊されている．ブラジルの牛肉生産は 80％以上がアマゾンで行われ，1995 年から 2003 年の間に 3 倍に増加した．1990 年から 10 年間で 5,870 万 ha の森林が消失し，大半が牧草地に姿をかえた．熱帯雨林の消失は，二酸化炭素の吸収源が減少することになるとともに，水資源の涵養と生物の多様性に悪影響がある．過剰放牧による砂漠化も二酸化炭素吸収の場を奪うことにつながる．
　メタンガスは二酸化炭素の 20 倍の温室効果を持っているが，このメタンガスは，全排出量の 22％が反芻家畜の消化過程や糞尿から発生する．

3）環境に負荷をかけない畜産

　日本における畜産，特に養鶏と養豚は，狭いところに家畜を収容して，集約的に管理し，穀物を多給して飼育する，いわゆる大規模工場型の畜産ということができる．この方式は，輸入穀物飼料に依存した経営で，飼料価格が世界の穀物市

況の影響を敏感に受けるということの他に，多くの飼料に含まれるリンやタンパク質の形での窒素を国内に持ち込み，年々蓄積することになるため，土壌汚染や富栄養化などの環境リスクを必然的に抱えている．また，実際の畜産物の生産では，さらに飼料の他に，生産から消費の段階で，労力，肥料，石油，施設，加工，流通などの間接エネルギーも必要とする．

　これからの畜産は，輸入飼料依存型の畜産から地域の飼料資源である牧草，農業生産副産物，食品製造副産物，食品残渣を利用する環境に配慮した家畜生産に移行することが必要である．持続生産が可能な牧草や飼料作物を利用した家畜生産が，最近特に注目されるようになった．アメリカでは，牧草を主な飼料としてウシを飼育する牧場が，4年間に50から1,000に増加した（2005年）．穀物をほとんど必要としないため，化学肥料によるダイズやトウモロコシの生産が環境に与える負荷を除くことができ，飼料の運搬のための燃料コストも要しないこと，牧草は地域に自生する草の保全と土壌保全に有効であること，除草剤の使用が必要ないことなど，環境に優しい畜産ということができる．

　食料と競合することなく，畜産物を生産できる，放牧による肉や乳の生産は，資源循環型の畜産であり，間接エネルギーの少ない生産方式である（図1-4）．日本国内で自給的に生産できる牧草や野草を利用し，遊休農地を活用して飼料作物を生産するなど，日本で自給できる，あるいは日本国内の食品工業などで副次

図1-4　乳牛の山地放牧
（写真提供：竹田謙一氏）

的に生産される残渣や副産物を飼料として活用する家畜生産，牛乳生産が，環境に負荷をかけない持続的な畜産ということになる．

4) 環境負荷物質の低減化技術

(1) 飼料の穀物依存度の低減化

穀物摂取型のニワトリやブタは穀物依存度を下げることは難しいが，多収性グレインソルガム，食品加工副産物などの利用によりある程度は下げられる．草食家畜は，高品質な畜産物や高位生産を追及したことにより，穀物依存度を高めた．今後の地球環境問題を考えると，野草や農産・食品廃棄物を利用した環境保全型畜産へ取り組むことが求められている．

(2) 環境負荷物質の排せつ抑制

ブタやニワトリには，①窒素排せつ量の低減のために飼料中のタンパク質のアミノ酸補正を行う，②穀物に多く含まれ利用性の低いフィチン態リンの利用性を高めるためにフィターゼを飼料に添加する，またウシについては，③メタン生成の抑制のためにイオノフォア系抗生物質を飼料に添加する，④産乳・産肉能力の向上を図るなどの低減化技術が開発されている．

(3) 食品残渣などのリサイクル

エコフィードとは，食品残渣などを原料として調製されたリサイクル飼料である．日本の食品廃棄物量は1,136万t（2005年）にも達し，その52％は何らかの減量や再利用などの処理が施されている（表1-7）．飼料化率は全排出量の

表1-7 食品循環資源の発生量と再生実施率および飼料化量

業 態	主な種類	発生量(万t)	再生実施率(％)	飼料化量(万t)	飼料化率(％)
食品製造業	醸造粕，デンプン粕	495	81	172	43
食品卸売業	各種食品廃棄物	74	61	18	41
食品小売業	期限切れ生鮮食品	263	31	18	23
外食産業	食べ残し，厨芥類	304	21	18	11
食品産業合計		1,136	52	215	19

「平成18年食品循環資源の再生利用等実態調査報告」より，排出量が年間100t以上の事業所（全排出量の90％を占める）を対象としている．

(久馬 忠, 2008).

19％，外食産業の廃棄物ではまだ 11％に過ぎない．そこで，せめてさらに 80 万 t を飼料化して飼料自給率を 4％改善するために，2007 年（平成 19 年）に改正食品リサイクル法が施行された（☞ 第 5 章 4.「畜産経営の環境対策」）．

第2章

畜産物の利用

1. 乳と乳製品

1) 乳の種類と乳質

(1) 乳の種類と成分特性

「乳」とは，哺乳類の雌がその幼動物のために乳腺から分泌する食物であり，動物の種類により人乳，牛乳，山羊乳などと呼んでいる．乳の成分はその動物の発育にとって合目的な組成になっている（表2-1）．例えば，クジラやシロクマなどの水中や寒い地域で棲息する動物の乳は，ヒトや家畜の乳と比べて脂肪濃度が非常に高く，糖質濃度が低い．水中や寒い地域での生活ではエネルギーの消費量が多く，エネルギーを効率よく生産するためである．重量当たりの脂肪のエネルギー生産量は糖質やタンパク質の2倍である．また，クジラのように水中で授乳する動物は，脂肪の濃度が高いことにより乳成分が拡散し難いという利点がある．一方，哺乳類の体は細胞を構成単位として，骨，歯，毛などからできている．

表2-1 各種動物乳の成分組成（%）

乳の種類	固形分	脂肪	タンパク質	糖質	無機質	出生時の体重が2倍になるのに要する日数
鯨　乳	51.8	34.8	13.6	1.8	1.6	—
白熊乳	42.9	31.0	10.2	0.5	1.2	—
犬　乳	21.1	8.6	7.4	4.1	1.2	9
豚　乳	19.2	7.6	5.9	4.8	0.9	14
山羊乳	12.1	3.7	3.3	4.3	0.8	22
牛　乳	12.0	3.8	3.1	4.4	0.7	47
馬　乳	10.1	1.3	2.1	6.3	0.4	60
人　乳	12.0	3.5	1.1	7.2	0.2	180

細胞の固形物のおよそ半分はタンパク質，骨と歯の主成分はカルシウムとリンなどの無機質とタンパク質，毛の主成分はタンパク質である．したがって，体の形成にはタンパク質と無機質が不可欠である．乳中のタンパク質濃度と無機質濃度の間には正の相関関係があり，それらと出生時の体重が2倍になるまでの日数との間には負の相関関係がある．

　近年の食品成分の評価は，生きるために不可欠な栄養素としての栄養機能（一次機能），五感により満足感を得る感覚機能（嗜好機能ともいう，二次機能），生命維持には不可欠ではないが健康の維持に寄与する生体調節機能（三次機能）により行われている．ミルクの三大栄養素は，一次機能において優れているだけではなく，子孫の健全な発育のための二次機能や三次機能においても優れている．例えば，成人が主食として摂取するご飯やパンに含まれる主要エネルギー源である糖質はD-グルコースがα-1,4結合とα-1,6結合により重合したデンプンである．しかし，乳の主要糖質はD-ガラクトースとD-グルコースが各1分子β-1,4結合により重合したラクトース（乳糖）であり，この糖は天然界では乳にしか含まれない（図2-1）．デンプンもラクトースも消化管で単糖に消化（分解）されないとエネルギー源になることはできない．デンプンを消化するアミラーゼは出生時にすでに多量消化管にあるが，ラクトースを消化するラクターゼ（β-1,4ガラクトシダーゼ）は消化管にエネルギー源としてラクトースしかない場合においてのみ必要量生合成される酵素である．そのために，デンプンと比べてラクトースの空腸での消化性は悪く，ラクトースの一部は未消化のまま回腸に達する．ラクトースはカルシウムとの結合能があり，カルシウムと結合して回腸に達したラクトースはカルシウムがリン酸と結合して無機のリン酸塩として沈殿するのを阻害することによりカルシウムの吸収を促進する．また，大腸まで到達したラクトースは，大腸で溶解するために水分を腸管腔内に取り込むことや，乳酸菌や大腸菌により乳酸や炭酸ガスに代謝されることで腸の蠕動運動を促す．そのため，幼動物は便秘から免れる．加えて，乳酸は腸管でタンパク質の消化により生じるアンモニアやアミンなどの有害

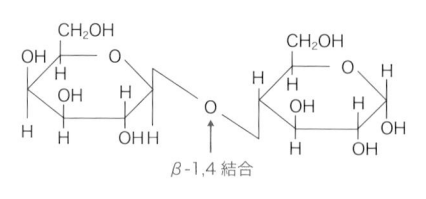

図2-1 α-ラクトースの化学構造
グルコースの1位の炭素原子に結合しているHとOHが上下逆になるとβ-ラクトースになる．

物質の中和や病原性細菌の増殖を抑制し，幼動物が発病するのを防ぐ．一方，ラクトースの甘さはグルコースの 1/5，同じ二糖類であるスクロースの 1/6 しかない．このことにより，乳の甘さを抑え，幼動物は飽きることなく栄養素の確保に必要量の乳を飲むことができる．すなわち，ラクトースは，デンプンにはない食品の二次機能や三次機能を持ち，幼動物の健全な発育に寄与する．

　山羊乳，馬乳，駱駝乳などを利用する地域もあるが，わが国も含めて世界で最も多く利用されている乳は牛乳，特にホルスタイン種牛の乳である．ホルスタイン種牛の乳が食品として世界的に広く利用されるのは，ホルスタイン種牛の泌乳量が多いこと，その乳には脂肪，タンパク質，糖質の三大栄養素がほぼ同量含まれることなどによる．

(2) 原料乳の乳質の検査

　酪農家が飼養する乳牛には，家畜伝染病予防法に基づき，結核菌やブルセラ菌などに感染していないことを確認するための検査が行われる．また，搾乳の際には抗生物質や生物製剤が混入していないことを確認する検査や，分娩後 5 日間の乳は出荷できないことが法的に定められている．一方，原料乳（生乳）は，食品衛生法に基づく厚生労働省令「乳及び乳製品の成分規格等に関する省令」（乳等省令）と「加工原料乳生産者補給金等暫定措置法施行規定（不足払い法）」に基づき，色沢および組織，風味，比重（15℃で 1.028 〜 1.034），アルコール試験，乳脂肪分（2.8％以上），酸度（乳酸として 0.18％以下），細菌数（直接個体検鏡法で 1ml 当たり 400 万以下）の検査が行われる．

2）牛乳および乳製品とその製造法

(1) 飲用乳（牛乳，加工乳）と乳飲料

　牛乳および加工乳は，「飲用乳の表示に関する公正競争規約」により飲用乳と定義され，牛乳や加工乳と同様に液体であるが乳飲料は乳製品と定義されている．牛乳は生乳のみを原料に用いて製造したものであり，生乳をそのまま原料にした成分無調整牛乳，生乳から乳脂肪分を除去した低脂肪牛乳や無脂肪牛乳などの成分調整牛乳，特別牛乳搾取処理場の許可を受けた工場で製造される特別牛乳に分けられる．加工乳は，生乳や牛乳の他に全粉乳，脱脂粉乳，濃縮乳，脱脂濃縮乳，

クリーム，無塩バター，バターオイルなどと水を原料にして無脂乳固形分が 8.0％以上になるように製造したものである．加工乳の製造過程の殺菌方法，容器包装，保存方法などはすべて牛乳の製造法に準じ，配合割合の多い順にその名称を表示することが義務付けられている．一方，乳飲料は，公正競争規約により乳固形分を 3％以上含むものとされ，飲用乳とは異なり甘味料，酸味料，香料着色料，果汁，コーヒー抽出液など食品衛生法で定められているものであれば乳成分以外のものも原料にすることができる．

牛乳および加工乳の製造は乳等省令に準じて行われている（図 2-2）．

①**標準化**…冷却タンクで貯蔵された原料乳中の乳成分の季節変動をなくすことや，目的とする脂肪率に合わせるために，成分濃度の異なる複数の原料乳を混合して目的とする成分濃度に調整することを標準化という．この調整を行わない牛乳は，一般に「成分無調整」と表示される場合が多い．

②**均質化**…牛乳中で脂肪は，タンパク質やリン脂質などからなる脂肪球皮膜で覆われて脂肪球として分散している．しかし，脂肪球は原料乳の表面に浮上してクリーム層を形成し，空気と接触することにより酸化臭を生成する．また，輸送時の振動により脂肪球皮膜が破壊されて脂肪の凝集物が生じる．これらは乳質低下の原因となるため，均質機（ホモジナイザー）により脂肪球の浮上や脂肪の凝集物の形成を防止する処理（均質化）を行う．

③**殺菌，冷却**…乳等省令により牛乳は「62〜65℃で 30 分の加熱殺菌を行うか，又はこれと同等以上の殺菌効果を有する方法で加熱殺菌を行うこと」と定められ，前者には LTLT（低温保持殺菌）法があり，後者には LTLT 変法（75℃以上で 15 分以上保持する殺菌法），HTST 法（連続式高温殺菌装置による 72℃以上で 15 秒以上殺菌する方法），UHT 法（連続式超高温殺菌装置による 120〜150℃での 1〜3 秒殺菌による方法），ロングライフ殺菌法（UHT 法と無菌充填機の組合せによる常温保存可能品の殺菌法）がある．LTLT 法および HTST 法では，乳由来の酵素は失活し，結核菌やチフス菌などの病原性細菌は死滅するが，耐熱性細

原料乳（生乳）➡ 受乳 ➡ 乳質検査 ➡ 清浄化 ➡ 冷却，貯乳 ➡ 標準化 ➡ 均質化 ➡ 殺菌，冷却 ➡ 充填，包装 ➡ 冷却保存，出荷検査 ➡ 出荷

図 2-2　飲用乳（牛乳）の製造工程

菌や芽胞形成菌の一部は生き延びる．一方，UHT 法ではほぼ 100％の細菌が死滅する．UHT 法は間接式殺菌法と直接式殺菌法に分けられ，前者は一般にプレート式熱交換機で行われる．一方，後者には，予備加熱した牛乳に加圧蒸気を吹き込んで所定の温度まで昇温させ，封入した蒸気量と同量の水分を減圧蒸留させる方式（スチームインジェクション方式）と，加圧蒸気の中に牛乳を噴霧する方式（スチームインフュージョン方式）がある．直接式殺菌法では，乳は広い表面積で蒸気に触れるために乳成分の熱による化学変化が少なく，一般に風味は間接殺菌法よりも優れている．

④充填，包装…充填および包装は，牛乳の殺菌後の二次汚染による品質劣化を防ぐ重要な工程である．殺菌された牛乳は，ガラス瓶，ポリエチレン製容器，ポリエチレン加工紙容器などに充填され包装される．包装された牛乳には，公正競争規約により種類別名称，常温保存可能品にあってはその旨，商品名，主要成分（乳脂肪分，無脂肪固形分），原材料名（牛乳は「生乳 100％」，加工乳は生乳の使用割合により「生乳 50％以上」，生乳「50％未満」），殺菌温度・時間，消費期限または品質保持期限，内容量，乳処理場，所在地，製造者氏名または名称，保存の方法，ならびに開封後の取扱いの表示が義務付けられている．

⑤冷却保存，出荷…充填包装された牛乳は 10℃以下で保存されて出荷検査を受けたあとに出荷される．なお，ロングライフミルクの場合は，常温を超えない範囲の温度で保存され出荷される．

(2) ヨーグルトと発酵乳

国際規格では，「ヨーグルト」は *Lactobacillus delbrueckii* subsp. *bulgaricus* と *Streptococcus salivaricus* subsp. *thermophilus* を用いて発酵させた乳のみを指し，それ以外の微生物を用いて発酵させた乳は発酵乳と呼ばれている．しかし，わが国の食品衛生法では，「ヨーグルト」は「発酵乳」と同意語として用いられている．わが国におけるヨーグルト（発酵乳）は，組成と性状からプレーンヨーグルト，ハードヨーグルト，フルーツヨーグルト，ドリンクヨーグルト，フローズンヨーグルトに分類される．ヨーグルトは原料を混合し，均質化，殺菌，冷却および乳酸菌スターターの添加を行ったあとに発酵して冷却，充填する場合（前発酵タイプ）と，発酵前に充填して静置発酵する場合（後発酵タイプ）に分けられるが，いずれの

場合も発酵後は直ちに冷却する（図2-3）．一般にヨーグルトの製造時における殺菌は，原料中の病原菌を死滅させるとともに，スターター菌がより生育しやすい環境をつくることにある．また，乳酸，芳香物質，粘性物質などの生産性はスターター菌により大きく異なるために，ヨーグルトの風味はスターター菌により大きく左右される．最近ではプロバイオティックスとしてのスターター菌の保健効果が重要視されているが，各ヨーグルトの特徴は次の通りである．

①**プレーンヨーグルト**…プレーンヨーグルトは乳と乳製品だけを原料に用いて造る．殺菌は通常，85〜95℃で10〜15分行い，この処理により雑菌の死滅と粘度や硬度に関係する乳タンパク質の変性が起こる．発酵は容器中で4時間前後行い，次いで冷却室で短時間冷却を行う．

②**ハードヨーグルト**…ハードヨーグルトはショ糖や香料を添加して製造するために，硬度のゲル状食感があるのが特徴である．硬度の向上には，経済性や風味の点から乳固形分濃度をあげるのではなく，ゼラチンや寒天などの安定剤を加えるのが一般である．また，ハードヨーグルトは後発酵タイプが主体であるが，発酵乳に安定剤を添加して充填後ゲル化させる前発酵タイプでも製造される．殺菌温度は90℃が一般的であるが，UHT法も用いられている．一般に，後発酵タイプでは容器ごとに発酵時間を管理して冷却するが，前発酵タイプはタンク発酵を行い，冷却した発酵乳に別途殺菌した安定剤を混合して容器に充填し硬化させる．そのために前発酵タイプの方が大量生産には適している．

③**フルーツヨーグルト**…フルーツヨーグルトは，前発酵ヨーグルトにフルーツを加えて容器に充填するタイプと，フルーツが容器の底に沈んでいる2層タイプがある．フルーツヨーグルトの製造に際しては，原料乳のタンパク質濃度を高

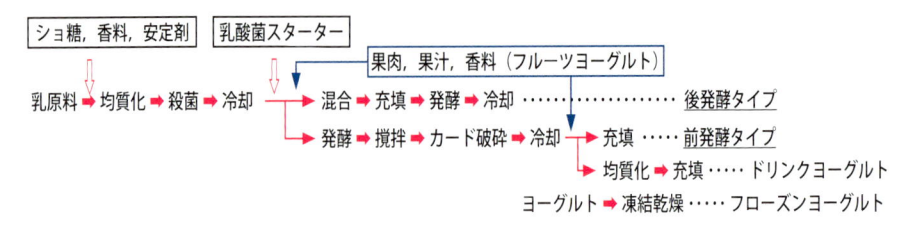

図 2-3　ヨーグルトの製造工程
乳原料（乳と乳製品）だけを原料に用いて製造したのがプレーンヨーグルトであり，乳原料にショ糖，香料，安定剤を添加して製造したのがハードヨーグルトである．

くしたり，安定剤としてゼラチン，デンプン，ペクチンなどを添加する場合が多い．プレーンヨーグルトの場合と同様に殺菌は90℃で10分前後行い，粘度を高くするために長時間の発酵を行うこともある．また，粘性を高めるために多糖生産能の高いスターター菌を用いることもある．

④**ドリンクヨーグルト**…ドリンクヨーグルトの製造においては，低粘度の製品を得るためにバッチ殺菌よりもHTST法やUHT法が適している．冷却した発酵乳に別途殺菌を行った安定剤溶液を加えて均質化を行う．果肉入りのドリンクヨーグルトの場合は，均質後に別途殺菌を行った果肉を混合することにより，果肉を均一に混合して充填することができる．

(3) チーズ

乳等省令により，チーズはナチュラルチーズとプロセスチーズに分類される．前者は「乳を乳酸菌で発酵させ，または乳に酵素を加えてできた凝乳から乳清（ホエー）を除去し，固形状にしたものまたはこれらを熟成したもの」と定義されている．一方，後者は「ナチュラルチーズを粉砕し，加熱溶融し，乳化したもの」と定義されている．乳等省令ではナチュラルチーズには規格基準はないが，プロセスチーズには乳固形分40%，大腸菌陰性という基準がある．乳製品の範疇にない乳を主原料に用いて製造した食品はチーズフードに分類される．

①**ナチュラルチーズ**…ナチュラルチーズの種類は800種類以上あるといわれている．それらの製造法は個々のチーズにより多少異なるが，原則的には同一である（図2-4）．すなわち，殺菌して冷却した原料乳にスターター菌，塩化カルシウムおよび凝乳剤を加えて凝乳を起こさせる．凝乳物（カード）を切断し，加温と撹拌によりホエーを浸出させ，カードを回収して成形，圧搾および加温してグリーンチーズを得てそれを熟成させる．原料乳の成分はチーズの品質に大きく影響する．殺菌は一部のチーズを除いてHTST法かLTLT法で行われる．UHT法

スターター菌，塩化カルシウム，凝乳剤
⇩
原料乳（生乳）➡ 標準化 ➡ 清浄化 ➡ 殺菌 ➡ 冷却 ➡ 静置 ➡ 凝乳 ➡ カード切断 ➡
撹拌 ➡ 加温 ➡ ホエー排除 ➡ カード ➡ 型詰 ➡ 圧搾 ➡ グリーンチーズ ➡ 熟成

図2-4　ナチュラルチーズの製造工程

で殺菌するとカルシウムの不溶化や一部の乳タンパク質の変性によりカードが軟弱になり，ホエーの排出が悪くなるためによいチーズはできない．スターター菌には一般に乳酸菌を用いるが，第2のスターター菌としてかび，酵母，プロピオン酸菌なども用いる．スターター菌には酸生成による有害微生物の抑制，凝乳の促進，ホエーの排出促進などの機能があるとともに，スターター菌由来の酵素は乳成分を分解して香気成分や呈味成分を作り出す．凝乳剤には，子牛の第四胃から調製されるキモシンを主成分にしたレンネットが最も適している．これは，キモシンの基質特異性がきわめて高く，凝乳力に対するタンパク質分解力が弱くてカードの回収率が高いこと，カードの組織がよいこと，熟成過程で苦みを生じにくいことなどによる．熟成過程で，原料乳，凝乳剤およびスターター菌由来のさまざまな酵素が乳成分に作用し，個々のチーズ固有の風味が形成される．

②**プロセスチーズ**…プロセスチーズは単品または複数種のチーズを粉砕し，水，乳化剤，香辛料などを加えて加熱溶融後，型に充填し冷却して固めることにより造る．プロセスチーズの品質は原料に用いたナチュラルチーズと乳化剤に負うところが大きい．プロセスチーズの原料にはゴーダチーズやチェダーチーズが広く用いられており，熟成が進んでいないチーズを原料にすると滑らかな組織のチーズになり，熟成が進んだチーズを原料にすると風味やこくが強いチーズになる．プロセスチーズではスターター菌として添加した微生物は死滅しており，酵素も失活しているために製造時の風味を損なうことなく長期間保存できる．

(4) バ タ ー

乳等省令によりバターは，「生乳，牛乳または特別牛乳から得られた脂肪粒を練圧したもので，成分は乳脂肪分80.0％以上，水分17.0％以下，大腸菌群陰性」と定義されている．バターは，通常のクリームを原料にする甘性バターと乳酸発酵したクリームを原料にする発酵バターに大別される．また，製造時に食塩を加える加塩バターと食塩を加えない無塩バターに分けられる．日本標準食品分類では，加塩バター，無塩バター，バターオイル，その他のバターの4種類に分けられている．乳等省令によるバターオイルの定義は，「バターまたはクリームから殆どすべての乳脂肪以外の成分を除去したものであり，その規格は乳脂肪99.3％以上，水分0.5％以下，大腸菌群陰性」である．

第2章　畜産物の利用　　41

```
                          脱脂乳
                            ↑
原料乳（生乳）⇒ 遠心分離 ⇒ クリーム ⇒ 中和 ⇒ 殺菌 ⇒ 冷却 ⇒ エージング ⇒
              チャーニング ⇒ バター粒 ⇒ 水洗 ⇒ 加塩 ⇒ ワーキング ⇒ 充填，包装
                    ↓
                 バターミルク
```

図 2-5　加塩バターの製造工程

　加塩バターの製造はクリームの分離から始まり，殺菌，冷却，エージング，チャーニング，バター粒，ワーキング，充填および包装の工程を経て製造される（図2-5）．エージングは殺菌工程で溶融した脂肪を十分に結晶化させるための工程であり，できあがったバターの物性に大きく影響する．エージングの温度は脂肪酸組成や季節によっても異なるが，一般に10℃前後が効果的である．チャーニングは脂肪球を破壊してバター粒を形成させるためのものであり，高速回転するチャーニングシリンダーによって機械的に行う．バターの水分はチャーニングにより決まるために，適正なバター粒が形成されるように回転数を調整しなければならない．ワーキングは，脱水したバター粒を練圧して組織調整を行うためのものである．ワーキングによりバター中の水滴は微細化して均一に分散し，バターの風味と組織がよくなる．

(5) そ の 他

①濃縮乳…「生乳や脱脂乳などを濃縮したもの，あるいはショ糖を加えて濃縮したもの」であり，乳等省令では濃縮乳，脱脂濃縮乳，無糖練乳，無糖脱脂練乳，加糖練乳，加糖脱脂練乳に分類されている．これらの製造法は種類により異なる．加糖練乳の場合は，原料乳受入，浄化，標準化，ショ糖添加，殺菌，濃縮，冷却，保持，充填の工程を経て，また，無糖練乳の場合は，原料乳受入，浄化，標準化，予備加熱，濃縮，均質化，パイロットテスト，塩類添加，充填，滅菌の工程を経て造られる．

②粉乳…「乳または乳由来のものから殆どすべての水分を除去して粉末状に乾燥したもの」の総称であり，液状乳と比較して保存性が著しく良好であること，輸送や貯蔵に便利であること，必要に応じて還元できることなどの利点を有している．乳等省令では，粉乳は全粉乳，脱脂粉乳，クリームパウダー，ホエーパウ

ダー，バターミルクパウダー，加糖粉乳，調製粉乳，タンパク質濃縮ホエーパウダーに分類されている．粉乳の製造方法は種類により異なるが，基本的な工程は共通するところが多い．例えば，脱脂粉乳は，原料乳受入，浄化，分離，冷却および貯蔵，殺菌，濃縮，乾燥，冷却および篩過，計量，充填，包装の工程を経て製造される．

2．肉と肉製品

　肉は，ウシ，ブタ，ニワトリなどの生物の筋肉が原料となる．これらの肉を用いて，嗜好性や保存性を向上させるために製造したものが肉製品であり，美味な食品の1つとして，若者から高齢者まで幅広く食されている．また，良質のタンパク質を含むことから，タンパク質の供給源としても重要な食品である．

1）肉の種類と品質

　肉は一般的に，と畜した生物の筋肉（骨格筋）が使用される．筋肉には胃や小腸などの消化器系臓器，血管，子宮などの平滑筋もあるが，これらは通常の調理ではあまり使用されず，「ホルモン」と称され，焼き肉店などで食される．

(1) 肉の種類と成分

　日本では，ウシ，ブタ，ニワトリの肉が主流である．それ以外には，ウマ，ヒツジ，シカなどの動物の筋肉が肉に使用される．

　肉の一般組成成分では，水分が約70％，タンパク質20％，脂肪が数％，炭水化物とミネラルがそれぞれ1％である．タンパク質が豊富に含まれていると同時に，必須アミノ酸がバランスよく含まれているので，タンパク質の重要な供給源である．また，水分の含量は，肉の多汁性（ジューシーさ）やうま味の強さに影響を与える．

a．牛　　肉

　日本では，和牛，乳用肥育牛およびそれらを交配して作出された交雑牛の筋肉が食されている（図2-6）．

　牛肉の成分は，品種や部位の違いで，一般組成成分に著しい違いがある．脂肪

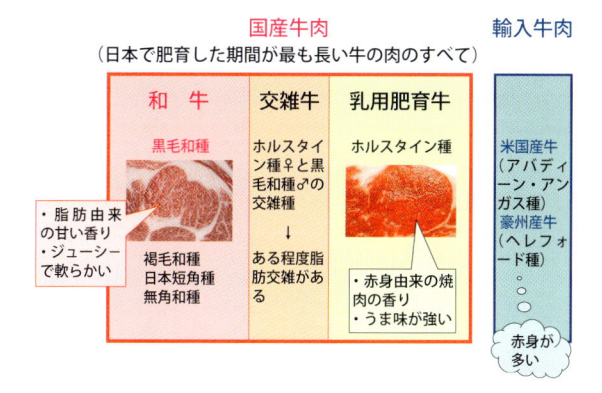

図 2-6 日本における牛肉の分類と特徴

交雑度の高い黒毛和種の牛肉は，脂肪含量が非常に高く，50％近いものもある．この肉では，水分やタンパク質含量が低下することになる．

牛肉は同じ部位で比較すると，豚肉や鶏肉と比べて赤い．これは，ミオグロビンが多いことに起因している．したがって，ヘム鉄が多く，貧血予防のためには優れた食材といえよう．また，脂肪燃焼促進作用を有するカルニチンが多く含まれている．脂肪が燃焼する際，リパーゼの作用で分解された脂肪酸がミトコンドリアに取り込まれるために，カルニチンが不可欠である．生体内では，リジンとメチオニンから生合成されるが，食品から摂取することで，脂肪がより効率的に燃焼されるといわれている．

b. 豚　　肉

ブタは，生後 6 ヵ月齢で，その生体重が 110kg 前後になった頃に出荷され，と畜される．日本で最も多く生産されているのは，ランドレース種，大ヨークシャー種，デュロック種を交配した三元交配種（LWD）である．単独種で多く生産されているのは，黒豚と呼ばれるバークシャー種である．

豚肉には，他の畜種の肉にはあまり含まれていないビタミン B_1 が豊富に含まれており（肉 100g 当たり約 1mg），1 日に約 100g 食べれば，ほぼこのビタミンの必要量を満たすことになる．

c. 鶏　　肉

肉用鶏は一般的に，ブロイラー，銘柄鶏と地鶏に大別される．ブロイラーは食肉専用鶏で，成長が早く，肉付きのよいという特徴がある．ブロイラーは，合

理化された大規模な平飼い鶏舎で飼育され，ほとんどが平均して約 8 週齢の若鶏で出荷される．日本で処理されたブロイラーの処理羽数は，総処理羽数の約 90％に相当する．

　鶏肉も豚肉と同様に，タンパク質が豊富に含まれている．しかし，牛肉や豚肉と違って脂肪含量が低い．腿肉で 2〜4％，胸肉では 1％以下である．脂肪酸組成は他の畜種と異なり，必須脂肪酸であるリノール酸やリノレン酸が多く含まれている．ビタミン類では，ビタミン A が他に比べて多い．また，抗酸化作用を有するジペプチド，アンセリンも多く含まれている．

d. 羊　　肉

　羊毛産業の発展に伴い，日本でもヒツジの飼養頭数は増えた時期もある．現在では，羊肉のほとんどはニュージーランドやオーストラリアから輸入されている．1 年未満の子羊の肉をラムと呼ぶ．ラム肉は軟らかく臭みも弱いため，テーブルミートとして消費されている．1 年以上の羊の肉はマトンと呼ばれる．マトンは硬くて，臭みも強い特徴を有する．これらの肉には，脂肪燃焼促進作用を有するカルニチンが多く含まれている．

e. 馬　　肉

　「さくら肉」として，熊本県や長野県で多く生産されている．昔は農耕用に使用されたものを食用にしていた．現在では，肥育頭数も減り，カナダなどから輸入された外国産が消費されている．馬肉は赤身が多くヘルシーな肉であり，馬刺しなどで食されている．

(2) と畜と枝肉格付け

a. と　　畜

　牧場や養鶏場で肥育された動物は，各都道府県から認可を受けたと畜場に搬送され，と畜される．ウシやブタの場合には，と畜場に搬入された当日は輸送によるストレスを緩和するために，と畜されずに休息をとる．これを繋留という．繋留後，翌日にと畜される．動物の種類によってと畜方法は少し異なるが，原則として，失神（スタニング），放血（スティッキング），断頭，皮剥ぎ，背割り，分割などの各処理が連続的に行われる．

b．枝肉格付け

牛肉と豚肉については，それぞれ「牛枝肉取引規格」と「豚枝肉取引規格」により，枝肉での格付け評価がなされている．

①**牛枝肉取引規格**…枝肉からとれる肉量評価（歩留等級）と品質評価（肉質等級）から，格付けされる．「歩留等級」は，左半丸枝肉の第6，7肋骨間の切開面における測定値から歩留基準値が算出され，A～Cの3段階の等級で評価される．「肉質等級」は，熟練した格付け員が「脂肪交雑」，「肉の色沢」，「肉の締まりときめ」，「脂肪の色沢と質」の4項目を同じ切開面において目視で評価し，5段階の等級で評価する．

②**豚枝肉取引規格**…豚肉の場合も豚枝肉を用いて，「半丸枝肉重量」，「背脂肪の厚さ」，「外観（肉付きや脂肪付着など）」，「肉質（肉の色沢，肉の締まりときめ，脂肪の色沢と質）」の3項目について評価し，極上，上，中，並，等外の5段階の格付けを行っている．

(3) 熟成による品質改善

部分肉にされた肉は，流通過程も含めて一定期間低温で貯蔵されたのち，食される．これは，と畜後に死後硬直した肉質が，貯蔵することにより改善されるからである．

a．筋肉の構造と死後硬直

①**筋肉の構造**…肉の原料である骨格筋は，多数の筋線維，結合組織，脂肪組織，血管，神経などで構成されている（図2-7）．筋線維は，1個の細胞で筋細胞とも呼ばれる．筋線維を取り巻く膜を特に筋内膜と呼ぶ．この筋線維が数十本以上束ねられて，第一次筋線維束（筋束）を形成する．第一次筋束が数十個ずつ集まって第二次筋束を形成する．これらの各筋束を覆っている膜は，筋周膜と呼ばれる．この第二次筋

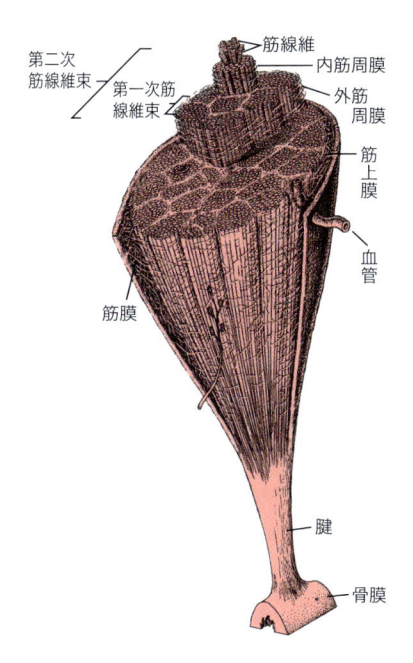

図2-7　骨格筋の構造
（藤田恒夫：立体組織図譜Ⅱ組織編，p.257，図125，西村書店）

束が多数集まって筋肉を形成する．筋肉の周りは，筋上膜あるいは筋膜と呼ばれる強靱な膜で包まれている．筋上膜は異なる筋肉同士を隔てている．それぞれの膜は結合組織と呼ばれ，集合して腱に連なり，骨膜に接続している．

　②**筋肉の構造と肉質**…筋肉の横断面で見られる筋束がつくる模様をきめと呼ぶ．運動量が多く，大きな力を出す必要のある部位の筋肉は筋束が太くなり，きめが粗い．一般に，きめの粗い肉は硬いとされている．

　筋周膜に脂肪細胞が均一に分散して沈着すると，脂肪が網の目状に分布し，脂肪交雑（霜降りあるいはサシともいう）を形成する．脂肪交雑で存在する脂肪は，筋原線維や結合組織よりも軟らかいので，脂肪交雑の程度が高い肉ほど噛んだときに軟らかく感じる．脂肪交雑の程度が高い牛肉ほど評価は高い．

（4）肉の熟成とおいしさの発現

　肉のおいしさを決定する要因には，食感，味，香りなどがある．これらの向上は，食肉を低温で一定期間貯蔵する「肉の熟成」によってもたらされる．熟成に要する時間は畜種によって異なるが，4℃で貯蔵した場合にはウシで2週間，ブタで10日間，ニワトリで1～2日間とされている．

a．肉の熟成と解硬および軟化

　死後硬直した肉は，食品としての価値がたいへん低い．しかし，一定期間低温で貯蔵するとだんだん軟らかくなる．これを解硬現象と呼ぶ．解硬は，低温貯蔵中にカルシウムイオンやタンパク質分解酵素の作用で起こる筋原線維のZ線の脆弱化，太い線維と細い線維との相互作用の弱化ならびにコネクチンの開裂によってもたらされると考えられている．解硬現象が完了すると，肉はと畜直後の軟らかい状態に戻り，おいしいと感じる．

b．肉の熟成と味の改善

　と畜直後の肉は，硬いだけでなく，酸味が強く，うま味物質が少ない．しかし，熟成した牛肉は酸味が弱くなり，まろやかでおいしくなることが知られている．また，豚肉および鶏肉を低温で一定期間熟成すると，うま味物質が増え，肉の風味が強くなり，おいしくなる．これには，肉の主要な呈味成分であるイノシン酸（IMP），遊離アミノ酸およびペプチドの増加が寄与している．

c．肉の熟成と香りの改善

と畜直後の肉は，風味に乏しいが，熟成により改善されることが知られている．加熱香気は，肉を加熱したときに生じる香りで，肉に共通した香りと動物種に特有な香りからなる．畜種に特有な加熱香気には，脂肪由来の香り成分が関与する．特に，脂肪交雑の高い黒毛和牛肉を煮たり，焼いたりしたときには，和牛肉独特のこくのある甘い香気が生成される．

2）肉の加工と肉製品

(1) 肉の加工

a．加工品の種類

肉製品には，ハム，ソーセージ，ベーコン，プレスハム，生ハムなどがある．JAS（日本農林規格）規格では，用いる原料や添加する物質の量や種類により，これらの製品を格付けしている．

b．加工特性

肉製品を製造するときに，肉の有する加工特性を利用している．加工特性には，結着性，保水性，肉色の固定がある．

①**結着性**…ソーセージやハムの製造時には，原料となる肉塊や挽肉が相互に密着して結合する性質が必要である．この性質は結着性と呼ばれ，弾力性のある，よい品質の製品を作るうえで非常に重要である．塩溶性タンパク質である可溶化ミオシンが結着性を担う主因子である．

②**保水性**…肉が保持している水あるいは加工時に添加した水を，製造工程中のさまざまな処理を経ても保持している能力のことを保水性（保水力）という．保水性が低下すると，肉やその加工品から水分が分離してくる．これは，肉汁に溶けているうま味物質の損失を招く．また，みずみずしさがなくなり，ぱさぱさした食感を与えることになる．

③**肉色の固定**…肉製品を製造する際には，亜硝酸塩を添加し，肉色を固定する．肉製品の製造の塩漬工程で添加された亜硝酸塩は，乳酸存在下で亜硝酸へと容易に変化する．この亜硝酸が一酸化窒素へと変化し，ミオグロビンに速やかに結合し，赤色のニトロシルミオグロビンが生成される．これは，加熱により変性グロビンニトロシルヘモクロムに変化し，加熱肉製品特有の桃赤色として固定される．

c．製造工程と意義

　肉製品であるハム，ソーセージ，ベーコン，プレスハムは，一般的に肉を原料として，塩漬，充填，くん煙，加熱，冷却，包装の工程を経て製造される．

　①塩漬…亜硝酸塩，硝酸塩，ポリリン酸，アスコルビン酸，調味料，香辛料などからなる塩漬剤を原料肉と混ぜ合わせて，一定期間貯蔵する工程のことである．この間に，原料肉における塩漬色の固定反応ならびに塩漬フレーバーの形成反応が進行する．また，亜硝酸塩は，食中毒菌であるボツリヌス菌の肉中での生育を抑制する重要な働きを有している．

　②充填…塩漬処理した原料肉をケーシングと呼ばれる袋に詰める処理のことである．ケーシングには，動物の腸である天然ケーシングと，セルロースやプラスチックを原料とした人工ケーシングがある．

　③くん煙…充填されたものは，表面を乾燥したのち，55～60℃で一定時間，煙でいぶして，くん煙される．くん煙すると，製品の表面にくん煙色や香りが付与される．煙成分には，アルデヒドやフェノール化合物があるので，これらの成分が付与された製品は保存性も高くなる．

　④加熱…加熱により殺菌処理が行われる．殺菌条件は中心温度 62～65℃で，30分間である．加熱工程では，肉色の固定と結着・保水性を完了させる目的もある．加熱温度を高くし，急激に加熱しすぎると，肉タンパク質が変性して食感の劣る製品ができあがることがあるので，気を付けなければならない．

　⑤冷却と包装…冷却後，包装されて製品が完成する．

(2) ハ　　　ム

　本来，ハムはブタのもも肉を指す言葉である．しかし現在は，豚のロースあるいはもも肉を原料として製造した肉製品を指す．ロースから製造されたものがロースハム，もも肉から製造されたものがボンレスハムである．ハムを塩漬する場合には，塩漬剤を溶かしたピックル液に原料肉を浸漬する湿塩法が用いられる．現在では，塩漬工程を短縮するために，インジェクション法とタンブリング処理を併用している．人工ケーシングに充填されたハムは，くん煙後，加熱，冷却，包装の各工程を経て完成する．

(3) ソーセージ

各種畜肉（豚肉，牛肉，緬羊肉，馬肉など），家禽肉，家兎肉の挽肉などを原料として，塩漬後，ケーシングに詰めたものである．原料肉中の豚肉・牛肉の含量に応じて，製品の等級が決められている．また，充填する際に用いるケーシングの種類，もしくはサイズによって名称が異なる．牛腸[注]（太さ36mm以上のもの）に充填したものをボロニアソーセージ，豚腸（太さ20〜36mm以上のもの）に充填したものをフランクフルトソーセージ，羊腸（太さ20mm未満のもの）に充填したものをウィンナーソーセージと呼ぶ．原料に血液を用いて製造されるブラッドソーセージや，野菜を添加したリオナソーセージも海外では製造されている．発酵・乾燥処理工程を用いて，水分含量を35％より低くしたソーセージは，ドライソーセージと呼ばれる．ヨーロッパで多く消費されているソーセージである．

(4) ベーコン

ブタのばら肉を整形したのち，塩漬，くん煙の工程により製造したものである．原料にブタの肩肉を用いたショルダーベーコンや，ロース肉を用いたロースベーコンも製造されている．ベーコンの塩漬では，塩漬剤を粉末の状態で肉表面にすり込む乾塩法が一般的であったが，現在では製造工程を短縮するために，インジェクション法とタンブリング処理が併用されている．

(5) その他の肉製品

a．プレスハム

畜肉（豚肉，牛肉，緬羊肉，馬肉など）や家禽肉の肉塊（栗粒位の大きさ）とつなぎ肉（畜肉，家兎肉，家禽肉の挽肉）を原料とする．肉塊がつなぎ肉によって結合し，あたかも1つの肉からできているように見えるので「寄せハム」とも呼ばれる．原料肉の種類やつなぎ肉の含量に応じて等級が付けられる．

b．そ の 他

前記製品の他に，ローストビーフ，コンビーフ，ビーフジャーキー，加熱処理

注）ウシの小腸は，BSE特定危険部位なので使用されていない．そのため，人工のセルロースケーシング（太さ36mm以上のもの）などが使われている．

を行わない生ハムなどが製造されている．日本では，生ハムはラックスハムに分類されている．

3．卵と卵の利用

1）卵の種類と成分，品質

　日本国民1人当たりの卵の消費量は世界でもトップクラスであり，鶏卵では年間300個以上を消費している．現在日本では，鶏卵とウズラ卵が主として流通しているが，アヒル卵やホロホロ鳥卵，最近ではダチョウ卵も市販されている．

　①**鶏卵**…年間250～260万t生産される．その半分以上が殻付卵として箱詰めあるいはパック詰めされ，一般の食卓にあがる．残りは外食業務用あるいは加工用である．殻付鶏卵は卵殻部，卵白部，卵黄部からなり，重量比で約1：6：3の割合である．卵白は約90％が水分で，固形分のほとんどがタンパク質である（表2-2）．一部のヒトにとっては，オボムコイド，オボアルブミンなどはアレルゲン性が高いタンパク質として知られる．卵黄は約50％の水分，17％のタンパク質と30％の脂質からなる．卵黄タンパク質には免疫グロブリンの一種である鶏卵抗体（IgY），ホスビチン，リポビテリンなどがある．卵黄脂質は中性脂肪（65％），リン脂質（30％），コレステロール（4％）からなる．リン脂質のほとんどはタンパク質に結合したリポタンパク質として存在する．

表2-2　卵白の主なタンパク質とその役割

	組成(%)	機能
オボアルブミン	54	
オボトランスフェリン	12	金属イオンと結合
オボムコイド	11	トリプシンを阻害
オボグロブリンG2	4	
オボグロブリンG3	4	
リゾチーム	3.4	細菌の細胞壁を溶解
オボムチン	1.5	抗ウイルス作用
オボインヒビター	1.5	プロテアーゼを阻害
オボグリコプロテイン	1	
アビジン	0.06	ビオチンと結合

（森　誠，2011）

　②**ウズラ卵**…10～20gで，全卵において，水分，タンパク質，炭水化物含量は鶏卵と大差はないが，脂質，鉄や亜鉛，ビタミンA，B_2が鶏卵より多く，栄養価は高い．水煮缶詰やレトルトパウチの製品もある．

　③**アヒル卵**…60～90gで，衛生的な問題や臭みがあることから生食はしない．菓子製造などの加工用の

他，ピータン（皮蛋）や孵化直前のアヒル卵を加熱したバロットなどの加工卵として利用される．

④**その他の卵**…ニワトリの1品種であるウコッケイの卵や，最近ではダチョウ卵も流通している．ウコッケイ卵は鶏卵よりやや小さく，脂質，鉄分などがやや多い．産卵数が少ないため（年間50〜80個），高価である．ダチョウ卵はニワトリ卵20〜25個分の大きさであるが，一般成分組成は鶏卵と大差ない．

2）鶏卵の品質と規格

卵は産卵直後より卵中から二酸化炭素の散逸や水分の蒸発が起こる．そのため，貯蔵に伴い，卵殻膜，卵白，卵黄に変化が生じ，品質が低下する．品質が低下した卵殻膜では，微生物の侵入が容易になり，さらに品質が低下する．卵白では，25℃，4日間の貯蔵でpHは7.5から約9.5に上昇し，タンパク質の構造変化により濃厚卵白が水溶化する．また，卵黄膜やカラザ層の脆弱化により，割卵したときの卵黄の高さが低くなる．このため鮮度判定の基準として，卵白の高さと卵重からハウ・ユニット（Haugh unit，H.U.）が，卵黄の高さと直径から卵黄係数（yolk index）が用いられる．

殻付鶏卵の重量（卵重）はニワトリの品種，年齢によって差があるが，鶏卵取引規格（鶏卵の流通円滑化および適正な価格形成を図るために農林水産省が定めた規格）で定められているのは40〜76gまでで，6g刻みでSS〜LLまで6段階に分類されている．また，鶏卵の品質区分は，卵殻の外観検査，卵殻に光を当てて内部の様子を観察する透光検査，または割卵したときの卵白や卵黄の状態を検査することによって，特級（生食用），1級（生食用），2級（加熱加工用）および級外（食用不適）に区分する．通常は外観検査と透光検査が行われ，1級以上のものだけがパック詰めされる．

3）鶏卵の加工

鶏卵は，主要な栄養成分をバランスよく含む優れた食品で，タンパク質の質を表す指標の1つである「アミノ酸スコア」は100である．また，食品加工上，優れた機能特性，すなわち凝固性（熱を加えると固まる性質で卵焼き，ゆで卵，茶碗蒸しなどに利用），起泡性（かき混ぜると泡立つ性質で，メレンゲやケーキ

に利用），乳化性（水と油などを混ぜ合わせる性質で，マヨネーズなどに利用）を有している．

　鶏卵の加工品には，一次加工品と二次加工品がある．一次加工品はドレッシング類や菓子類などの原材料としての卵製品を調製するために，新鮮殻付卵から卵殻と卵殻膜を取り除き，中身だけを取り出したもので，液卵（液状全卵，液状卵白，液状卵黄），凍結卵（凍結全卵，凍結卵黄，凍結卵白），乾燥卵（乾燥全卵，乾燥卵黄，乾燥卵白），濃縮卵（加糖濃縮全卵，加糖濃縮卵白，加糖濃縮卵黄）に区別される．一方，二次加工品はマヨネーズなどのドレッシング類，水煮缶詰（ゆで卵などの加工品に水または調味液を加えて缶に密封し加熱殺菌したもの），ロングエッグ（円筒状の卵白の中心に棒状の卵黄部分が芯となってゆで上げられた加工卵）などがある．また，ピータン，塩漬け卵（シェンタン）の他，卵焼き類やプリンなどの菓子類も卵を利用した加工品である．

4．機能性食品としての畜産物

　乳，肉，卵などの畜産物は，栄養豊富で嗜好性に優れているばかりでなく，健康の維持や増進に働く成分をたくさん含んでいる．これらの機能性成分には，畜産物中に最初から存在しているものだけでなく，分解されて生じる成分に機能性が存在する場合がある．すでに，これら機能性を有する成分を分離および抽出して添加された，さまざまな機能性畜産食品が開発されている．また，機能性乳酸菌などを利用した発酵畜産食品，ミネラルやハーブ類を含む飼料給与により機能性を付加した畜産物の開発なども行われている．このように，生産現場から加工に至るまで，畜産物の機能性食品としての位置付けは大きい．

1）牛乳の機能成分

　牛乳中には，多種多様な機能成分が含まれる．これらの機能成分の多くは，牛乳から抽出分離する技術が確立されており，機能性を期待したサプリメントとして，いろいろな食品に添加され市販されている．

　①**ウシラクトフェリン**…ラクトフェリンは乳だけでなく，生体内のさまざまな外分泌液（涙，唾液など）や好中球にも存在する鉄結合性の糖タンパク質である．

鉄の吸収調節作用の他，抗菌作用，抗炎症作用，免疫賦活作用，細胞増殖促進作用など，多彩な機能を有することが知られている．また，ペプシンによる分解で得られるウシラクトフェリンシン（17 〜 41 残基目に相当する）は，強力な抗菌作用，抗ウイルス作用，抗がん作用，免疫調節作用を有することが知られている．

②**カゼインホスホペプチド**…カゼインの酵素分解によって得られるカゼインホスホペプチド（caseinophosphopeptides, CPP）は，リン酸化されたセリン残基を集中的に含む部分ペプチドである．CPP は，消化管内でカルシウムと複合体を形成することにより，カルシウムの溶解性を高め，小腸でのカルシウム吸収を促進するといわれている．したがって，カルシウムと一緒に供給することにより，高いカルシウム吸収促進効果が発揮されることが期待される．

③**その他の機能成分**…この他，血圧調節に働く成分としてアンジオテンシン変換酵素の作用を阻害するペプチドや β - カゾモルフィンなど，モルヒネ様鎮痛作用を示すオピオイドペプチドも数多く知られている．

2）鶏卵の機能成分

卵は胚の発生に必要なすべての成分を含むと同時に，微生物やウイルスの侵入など外界からの攻撃から自らを守る生体防御機能を備えている．したがって，卵には多種多様な機能成分が豊富に含まれており，食品のみならず，医薬品や化粧品にも利用されている．

①**リゾチーム**…鶏卵リゾチームは，卵白タンパク質の 3 〜 4 ％を占める塩基性タンパク質である．細菌細胞壁のペプチドグリカンの N- アセチルグルコサミンと N- アセチルムラミン酸の β -1,4 結合を切断し，溶菌する．グラム陽性菌に対して効果的だが，グラム陰性菌に対しても抗菌作用を示す．この他，抗ウイルス活性や抗炎症作用も知られており，風邪薬，点眼薬，トローチなど医薬品に利用されている．

②**鶏卵抗体（IgY）**…鳥類には免疫グロブリンとして IgY と呼ばれる抗体が存在する．親鳥の血液中の IgY 抗体は卵黄に蓄積されることから，産卵鶏を特定の抗原で免疫することにより，目的とする IgY 抗体を含んだ鶏卵が得られる．*Streptococcus mutans*（虫歯菌）に対する IgY は菌の付着阻止作用を有し，*Helicobacter pylori* に対する IgY は *H. pylori* の感染を抑制することが報告されており，感染や

症状を抑制するのに有用と考えられる．

③**卵白タンパク質由来ペプチド**…牛乳と同様に，卵白タンパク質の分解物中にも多数の機能性成分が存在する．オボアルブミンについて多くの研究がなされており，動脈弛緩ペプチド（オボキニン），アンギオテンシン変換酵素阻害ペプチドなど，血圧降下作用を有するペプチドも見出されている．

④**栄養強化卵**…乳，卵，肉などの生産物の品質は飼料により大きく影響を受けることを利用して，飼料中に機能性物質を添加し，生産物中にその機能性物質を移行させることができる．鶏卵にヨウ素，脂溶性ビタミン群，DHA，EPA，鉄分などを強化した栄養強化卵などとして，市販されている製品もある．

3）食肉に含まれる機能性成分

食肉に含まれる成分には，抗疲労効果や脂肪燃焼効果があることが知られている．骨格筋に比較的多いジペプチドのカルノシン（β-アラニル-L-ヒスチジン）やアンセリン（N-β-アラニル-1-メチル-L-ヒスチジン）は抗酸化作用を有し，抗疲労効果などが期待されている．L-カルニチン（β-ヒドロキシ-γ-トリメチルアミノ酪酸）や反芻動物の食肉脂質に多く含まれる共役リノール酸（CLA）なども脂肪燃焼，疲労回復効果があるとされる．また，豚肉や鶏肉エキスの酵素分解物中には血圧降下作用を有するペプチドや，豚肉の酵素分解物にコレステロール低下作用を有する成分が知られている．

5．皮，毛，羽毛

1）皮　革

(1) 皮の特性

人類は太古の時代から獣の毛皮や皮を敷物や履物，袋物，着物などの生活用品として利用していた．皮は表皮と真皮，皮下組織からなり，革として利用されるのは真皮である（図2-8）．この真皮は毛根底部を境として外側の線維構造の緻密な乳頭層，内側の粗い網状層とに区別している．皮の約1/3がタンパク質で，その90％以上が革となるコラーゲンである．皮の特性は動物の種類によって異

なり，牛皮は線維構造が緻密で，線維がよく交絡している．革は耐久性や堅牢性があり，銀面（表面）が平滑で文様が美しい．豚皮は太い剛毛が真皮を貫通し，銀面がでこぼこしている．革は毛穴のために通気性がよいが，防水性が劣る．羊皮は乳頭層と網状層の間に脂肪が沈着し二分しやすい．革は弾力性や強度が弱いが，柔らかく感触がよい．山羊皮は線維の密度や交絡の程度が牛皮に比

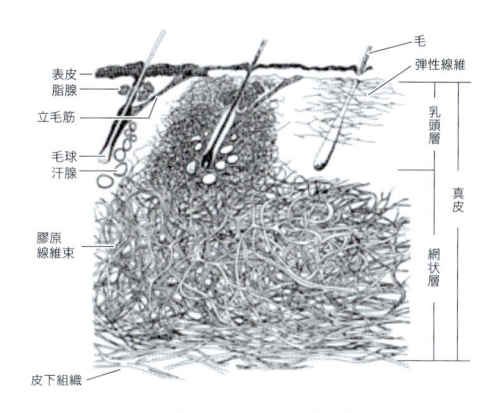

図2-8　牛皮の組織構造
（日本皮革技術協会（編）：総合皮革科学，1998）

べやや低いが，強度のある柔軟な革となる．馬皮は牛皮より線維構造が緻密ではないが，銀面は平滑である．特に尻の部分が厚く線維構造が緻密で弾力性に富んでいる．この部位を植物タンニンで鞣した革をコードバンと称する．鹿皮は線維間に大きな空隙があり，吸水性や柔軟性の高い革ができる．

　鳥類のオーストリッチ，エミュー，魚類のサメ，エイ，爬虫類のワニ，トカゲ，ヘビなどの皮は突起や銀面の文様に特徴のある革となる．

(2) 皮革製造

　剥皮後，原皮を保存するために乾燥あるいは塩蔵する．一般的な塩蔵法は水洗した皮の肉面に生皮重量と同量くらいの粉末塩を散布して山積みする．防腐剤を添加するか，あるいは生皮を飽和塩溶液に浸漬してから塩を散布すると効果的である．

　乾皮または塩蔵皮を水漬けして，塩や汚物，可溶性タンパク質を除去し，皮組織に水分を補給し，その後の理化学的作用を円滑に行えるようにする．さらに裏打ち（肉面の付着物の除去）してから石灰漬けをする．石灰の溶解度は21℃で約1.5g/Lと比較的低く，飽和溶液のpHは12.5であり，皮の膨潤に適したアルカリ性である．膨潤により線維がほぐれ，表皮組織や毛根部の成分が分解し脱毛しやすくなると同時に皮中の脂肪が溶出する．硫化ソーダや水硫化ソーダを加えると毛が分解して脱毛が促進される．毛を傷めない方法として，石灰と硫化ソー

ダの粥状混合物を肉面に塗布するか，または酵素を使用する．塩化アンモニウムなどの弱酸で脱灰して膨潤状態を元に戻し，さらに酵素処理，皮タンパク質以外の成分を分解させ，線維をほぐし柔軟にする．

　鞣しにより，皮は腐敗せず，柔軟性のある革になる．鞣剤としては19世紀末に実用化されたクロム塩が最も一般的に使用されている．クロム革の最大の特徴は耐熱性が高く，熱縮温度（水中で収縮し始める温度）が120℃くらいまで達する．他の鞣剤では，せいぜい90℃くらいである．クロム革はさらに耐水性やタンパク質分解酵素に対する抵抗，用途に応じた製品革にできる多様性がある．クロム鞣製は浸酸により皮を酸性（pH3～4）にしてから，クロム液中で3～5時間撹拌し，一夜浸漬して行う．古くから行われた明礬鞣しの革は柔軟ではあるが，耐水性や耐熱性が低いので，今日では他の鞣剤とのコンビネーション鞣しが行われている．植物タンニン鞣しはタンニンを含む木の皮や実，葉などの抽出液に皮を浸漬して行う．その際，皮は低濃度の槽から徐々に1，2ヵ月かけて高濃度の槽に移しかえる．タンニン革は厚くて硬く堅牢であり，耐磨耗性，耐圧縮性および吸水性の点で優れている．さらに伸びや弾力性が少なく可塑性に富み型が付けやすい．しかし，耐熱性や耐水性が低い．油鞣しは燻煙鞣しと同様に最古の鞣製法である．セーム革はヒツジやシカの銀面を削り取った皮に35～40℃の鱈油を搗いたり揉んだりして浸透させて製造する．この革は柔軟性や耐水性に優れており，衣類や手袋，汚れ落しなどに広く利用されている．

　鞣製後の革は鞣剤により色が異なり，クロムは青，アルミニウムとホルマリンは白，植物タンニンは褐色，油鞣しは黄である．これらを好みの色にするために染色する．鞣した革は乾燥すると線維同士が膠着して硬くなるので，油脂と乳化剤を混合した乳濁液を用いて加脂を行い，潤滑効果で柔軟性を保持し，さらに防水性や強度，感触，膨らみ，艶もよくなる．

　銀面の良好な革は表面に染料とタンパク系のバインダー（結合剤）からなる塗料を塗り，銀面模様を生かす．一方，損傷している革は銀磨りをして表面を滑らかにしてから，顔料やワックスなどを組み合わせた樹脂を塗って仕上げる．

　日本の伝統的な革に鹿皮を脳漿（現在はホルマリン）で鞣し，さらに燻煙してから漆で文様を施した印伝革と牛皮を菜種油で鞣した姫路革があり，これらの革は独特の文様と色彩から，ハンドバッグや財布などの袋物に使用されている．

2）毛

(1) 毛の特性

　動物の毛は表皮の陥入によって形成された毛嚢（毛包）から伸び，円筒状で，中心部に毛髄質があり，それを毛皮質が覆い，さらにその外側をリン片が瓦状に重なり合った毛小皮で覆われている（図2-9）．毛髄質には気室があり，その隔壁の形状は動物種によって異なり，ウサギ，シカ，ウシなどの毛はそれぞれ梯子と格子，網目などの形をしている．毛のタンパク質はケラチンと称し，含硫アミノ酸であるシスチンを多量に含み，ペプチド鎖間のS-S（ジスルフィド）結合により化学的安定性がきわめて高い．

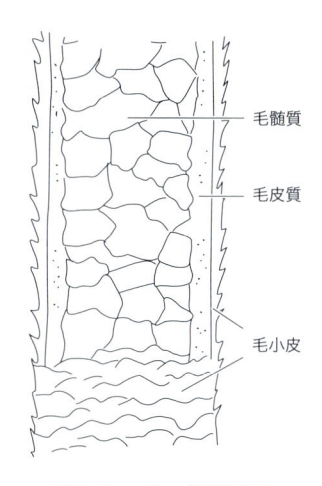

図2-9　毛の組織構造

　ウシやウマは1つの毛穴から1本の毛が生え，クマは太さの異なる複数の毛が生え，シカやヤギは太い上毛（刺毛，保護毛），細い下毛（綿毛）が別々の毛穴から生えている．ブタのように特に太く硬いものを剛毛と呼ぶ．

(2) 毛皮および毛の利用

　野生のテン，リス，キツネおよび家畜の羊の皮は毛皮として利用されている．毛皮製造は皮革製造の脱毛工程を省いた工程で行われ，羊皮のように脂肪分の多いものは脱脂をしてから鞣す．毛皮の鞣しには古くから無色の明礬が使用され，動物特有の毛色を損なわないようにした．しかし，アルミニウムの結合性が弱く溶出しやすく，耐熱性が低いので，アイロン仕上げなど熱をかける場合には，クロムで軽く再鞣する．毛が汚染している場合には，亜硫酸塩や酸性亜硫酸塩を用いて漂白する．染色する場合には，アルカリ処理（キリング）により一部のジスルフィド結合を分解させて染料の毛内部への浸透をよくさせる．

　羊毛はちぢれ（クリンプ）があり，保温性や弾力性に優れ，細いメリノー種の毛（直径15〜30μm）は高級服に，太いリンカーン種の毛（約40μm）はカーペットなどに使用される．山羊毛のカシミヤやモヘアはともにちぢれが弱いか，あるいはない．カシミヤは換毛した下毛（約15μm）を使用するので柔軟性が

あり，モヘアは 20～30cm の毛（約 25μm）を刈り取ったものできわめて光沢があり，弾力性もある．ラマはアンデス山中の野生グアナコを使役用に家畜化したもので，毛用に改良したアルパカの毛（約 30μm）は強靭で保温性，光沢などに優れている．ウサギのアンゴラ種の毛（13μm）は軽い．ウマ，ヤギ，シカ，タヌキ，キツネなどの毛は筆や刷毛の材料としても古くから利用されていた．

図2-10 羽毛の組織構造

3）羽　　毛

　羽毛は鳥類に特有の表皮の角質突起物であり，飛翔のためだけでなく，体温の保持や外傷の防護，着色などに役立っている．羽毛は中軸に羽柄とその先端部に羽軸があり，そこから羽枝が分岐しており，正羽（フェザー）は長大で多数の羽枝および羽小枝からなる羽板（羽弁）を有している（図2-10）．綿羽（ダウン）は羽枝が房状であり，正羽の下に生えている．これらは布団や衣類の詰め物として利用され，「羽根布団，羽毛布団」や「ダウンジャケット」と称される．
　クジャク，ゴクラクチョウ，キジなどの美しい羽根は古くは権力の象徴として王冠や帽子の飾り，扇などに使用された．

6．医療用器材の生産

　動物を使っての医療用資材，薬品，医療研究用器材の開発と生産は，今後ますます拡大するものと思われる．
　①**実験動物**…医薬品開発のための安全性評価試験は，ラット，マウス，イヌ，ウサギ，サルなどの実験動物を使い行われている．また，ライフサイエンスの研究のために特定遺伝子を欠損させたノックアウトマウスが頻繁に使われるようになってきた．これらの動物の作成や生産なども，大きくいえば畜産業に含めることができる．
　②**医薬品製造**…ウシやブタの枝肉以外の内臓，骨，皮，靭帯などからも有用な

物質が抽出され利用されてきた．医療用薬品の中では，糖尿病などの治療薬であるインスリンや抗血液凝固剤のヘパリンは，古くからウシやブタの膵臓や肺臓を原料に製造されてきた．その他，胃からはペプシン，十二指腸からセクレチン，膵臓からトリプシン，キモトリプシン，パンクレアチン，睾丸からヒアルロニダーゼ，脳下垂体前葉からコルチコトロピン，下垂体後葉からバソプレッシン，唾液腺から唾液腺ホルモンが抽出され利用されている．臓器以外の骨，皮，靭帯，腱からコラーゲン，ゼラチン，コンドロイチン硫酸などが，血液からはトロンビン，ヘマチン，ニワトリのトサカからはヒアルロン酸が抽出され利用されている．

③**ワクチン，抗体医薬，研究用器材**…わが国では，インフルエンザワクチンをニワトリの有精卵を使って従来から生産している．検査キット用抗体の生産が，ヤギ，ヒツジ，ウサギなどの家畜を使って行われ，また，抗体医薬品も開発されて使用される時代になってきた．

治療薬として効果のある特定のタンパク質を家畜に作らせるため，ヒトの遺伝子を動物の胚に導入して代理母の胎内で育て分娩させ，成長して泌乳を開始したら乳汁からそのタンパク質を回収する．このような遺伝子導入動物をヒツジ，ヤギ，ウシ，ブタを使って作出することができる．この方法は，大腸菌や動物細胞の培養による方法よりコストが安く生産できるという利点を持っている．このような動物では，導入した遺伝子が何世代も安定的に継承されることが必要であるが，体細胞クローン動物作出技術の確立はそれを可能にした．

④**移植用臓器**…臓器移植用の臓器をブタで生産しようという試みがある．日本では，移植用臓器の不足から必要な臓器移植がままならないのが実情で，外国での臓器移植に命を託している例が多い．ブタは，ヒトに適した臓器が得やすく，多産で，心臓，血管系がヒトと生理学的に類似し，家畜，実験動物としての歴史が長いことなどから，移植臓器生産動物として適している．ブタの心臓をサルに移植し60日間以上生存したという報告が1995年にイギリスであった．しかし，急激な拒絶反応をどのように回避するかなど課題も多い．

第3章

家畜の生産機能

1. 乳 生 産

　近代酪農において，乳牛は，1泌乳期間（305日）で9,000kgもの大量の牛乳を生産し，現在では，2万kg以上のスーパーカウと呼ばれるものも存在する．ヒトが，何千年もの長い間，乳の提供者として育てあげてきた家畜である乳牛は，ヒトが利用できない繊維質含量の高い草類を主要な飼料として利用でき，ルーメン（第一胃）発酵により揮発性脂肪酸（volatile fatty acid, VFA）などを産生し，それらを栄養源として多量の乳を生産する．しかし，この多量の乳を合成するメカニズムには，乳腺への栄養素の供給や代謝だけでなく，複雑な内分泌調節系が重要な役割を果たしている．

　ここでは，ウシにおいて乳の生産はどのように行われるのか，またそれを支配する要因は何か，今後，最適の泌乳能力を発揮させるためにはどうするかについて記述する．

1）乳腺の構造と発育

　ウシ乳腺の構造の模式図を示す（図3-1）．ウシは4つの乳房を持ち，乳を生成する乳腺組織が乳房内に存在する．乳腺組織は，乳腺小葉の集合体であり，さらに乳腺小葉は乳腺房が集まったものである．乳腺房内には，数百の乳腺細胞がドーム状に敷き詰められており，乳腺細胞により乳の生成と分泌が行われる．乳腺胞の外側には筋上皮細胞と呼ばれる筋肉に似た細胞が覆っており，この細胞の収縮により腺胞内に溜まっていた乳が一気に放出される．収縮は，子牛による乳頭吸引や搾乳刺激が脳に達し，脳下垂体からオキシトシンというホルモンが分泌されることにより起こる．乳腺胞には動脈と静脈の毛細血管が入り込んでおり，

乳腺細胞では，血液を介して O_2 と CO_2 のガス交換や栄養素の供給が行われる．

　消化管産物 - 血液成分 - 乳腺組織間の栄養素の移動と乳成分合成との関係を示す（図3-2）．ルーメンおよび消化管で産生され主要なエネルギー源となる酢酸，プロピオン酸，酪酸などのVFAと，アミノ酸などの栄養素は，消化管から吸収されて，血液中に移動する．吸収されたプロピオン酸やある種のアミノ酸は，肝臓において糖新生によりグルコースになり，乳腺において乳糖に合成される．乳糖は乳量を規制する重要な因子である．ルーメンで産生される酪酸はルーメン粘膜で代謝されて，β-ヒドロキシ酪酸になる．β-ヒドロキシ酪酸は，酢酸とともに，乳腺で乳脂肪の材料として利用される．酢酸は反芻動物であるウシにおいて，組

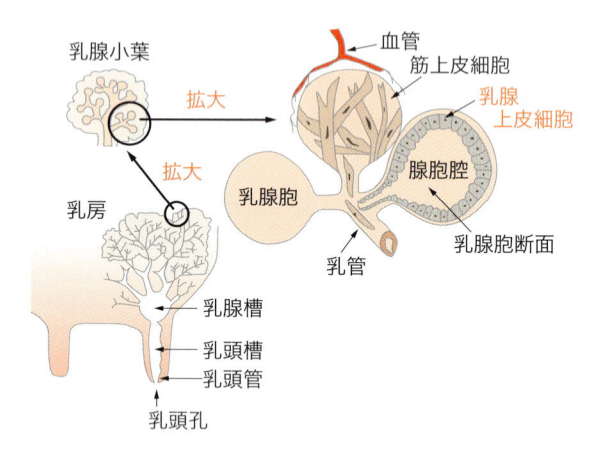

図3-1 乳腺構造の模式図
（甫立孝一：反芻動物の栄養生理学，農文協，1998）

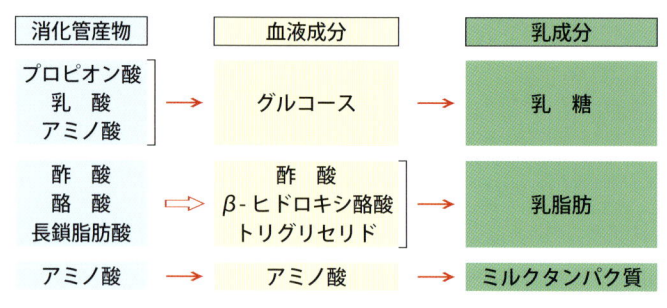

図3-2 消化管 - 血液 - 乳腺組織間の栄養素の移動と乳成分合成

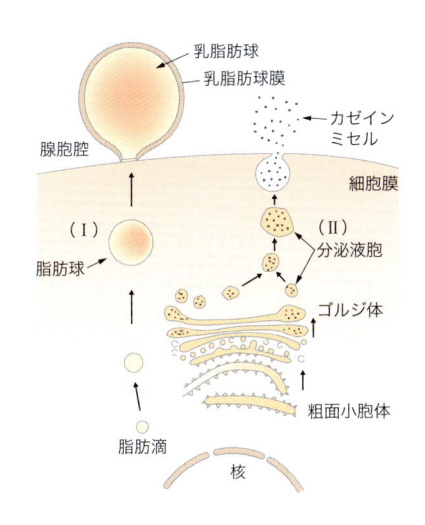

図3-3 乳腺細胞における牛乳成分生成の流れ図
（Ⅰ）の経路では，脂肪球が細胞質内を移動し，細胞頂端から突き出し，細胞膜に被われて分泌される．
（Ⅱ）の経路では，脂肪以外の乳タンパク質，乳糖，その他の成分がゴルジ小体から分泌液胞内に液胞膜に包まれて分泌され，やがて細胞膜と合流して放出される．（Keenan, T. W., 1974）

織代謝の主要なエネルギー源となっている．さらに，消化管から吸収された長鎖脂肪酸は，乳腺でトリグリセリドとなり乳脂肪として利用される．飼料タンパク質は消化管でアミノ酸に分解され，消化管から吸収され血中に移行したアミノ酸は，乳腺細胞においてカゼインなどの乳タンパク質に合成される．

　乳腺細胞における牛乳成分生成の流れを示す（図3-3）．脂肪酸とグリセリンが小胞体で結合して生成された脂肪滴は，乳腺細胞内で次第に大きくなって脂肪球になり，脂肪球膜に覆われて腺腔内に放出されて乳脂肪となる．また，乳タンパク質の乳腺細胞内における合成は，血中アミノ酸が細胞内に吸収および代謝され，mRNAの遺伝子情報によりアミノ酸配列が決定されて，小胞体リボソーム上でポリペプチド鎖が形成される．小胞体を経由してゴルジ体で修飾を受けたのち，分泌液胞に移行して腺腔内に開口分泌される．乳糖は，乳腺細胞内で血液中のグルコースを材料として，乳糖合成酵素により合成される．乳糖を含むゴルジ体小胞は，浸透圧を平衡に保つために水分を吸収して膨張し，ゴルジ体から分離して分泌液胞になり，細胞膜面からタンパク質，水分と一緒に開口分泌される．

2）泌乳の調節

(1) 乳腺の発育と泌乳を調節するホルモン支配

　乳を生産するために必要な乳腺の発育，泌乳の開始および泌乳の維持は，種々

性成熟前	乳管の発育 (性成熟)	細胞小葉系の発育 (妊娠)	乳分泌の 増加,維持	泌乳開始
	エストロジェン 成長ホルモン グルココルチコイド	エストロジェン プロジェストロン グルココルチコイド 成長ホルモン プロラクチン	プロラクチン +グルココルチコイド +(エストロジェン)	プロラクチン 成長ホルモン 甲状腺ホルモン グルココルチコイド

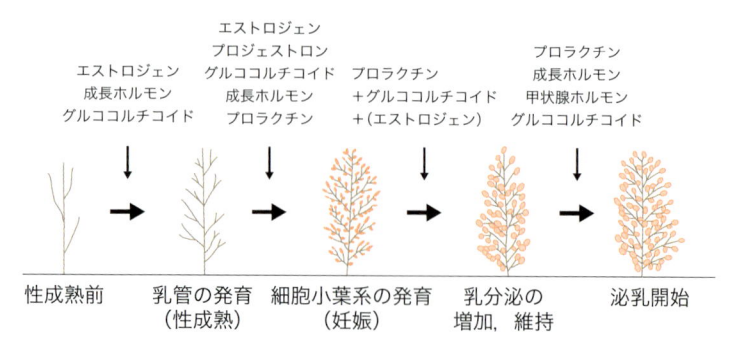

図3-4 乳腺の発育と泌乳を調節するホルモン支配
(小原嘉昭：国産飼料の利用拡大に対応した乳牛の栄養管理,デーリィマン社,2009)

のホルモンにより調節されている．乳牛における乳腺の発育と泌乳のホルモン支配について示す(図3-4)．ウシの乳腺は,性成熟前はちょうど冬場の落葉樹の木々のように葉が落ちている状況に例えることができる．次に乳管の発育が起こり,性成熟を迎えると,エストロジェン,成長ホルモン(GH),グルココルチコイドなどのホルモンが作用し,これはまさに早春期の木々の芽吹き時を思わせる．続いて妊娠するとエストロジェン,プロジェストロン,グルココルチコイド,GH,プロラクチンが作用して腺胞小葉が発達してくる．この時期は,樹木でいえば,まさに青葉,若葉のときといえる．妊娠期間中は,プロラクチン,グルココルチコイド,エストロジェンが働き続け,やがて泌乳を開始する．この時期は,樹木に葉が繁茂している状況に例えられる．乳腺の発育は,性成熟から妊娠中期までは主として乳管系が発達し,乳腺胞は妊娠中期から急速に形成され始め,妊娠末期においてほぼ完成する．エストロジェンは主として乳管の発育を促進し,腺胞小葉系の発育にはエストロジェンとプロジェストロンが必要である．また,グルココルチコイドは,乳腺細胞の分化に重要であると考えられる．プロジェストロン分泌の低下とプロラクチンの活性化は泌乳の開始に重要な役割を果たす．また,泌乳が始まると,プロラクチン,GH,甲状腺ホルモン,グルココルチコイドが働いて乳の分泌量が増加し,乳の分泌が長期間維持される．泌乳開始後,周期的な吸乳や搾乳によって泌乳は持続する．また,乳腺内に溜まっている乳汁を除去することが,泌乳を維持するのに重要である．

(2) 成長ホルモンによる乳生産調節

GHは，乳腺発育や泌乳の維持に不可欠なホルモンであるばかりでなく，ウシにおいては最も増乳効果の強いホルモンとして知られている．GHによる乳生産増加機構について示す（図3-5, 3-6）．泌乳牛では，乳腺で多くのグルコースが使われる．GHが増加すると，インスリンの分泌が低下し，インスリン様成長因子-Ⅰ（IGF-Ⅰ）が上昇する．このような状況は，筋肉や脂肪組織（インスリンを介してグルコースを利用する組織）でのグルコースの取込みを完全に抑制する．また，腸管や脳（インスリンを介さないでグルコースを利用する組織）でのグルコースの利用も抑えて，体内のグルコースのほとんどを乳腺に送り込むように作用する．乳腺においてグルコースは，乳糖の合成に使われて乳量が増加する．また，GHは肝臓でのプロピオン酸からの糖新生（主として肝臓において糖源性の基質であるアミノ酸やプロピオン酸からグルコースを産生する生理機能）を活性化して，体内でのグルコースの量を増加させる．さらに，IGF-Ⅰは，乳腺において乳糖の合成を促進する作用がある（図3-5）．

GHは脂肪組織に作用して遊離脂肪酸を放出させ，これを乳腺に送り込んで乳脂肪の合成量を増加させる．また，GHは体内のアミノ酸や飼料タンパク質由来のアミノ酸を乳腺に送り込んで，乳タンパク質を増加させる．主として，GHは

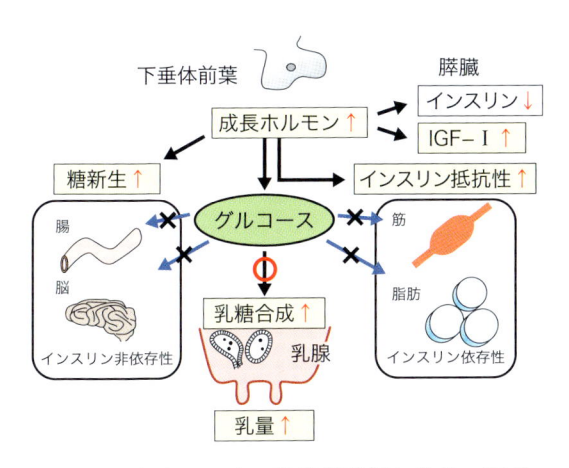

図3-5 乳牛における糖代謝調節と泌乳の関係
（小原嘉昭：ルミノロジーの基礎と応用，農文協，2006）

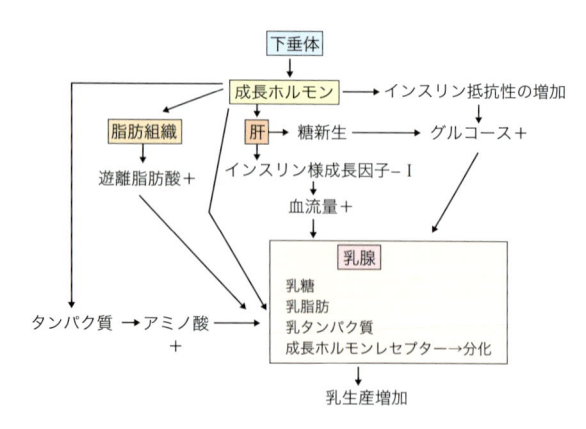

図3-6 乳牛における成長ホルモンの乳生産増加機構
(小原嘉昭：国産飼料の利用拡大に対応した乳牛の栄養管理, デーリィマン社, 2009)

肝臓に作用して IGF-I を分泌させる．GH は乳腺での血管系を発達させ，IGF-I は乳腺での血流量を増加させて，乳の材料となるグルコース，アミノ酸，遊離脂肪酸を多量に乳腺に送り込むことによって乳量を増加させる．このように，乳牛において多量の乳を産生するためには，GH はなくてはならないものである．さらに興味深いことに，ウシの乳腺細胞の膜表面には，GH のレセプターが存在し，GH がレセプターと結合すると，その情報が細胞内に伝わって細胞の分化が起こりカゼインの合成を増加させる．このように，GH はウシの乳生産を増加させるために種々の生理機能を制御している（図3-6）．

3）乳量，乳成分

(1) 牛乳の生産効率と栄養
a．粗飼料と濃濃厚飼料の比率と乳脂肪

泌乳牛では，乳量の増加に合わせて飼料の摂取量が大幅に増加する．Suttonら（1977）の実験によれば，泌乳牛に給与される粗飼料と濃厚飼料の比率（粗濃比）が，40：60 から 10：90 へと，粗飼料の割合が減少するにつれて，酢酸のモル比が低下し，逆にプロピオン酸のモル比が高まった（表3-1）．また，それぞれの粗濃比において1日6回給餌では，1日2回給餌の場合より酢酸モル比が高くなる傾向が観察された．また，濃厚飼料80％の条件でも6回給餌では乳脂率は3.5％を示し，濃厚飼料90％の場合には，2回給餌では乳脂率が1.8％

表 3-1 4種の飼料の給餌回数をかえた場合のルーメンVFAモル比と乳脂率

乾草：濃厚飼料比	40：60		30：70		20：80		10：90		有意差
給餌回数	2	6	2	6	2	6	2	6	
総VFA（mmol/dL）	7.3	6.5	8.3	6.8	7.7	8.0	8.3	6.8	あり
VFAモル（％）									
酢酸，A	68	70	65	65	60	62	52	56	あり
プロピオン酸，P	16	15	17	16	22	20	29	28	あり
イソ酪酸	1	1	1	1	1	1	1	1	
酪酸，B	12	11	13	14	12	13	11	11	
その他	3	3	4	4	5	4	7	4	
(A+B)/P	4.9	5.5	4.5	4.9	3.4	3.9	2.2	2.6	あり
乳脂率（％）	3.4	3.6	3.3	3.9	3.2	3.5	1.8	3.0	あり

(Sutton, J. D. ら：J. Dairy Sci., 1977；柴田章夫：新乳牛の科学，農文協，1987)

に低下したが，6回給餌では3.0％を保持した．濃厚飼料を多給しても給餌回数を増やすことで，乳脂肪の低下を抑制し，良好な乳生産を維持することは興味深い．

b．牛乳生産を支えるルーメン機能

現代酪農において，高品質牛乳の生産を持続的に行うためには，ルーメン発酵を制御することがきわめて重要である．ルーメン発酵は，適切な飼料条件では安定しているが，粗濃比や給与回数により発酵パターンが変化する．高泌乳牛では，濃厚飼料の給与割合が高まることから，ルーメンの微生物叢の恒常性を維持して発酵を安定的に保つ必要がある．飼料給与後，ルーメン内では，炭水化物の発酵により多量のVFAが生成され，ルーメンpHは低下する．濃厚飼料が多給された乳牛では，pHが5.5付近まで低下し，潜在性アシドーシスを呈することがある．ルーメンpHの低下は，繊維の消化に影響を及ぼし，乳成分，特に乳脂率を低下させる．乳脂率の低下を防ぐには一定割合の粗飼料の給与が必要である．また，ルーメンpHを安定させる機能性飼料の開発が重要である．

正常なルーメン微生物の構成を維持しルーメン内の抗酸化能を高め，これにより牛乳の抗酸化能を高めることが良質牛乳生産のために必要である．したがって，飼料給与により牛乳抗酸化能を高める機能性栄養素の探索が重要である．現在まで，この作用を持つ飼料原料あるいは添加物として，カテキンを多く含む茶葉，醬油粕，ビタミンEなどが報告されている．さらなる機能性物質の開発が望まれる．

ウシは,地球上で最も豊富な有機資源である植物繊維を消化できる．このため,ルーメン微生物の機能を最大限発揮させて乳生産を行う飼養形態が重要となる．繊維成分の消化率の促進には,各種の添加物の利用が期待される．最近では,酵母発酵物やセロビオースなどの添加が繊維分解を高め,プロピオン酸生成を高めることが報告されている．

(2) 妊娠,泌乳,乾乳

妊娠,泌乳期,乾乳と乳牛の泌乳曲線の関係を示した（図3-7）．分娩後,泌乳量は急激に増えて,分娩後50～60日で泌乳量が最大となり,その後,徐々に低下して,ほぼ300日程度で乾乳期を迎える．泌乳期を栄養生理学的に,泌乳前期,中期,後期と分けることができ,泌乳量が高い時期を泌乳最盛期という．泌乳は,乳牛が妊娠して初めて成立する生理現象である．したがって,雌ウシに対して人工授精により効率的に種付けを行うことが重要なポイントとなる．一般に,一泌乳期間の乳量は,305日間の総乳量で表される．分娩をして次の泌乳に向けて乳牛は妊娠しなければならないが,乳量8,000～10,000kgの乳牛で初回受精日は分娩後45～129日で,個体によってかなりの差が見られる．初回発情が起こるまでの日数は分娩後26～61日であり,高泌乳牛では遅れる傾向にある．現在では,乳量が増加すると繁殖成績が低下することが問題となっている．乾乳期,泌乳初期の飼養技術の開発によって,繁殖効率をあげることが最も重要な課題といえる．

乾乳期は,母牛の体力回復や胎子への栄養補給,次の泌乳への養分蓄積,泌乳期に傷んだ乳腺を効果的に治療,再生する絶好の期間である．乾乳期間は,一般に50日であるが,最近では乾乳期間を短くして,泌乳最盛期までの泌乳のピークをなだらかにし,周産期のエネルギーバランスが負に傾くのを抑えて乳牛を健全に飼う技術に工夫がこらされている．

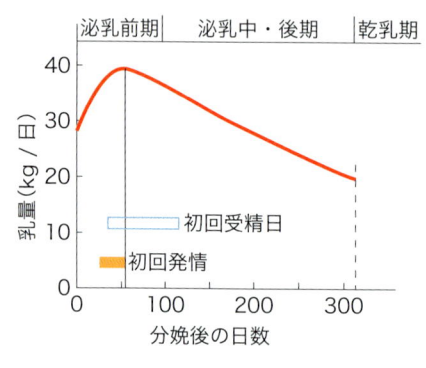

図3-7 妊娠,乳期,乾乳と泌乳曲線

(3) 飼養環境
a. 暑　　熱

　泌乳牛は環境の影響を受けやすい．乳牛の生産適応域は，4〜24℃とされており，わが国では牛舎で飼育されていれば，寒冷の心配はほとんどなく，主として暑熱（25℃以上）が問題となる．夏季には，乳量の減少が見られ，乳量の高い乳牛ほどこの影響を受けやすい．乳量の変化に伴い乳成分にも影響が及ぶ．季節変化から得られた一般的な傾向は，夏期には，乳脂肪率，無脂固形分率，タンパク質率，乳糖率などほとんどの乳成分が減少する．これに対して冬期には，どの成分も増加傾向を示す．暑熱環境では，生体防御反応として，直腸温および呼吸数の上昇，熱生産量の一過性の上昇や飼料摂取量，特に粗飼料摂取量の低下が見られる．暑熱環境では，GHや副腎皮質ホルモンの一過性の過剰分泌が見られ，その後の減少が甲状腺機能の低下と合わせて，暑熱時の産乳量の減少と深い関わり合いを持つと考えられる．暑熱対策としては，畜舎の断熱，牛体への散水，噴霧，送風，日陰づくりなどを工夫する必要があるが，この他に，給与飼料や給与方法の改善が必要である．

b. 搾乳衛生

　乳房炎は，乳牛の病気の中で，最も厄介な病気であり，乳牛疾病の中で死廃事故原因の上位を占めている．また，死廃事故に至らなくとも，罹患後の異常乳の出荷停止による経済的な損害額は甚大である．乳房炎は，大きく臨床型乳房炎と潜在性乳房炎の2つに分けられる．臨床型乳房炎は，乳房の腫脹，熱感，疼痛，硬結など乳房局所の症状の他，発熱や食欲不振，下痢，脱水，起立不能などの全身症状を伴うことがある．潜在性乳房炎は全身と乳房局所には臨床症状が認められないが，乳量の減少や体細胞の増加など，乳質の異常が見られる．ウシ乳房炎の感染源である細菌は黄色ブドウ球菌，環境性連鎖球菌，大腸菌などである．黄色ブドウ球菌は感染牛の乳汁に汚染したミルカー，搾乳者の手などを介して搾乳時に他のウシに感染する．環境性の細菌は，ウシを取り巻く環境に存在し，搾乳時に乳頭口から侵入する．乳房炎の診断としては，体細胞法が広く用いられている．乳汁中の細胞数の増加によって乳房炎を判定する方法で，現在30万個/mLを境界線として定めている．乳房炎の発症にはウシの栄養状態，生体防御能，内

分泌，乳房の形態などの牛体の要因，牛舎構造や衛生管理などの環境要因，原因菌の病原性の要因などが複雑に絡んでいる．

4）搾乳技術の発達

　人類が牛乳を飲み始めたのは，今から5,000年ほど前の紀元前3,000年頃であるといわれており，ヒトが牛乳を搾り，神に捧げるとともに飲用していたことをメソポタミアの古代遺跡に垣間見ることができる．この頃は，ヒトがウシの真後ろに座って後肢の間から搾乳していた．その後，牛乳を飲む文化はエジプトに伝わり，紀元前2100年頃のレリーフには現在のようにウシの横から搾乳している図が残っている．紀元前2000年代に牛乳の利用法がヨーロッパに伝わってから，牛乳は食品として重要な地位を占めるようになった．しかし，現在のように乳用牛の泌乳能力が高まって飼料の生産も盛んになったのは，イギリスにおいて乳牛の品種改良が進み，飼料作物を用いた輪作農法が確立した18世紀に入ってからである．1960年代頃までは，搾乳は人の手で行う手搾りであり，搾った生乳をバケツにとり，これを牛乳缶に貯蔵していた．その後，乳牛の多頭化とともに搾乳の機械化が進み，スタンチョン（繋ぎ）牛舎で，1頭1頭のウシの4つの乳房にバケットミルカー（搾乳機）を装着させて搾乳し，搾乳した牛乳を畜舎内に走るパイプラインに接続して集めるパイプライン方式が一般的になった．さらに，規模拡大が進むと，主にフリーストール牛舎（ウシを快適に飼育するという見地から，また作業のしやすさから，改良された牛舎であり，餌場，ベッド部分などからなり，壁もなく，閉鎖感が少なく，自由に動き回れるため，ストレスを受けにくい牛舎といわれている）が普及し，省力化を図るためウシを搾乳室に追い込んで集約的に搾乳を行うミルキングパーラー（専用の搾乳設備を持った室）が作られた．この施設は，一度に8〜12頭ほどのウシから乳を搾る方式であり，作業効率がよいことから，大規模経営で利用されている．

　従来の搾乳方法よりも高速で，かつ，ウシに優しい搾り方ができる省力化と乳量の増加につなげることを目的として，1980年代後半から搾乳ロボットの開発がヨーロッパ各国で始まった．多くの改良が加えられ，1990年代には実用的なプロトタイプが登場した．現在，オランダを中心としたEU各国と日本で7機種が開発中あるいは市販され，世界で250基以上が稼働している．

2．肉 生 産

1）家畜の成長の生理

(1) 成長とは

　個体発生後，動物体はその身体を構成する細胞体の数と実質および細胞間質を増加させる．その結果として，動物体の容積と重量は増加する．つまり，それが成長である．成長の初期においては，細胞体は盛んに増殖し，その数を増加させるとともに，細胞の実質を増加させ細胞自体も大きくなる．細胞の実質が増加する例として，筋線維（筋細胞）中における筋原線維の増加があげられる．また，細胞間質が増加する例としては，骨や軟骨の伸長があげられる．このように，動物体の成長は身体を構成する各部位の発達の総和として表される．しかし，各部位の発達は比例的なものではなく，部位によって発達の度合い，速度および方向が異なる．個体全体の成長と個体の特定部位の成長との関係，あるいは体長と増体量の関係のように，成長に関係する複数の因子間にある関係を相対成長という．これに対して，成長変化を時間との関係で調べたものを絶対成長という．横軸に年齢を，縦軸に成長量（例えば体重）などの測定値をプロットしてグラフに描いたものを成長曲線と呼び，通常Ｓ字状曲線を描く．成長曲線は大きく2相に分けることができる．つまり，春機発動前の急激に成長する時期と春機発動後の成長が鈍化する時期の2相である．

(2) 筋肉の発達，細胞の増殖，肥大

　筋組織は，消化管や血管に見られる平滑筋，心機能に関与する心筋および随意運動に関与する骨格筋に分けられる．骨格筋は複数本の筋線維束からなり，腱により骨に付着しており，骨を動かす．筋線維束は多数の筋線維，すなわち細長く多核性の筋細胞が集まったものである．筋細胞内には直径 1 μm 前後の多数の筋原線維が長軸方向に並んで見られる．筋原線維は，その収縮単位である筋節が連続したものである．筋節はＺ膜により仕切られており，主にミオシンからなる太いフィラメントとアクチンからなる細いフィラメントにより構成されている．

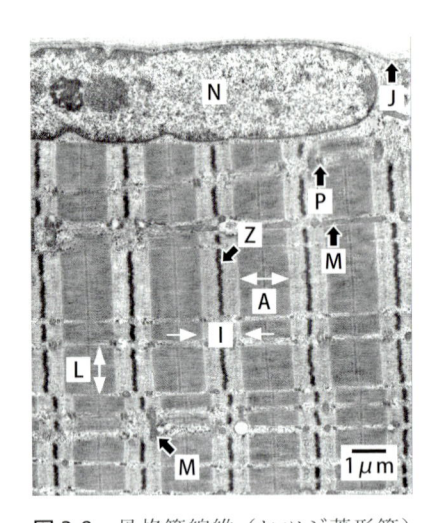

図 3-8 骨格筋線維（ヒツジ菱形筋）の微細構造

透過型電子顕微鏡像．A：A帯，I：I帯，Z：Z線，M：ミトコンドリア，P：三つ組，N：核，J：筋鞘，L：筋細線維．（日本獣医解剖学会（編）：獣医組織学第五版，学窓社，2011）

細いフィラメントは太いフィラメントの周りに六角形を描くように配列している．これらのフィラメントはA帯と呼ばれる暗帯とI帯と呼ばれる明帯を交互に示し，骨格筋に特徴的な横紋を生じさせる（図3-8）．組織学的には骨格筋と心筋を横紋筋に分類する．哺乳類などの筋細胞は出生後まもなく増殖を止めるため，その後の筋線維数はかわらないとされている．したがって，筋肉量の増大，いわゆる筋肥大は，筋線維内の筋原線維が増加し，筋線維が太くなることによって生じる．

(3) 骨の成長

正常な骨形成は，膜内骨化と軟骨内骨化に分けられる．頭頂骨を代表とする膜性骨は，皮膚の密性結合組織内にある骨芽細胞より形成される．この骨化様式を膜内骨化と呼び，胎生期に始まる．膜性骨以外の骨は，胎生期にいったん軟骨が形成されたあとに，この軟骨が骨組織に置きかえられることによって完成する（置換骨）．この骨化様式を軟骨内骨化と呼ぶ．骨組織は軟骨組織とは異なり，それ自身が増殖成長することはない．骨組織が太くなるのは，骨膜によって作られた骨質が骨組織外面に付加されるためである．このような成長様式を付加成長と呼ぶ．大腿骨を代表とする長管骨の長軸方向への成長は，骨端部の軟骨組織において，軟骨細胞の新生→変性→破骨細胞による吸収→骨組織による置換という一連の現象により生じる．骨端部の軟骨組織は下垂体主部からの成長ホルモンの分泌が低下すると，骨組織に置きかえられてしまい新生されなくなる．したがって，長軸方向への骨組織の成長は止まってしまう．一方，成長中の骨組織の髄腔側では，充実した緻密質が厚くなりすぎないように破骨細胞による骨組織の吸収が行われ，髄腔が適切な広さに保たれている．破骨細胞の働きは上皮小体から分泌されるパラトルモンの間接的な作用によ

り促進され，甲状腺から分泌されるカルシトニンの直接的な作用により抑制される．骨組織は骨芽細胞と破骨細胞の調和のとれた働きにより，バランスよく形成される．

(4) 脂肪組織の発達

脂肪組織は脂肪細胞が集積してできたもので，褐色脂肪組織と白色脂肪組織に区別される．一般的に，脂肪組織とは後者を指す．脂肪組織を形成する脂肪細胞は，細胞質中に大きな脂肪滴を複数個有しており，脂肪組織中において細網線維の網の中に1つ1つ包み込まれている．脂肪組織は粗性結合組織内に入り込みやすく，特に皮膚の下には皮下脂肪として広くシート状に存在する．また，内臓周囲や体腔壁にも見られる（内臓脂肪）．脂肪細胞の数は成長してもかわらず，取り込む脂質の量が増えることにより脂肪組織は発達する．脂肪組織は過剰なエネルギーを脂肪として蓄えることを主な働きとしている．脂肪はタンパク質や糖に比べて高いエネルギーを供する．1gのタンパク質や炭水化物が4calを供するのに対して，1gの脂肪は9calを供する．このような静的な働きに加えて，食欲と代謝調節に重要な働きを有するレプチン（leptin）やインスリン抵抗性に関与するアディポネクチン（adiponectin）などのホルモンを分泌する動的役割を持つ器官として，脂肪組織は重要な役割を演じている．

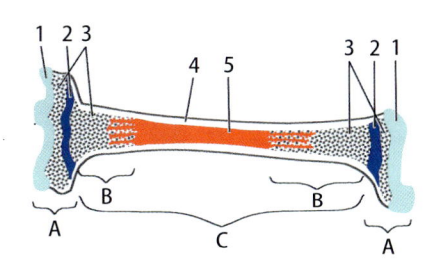

図3-9 長骨の構造の模式図
A：骨端，B：骨幹端，C：骨幹，1：関節軟骨，2：骨端板（骨端軟骨），3：海綿骨，4：緻密骨，5：骨髄腔．（日本獣医解剖学会（編）：獣医組織学第五版，学窓社，2011）

2）産肉量に影響する要因

(1) 産肉量，枝肉，歩留まり

食用に供される肉のことを食肉という．主に家畜および家禽の骨格筋がこれに相当するが，内臓や皮膚なども食用に供されている．と畜場でと畜された家畜から，頭，下肢，皮，尾，腎臓以外の内臓および血液などの畜産副生物を除いたものを枝肉と呼ぶ．通常，枝肉は正中で2分割された骨付き肉のかたちで取引きされる．枝肉から余分な脂肪と骨を取り除き，畜種ごとの取引規格に基づいて分

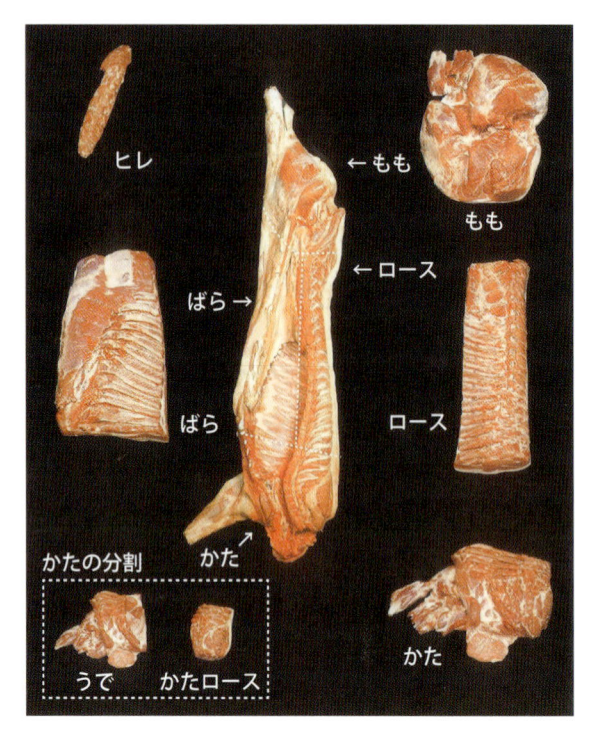

図 3-10 ブタ部分肉取引規格に基づく部分肉
(公益社団法人日本食肉格付協会 HP より引用)

割されたブロック状の肉を部分肉と呼ぶ（図 3-10）．さらに，部分肉を調理目的別に精製したものが精肉である．枝肉重量を生体重量で除し，100 を乗した数値を枝肉歩留まりという．ウシおよびブタの枝肉歩留まりは，それぞれ約 57 % および約 65 % である．さらに，部分肉の枝肉における歩留まりは，ウシ，ブタともに 75 % 前後となる．公益社団法人日本食肉格付協会は，ウシの枝肉に関して歩留等級を設けており，A 〜 C の 3 段階で評価している．豚肉についても，重量と背脂肪の厚さ，外観，肉質をもとに，極上から当該までの 5 段階で評価している．

(2) 産肉を制御する要因

産肉量は家畜の筋肉量に依存しており，筋肉量の増大には 2 つの要因がある．1 つは筋細胞の数の増加であり，もう 1 つは筋細胞自体の肥大である．これらは

遺伝，栄養，ホルモンなどの種々の要因により制御されている．遺伝的要因としては，筋肉を負に制御するミオスタチンの変異がよく知られている．ミオスタチンが変異したウシ（Belgian Blue）は，筋肉量が2倍に増えることから，「ダブルマッスル」と呼ばれている．このウシでは，脂肪が少ない赤身の肉が多量に産生される．また，家畜の飼料中に十分な栄養（アミノ酸など）がないと，産肉量は減少する．これは，栄養飢餓状態になると筋細胞ではタンパク質の分解系（オートファジー，ユビキチンプロテアソーム）が活性化され，特に筋原線維タンパク質を分解し，筋肉が萎縮するためである．一方で，一部のアミノ酸（ロイシンなど）にはタンパク質合成を促進する作用があり，筋肉量の増大を目的としたヒト用サプリメントなどが販売されている．他に，産肉量を調節する要因としてホルモンがある．筋細胞の増殖やタンパク質合成を促進するものとして，インスリン，成長ホルモン，インスリン様成長因子-Ⅰがあげられる．逆に分解を促進する因子として，グルココルチコイドやグルカゴンがあげられる．海外では，産肉量の増加のため，これらの成長因子なども家畜に与えることがある．

(3) 肥育に必要なエネルギー

　ウシとブタで，成熟後に良質の食肉を効率的に得るために家畜を飼養することを肥育という．鶏肉を主に生産するブロイラー（若鶏）は成熟前にと畜，出荷されるので，類似の過程を仕上という．肥育段階では骨格筋のタンパク質量はほぼ一定であり，脂肪蓄積が進むので，維持と組織の形成に必要なエネルギーを飼料から供給する．一般的に，肥育における飼料要求率は成育時のそれより大きい．肥育は出生直後から行われるのではなく，筋肉量の増加や肉質改善に適した時期に行われる．雄牛の場合，生後2〜3ヵ月齢で去勢，5〜7ヵ月齢で離乳し，およそ10ヵ月齢まで配合飼料や牧草で飼育される．この時点で体重は280kg前後に達しており，いわゆる素牛として肥育農家に供される．素牛は約20ヵ月かけて体重700kg近くまでに肥育される．ウシでは体重を1kg増やすために，約10kgの飼料が必要とされている．雄豚の場合，出生後去勢され，1ヵ月齢で離乳する．この時点で体重は約7kgであり，この時点から7ヵ月齢体重約110kg前後まで肥育される．ブタでは体重を1kg増やすために，約3kgの飼料が必要となる．肉用鶏の場合，7〜8週齢，体重2.7kg前後まで飼育されて出

荷する．肉用鶏の飼養効率は徹底した育種改良の結果，ウシやブタに比べて優れており，体重を1kg増やすために約2kgの飼料が必要となる．

(4) タンパク質，栄養素

家畜の産肉能力を十分に発揮させるために，飼料からタンパク質とエネルギーを給与する．飼料から供給されるタンパク質が効率的に骨格筋のタンパク質に変換されるには，飼料タンパク質を構成しているアミノ酸の種類と量，さらに個々のアミノ酸の相対的な割合が重要である．特に，ブタとニワトリでは，飼料中の必須アミノ酸の量が骨格筋のタンパク質蓄積に大きく影響する．ウシでは，飼料中のタンパク質などは反芻胃でアンモニアなどに分解されたのち，微生物タンパク質に変換され，アミノ酸組成がウシに必要なものに変化するので，飼料のアミノ酸組成の影響が緩和される．

牛肉の食味に影響する脂肪交雑の程度は血中のビタミンA濃度が低いほど多くなることが知られており，肥育牛へのビタミンA給与量を調節することによって肉質改善が行われている．豚肉の筋肉脂肪量が増えると食味，特に肉の柔らかさが増し，これが消費者の嗜好に合う．このような肉を生産するために，飼料中のリジン含量を要求量より少ない飼料で肥育する技術も注目されている．鶏肉の主な呈味成分の1つであるグルタミン酸の筋肉中の含量は，エネルギー供給量や飼料中のタンパク質やロイシンの含量によって変動するので，これらを利用してより旨い鶏肉生産の可能性がある．

3）肉　　質

(1) 肉質とは

肉質は，柔らかさや味など価格形成の基準となる重要な要素である．日本における牛肉および豚肉の肉質は，公益社団法人日本食肉格付協会の取引規格に基づき判定されている．牛肉の肉質は，次の4項目により判定される．

①**脂肪交雑**…牛脂肪交雑基準（B.M.S.）に基づき，No.1～No.12に区分される．No.1は等級区分1（ほとんどないもの），No.2は等級区分2（やや少ないもの），No.3～4は等級区分3（標準のもの），No.5～7は等級区分4（やや多いもの），No.8以上は等級区分5（かなり多いもの）までの5段階に区分される．

②**肉の色沢**…牛肉色基準(B.C.S.)に基づき，No.1～No.7に区分される．さらに，肉眼判定された肉の光沢を加味し，等級区分1（劣るもの）から等級区分5（かなりよいもの）までの5段階に区分される．

③**肉の締まりおよびきめ**…肉眼により，等級区分1（締まりが劣るまたはきめが粗いもの）から等級区分5（締まりはかなりよく，きめがかなり細かいもの）までの5段階に区分する．

④**脂肪の色沢と質**…牛脂肪色基準（B.F.S.）に基づき，No.1～No.7に区分する．さらに，肉眼判定された脂肪の光沢と質を加味して，等級区分1（劣るもの）から等級区分5（かなりよいもの）までの5段階に区分する．

「脂肪交雑」，「肉の色沢」，「肉の締まりおよびきめ」の3項目は，左側の半丸枝肉の第6～第7肋骨間切開面の胸最長筋，背半棘筋および頭半棘筋で判定する．また，「脂肪の色沢と質」は，切開面の皮下脂肪，筋間脂肪，枝肉の外面および内面脂肪で判定する．肉質等級の決定は，これら4項目の各等級のうち，最も低い等級をもって決定する．牛肉の品質評価，いわゆる格付は，前述した歩留評価とこの肉質評価の連記によって表され，最高級のA5からC1まで15ランクを分ける．

豚肉の肉質評価は，枝肉の半丸重量と背脂肪の厚さにより判定し，さらに外観と肉質により最終的な等級を判定する．等級は，極上，上，中，並の4ランクで表示される．

(2) 脂肪交雑

前述の肉質等級の判定項目のうち，価格形成において最も重要視されるのが，脂肪交雑である．骨格筋において脂肪組織は，筋間および筋内（筋束間）に蓄積する．前者を筋間脂肪組織，後者を筋肉内脂肪組織と呼ぶ．筋肉内脂肪組織は，

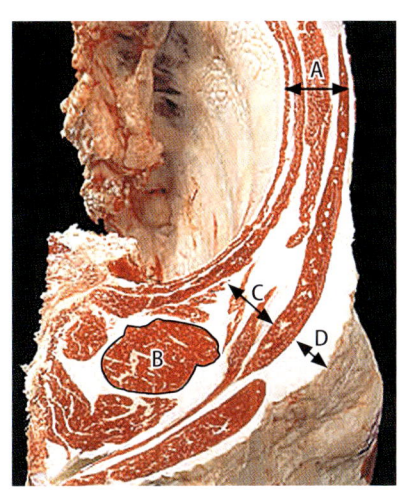

図3-11 ウシの第6～第7肋骨間切断面の測定部位
A：ばらの厚さ（cm，皮下脂肪を含まない），B：胸最長筋面積（cm^2），C：筋間脂肪の厚さ（cm），D：皮下脂肪の厚さ（cm）．（公益社団法人 日本食肉格付協会HPより引用）

骨格筋内に細かく入り込んだ脂肪組織である．これが脂肪交雑のことであり，一般的には「霜降り」あるいは「サシ」と呼ばれる．脂肪交雑は食肉の食感と風味に大いに影響を与える．脂肪交雑が高い肉は，きめが細やかで柔らかく，風味に富む．食肉中の脂肪は脂肪酸とグリセリンのエステルである中性脂肪が主である．この脂肪酸の組成は，食肉の食味に関与している．脂肪酸の不飽和度（全脂肪酸に占める不飽和脂肪酸の割合）が高い食肉は，口どけがよく，食した際にうま味を感じる．しかし，不飽和脂肪酸に占める多価不飽和脂肪酸の割合が高いと酸化しやすく，好ましくない香りを生じ風味を損ないやすい．

(3) 影響する要因

脂肪交雑に影響を与える要因としては，遺伝的背景，飼養管理および飼養環境があげられる．肉用牛における脂肪交雑の遺伝率は 0.5～0.6 と比較的高く，脂肪交雑に占める遺伝的要因は重要である．潜在的に高い遺伝的資質を，飼養管理により十分に発揮させることが必要となる．肉牛における穀物給与は脂質合成を刺激するが，牧草や乾草の給与は筋肉内脂肪組織を含む脂肪組織の発達を抑制する．ビタミンAは脂肪交雑に影響を与える栄養素の1つである．肥育期にビタミンAの給与を控えることで脂肪交雑がよくなることが経験的に知られているが，その機序については不明である．

3．卵 生 産

1）産 卵 生 理

(1) 卵胞の成熟

ニワトリの雌では左側の卵巣と卵管だけが発達している．発生初期には左右1対が認められるが，すぐに右側が退化し，卵原細胞は左側の卵巣内でのみ有糸分裂を繰り返して増殖する．孵化直後のヒナでは，減数分裂第一分裂前期で停止している一次卵母細胞が約 50 万個も認められる．それらは濾胞細胞に囲まれており，そのうちの少なくとも 2,000 個ほどは肉眼でも見える大きさの白色卵胞となっている．

産卵を開始する2週間ほど前になると，白色卵胞は卵黄の材料となる物質を血液中から取り込んで徐々に大きくなり，黄色卵胞となる．その際，卵母細胞の細胞小器官は1ヵ所に寄せられ，胚盤という直径3〜4mmほどの白い領域が形成される．卵黄の取込み開始はすべての白色卵胞で一斉に始まるのではなく，毎日1個ずつが黄色卵胞になる．直径2〜3mm以下の白色卵胞が3cm以上の黄色卵胞になるには10日ほどかかる．したがって，連産しているニワトリの卵巣には，いろいろな大きさの

図 3-12 産卵中のニワトリの卵巣
さまざまな大きさの黄色卵胞と無数の白色卵胞が認められる．

黄色卵胞が常に7〜12個もあり，1日に1回の排卵は最大になった黄色卵胞から起こる．これを卵胞の序列（hierarchy）という（図3-12）．一次卵母細胞は排卵の6時間ほど前に減数分裂を再開して二次卵母細胞となる．

　黄色卵胞は濾胞細胞が変化してできた卵胞壁に包まれている．その表面には毛細血管が分布しているが，スチグマ（stigma）と呼ばれる血管のない帯状の部分があり，ここが裂けて二次卵母細胞が排卵される．残った卵胞壁は排卵後卵胞として数日間かけて萎縮する．鳥類では哺乳類のような黄体は形成されない．

(2) 卵 黄 成 分

　卵黄のもとになる物質は，濾胞ホルモン（エストロジェン）の刺激によって肝臓で作られ，血液中に放出される．連産しているニワトリの肝臓では，毎日約20gにも及ぶ卵黄成分が産生されていることになる．そのうちの65％は超低密度リポタンパク質（VLDL）と呼ばれるタンパク・脂質複合体で，トリアシルグリセロール（70〜75％），リン脂質（20〜25％），コレステロール（4％）のような脂質が含まれており，直径30nmの顆粒となっている．卵母細胞の細胞膜にはVLDLと特異的に結合する受容体があり，図3-13に示すようなエンドサイトーシスによって被覆小胞として細胞内に取り込まれる．

　卵黄に含まれるホスビチンとリポビテリンは，ビテロゲニンというタンパク

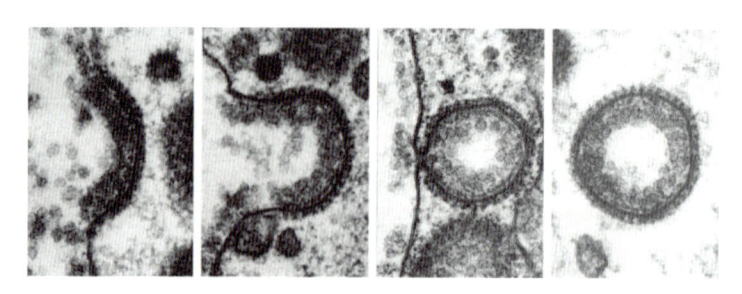

図3-13 リポタンパク質の顆粒が細胞内に取り込まれる様子（電子顕微鏡写真）

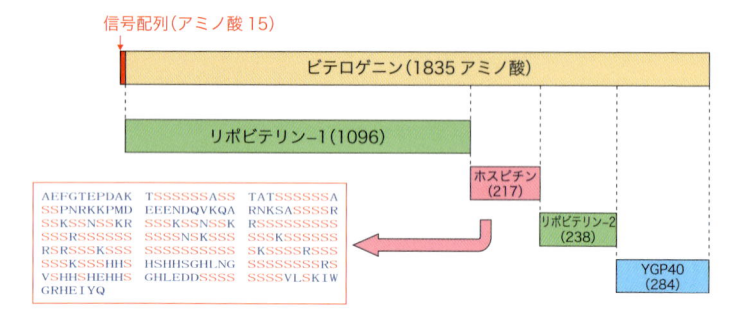

図3-14 ホスビチンのアミノ酸配列
1文字表記．

質が切断されてできたものである．アミノ酸残基1,835個のビテロゲニンは，VLDLと同じように濾胞ホルモンの刺激によって肝臓で作られ，血液中に放出され，黄色卵胞に取り込まれる．その後，カテプシンというタンパク質分解酵素によって3カ所の切断を受け，リポビテリン-1，ホスビチン，リポビテリン-2，YGP40という4種類のタンパク質に切り離される（図3-14）．ホスビチンはアミノ酸残基の半分以上がセリンであり，そのほとんどがリン酸化されている．リポビテリンにもリン酸化されたセリンが多く含まれる．

(3) 排卵から放卵まで

排卵された卵母細胞（卵黄, york）は，卵管漏斗部に取り込まれる．交尾している場合には，ここで胚盤に精子が侵入し，受精卵となる．1回の交尾で射出された精子は，漏斗部や子宮・腟移行部にある精子貯蔵腺に貯えられ，2～3週間

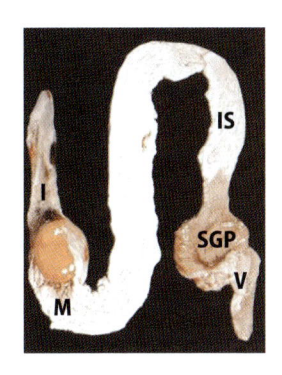

図 3-15 ニワトリの卵
　　管各部
I：漏斗部，M：膨大部，IS：峡部，SGP：子宮部，V：腟部．

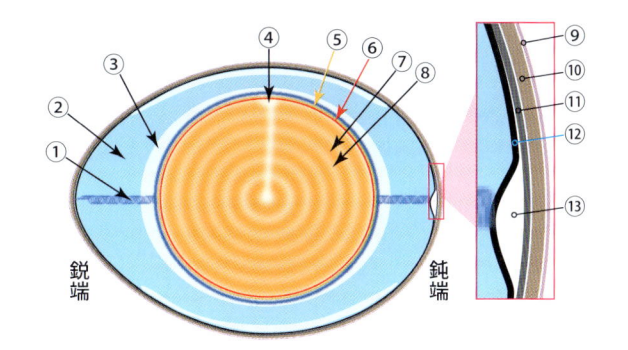

図 3-16 卵の構造
①カラザ状卵白，②濃厚卵白，③水溶性卵白，④胚盤，⑤卵黄膜外層，⑥卵黄膜内層，⑦黄色卵黄，⑧白色卵黄，⑨クチクラ，⑩卵殻，⑪外卵殻膜，⑫内卵殻膜，⑬気室．

にわたって受精に関与する．漏斗部では卵黄膜外層の付着も起こる．

　その後，卵黄は受精の有無にかかわらず，卵管の蠕動運動によって膨大部，峡部，子宮部，腟部へと移動し，総排せつ腔（cloaca）から放卵される．

　卵管膨大部は卵管の1番大きな部分を占め，2～3時間かけて卵黄の周りに卵白が付着される．卵白はタンパク質濃度約10％の濃厚な溶液で，10種類ほどのタンパク質で構成されている．卵管峡部に滞留する時間は約1.5時間で，ここでは内外2層の卵殻膜が付着される．

　最後に子宮部（卵殻腺部）で卵殻が形成される．卵殻は厚さ約0.3mmで，主成分は炭酸カルシウム（$CaCO_3$）である．卵殻膜を足場にした結晶化は，約20時間ほどで完成する．卵殻には小さな孔がたくさんあいている．発生の際，胚の呼吸に必要であるが，ここから細菌が侵入しないように卵殻全体はクチクラ（cuticle）というタンパク質の被膜で保護されている．これは腟部で作られる．

　総排せつ腔から放卵されると鈍端部の2層の卵殻膜の間に気室が形成される．

(4) 産卵のリズム

ニワトリはいつでも朝早くに卵を産んでいるわけではない．

　排卵から放卵（産卵）までに要する時間は24～28時間であり，次の排卵は放卵後に起こるので，同時に2つの卵黄が卵管の中にあることはきわめてまれである．したがって，産卵時刻は毎日少しずつ遅れ，表3-3のように産卵時刻が

表 3-3　産卵のリズム

クラッチ長(日)	産卵時刻（06：00 点灯〜20：00 消灯）						産卵率(%)
	1日目	2日目	3日目	4日目	5日目	6日目	
2	06：38	11：10					66
3	05：58	09：56	12：39				75
4	05：49	09：17	11：16	13：12			80
5	05：48	08：56	10：34	12：02	13：33		83
6	06：05	08：57	10：55	12：02	12：49	14：14	86

昼にずれ込むと1日か2日休産し，次の日からまた早朝に産卵する．この繰返しを産卵周期と呼び，連続した産卵をクラッチ（clutch）という．クラッチサイズは個体によってほぼ一定で，クラッチサイズが長く，クラッチ間の休産の日数が短いほど産卵率が高いことになる．

2）産卵を制御する要因

(1) ホルモンによる支配

ニワトリの産卵は，主に視床下部-脳下垂体-性腺を軸とした内分泌系によって調節されている．卵胞の発育は，光刺激によって脳下垂体前葉から分泌される濾胞刺激ホルモン（FSH）の上昇とともに始まる．FSHは小さな卵胞を刺激してエストロジェンの分泌を促進し，エストロジェンは肝臓で卵黄の材料となる物質の産生を促すとともに，未発達な卵管を刺激して卵白合成の準備をする．

卵黄成分を蓄積して十分大きくなった黄色卵胞は，排卵予定時刻の6時間ほど前に脳下垂体前葉から分泌される黄体形成ホルモン（LH）の刺激を受ける．この刺激によって卵胞壁の細胞からプロジェステロンが分泌され，これが排卵の直接の引き金となる．

卵胞から分泌されたエストロジェンとプロジェステロンは，卵管上皮細胞に働いて，卵白成分となるタンパク質の産生を刺激するが，なかでもオボアルブミンとアビジンの産生調節機構はステロイドホルモンの作用機序のモデルとして詳しく研究されている．

放卵直前に黄色卵胞から分泌されたプロスタグランジンは，下垂体後葉からアルギニンバゾトシンの分泌を促し，卵管子宮部の平滑筋を収縮させて放卵が引き起こされる．

(2) 就巣性，換羽

　鳥類は種によって決まった数の卵を産むと，巣の中で卵を抱き温め（抱卵，incubation），孵化したヒナを育てる（育雛，brooding）．これは生得的な行動で，就巣性（broodiness）と呼ばれている．ニワトリの場合，いったん就巣すると2～3ヵ月も産卵を停止してしまうので，改良が進んだ採卵用ニワトリの品種では就巣性が除去されている．日本鶏のような在来種では残っている．就巣性の2種類の行動のうち抱卵は，脳下垂体前葉から分泌されるプロラクチンによって支配されているが，育雛は，視床下部 - 脳下垂体 - 性腺の内分泌機能が低下した状態におけるヒナの存在が重要であり，プロラクチンは関与しない．

　換羽（molting）とは古くなった羽が生えかわる現象であり，秋から冬にかけて視床下部 - 脳下垂体 - 性腺の内分泌機能が低下すると，産卵率が低下して全身の羽が一定の順序で抜けかわる．換羽が始まると鶏群としての産卵状態が不揃いになってしまうので，人為的に一斉に換羽させることにより換羽終了後の産卵率や卵質の向上を図っている．これを強制換羽といい，点灯を止めて1～2週間絶食させることによって行っている．しかし，近年は動物福祉の観点から，低エネルギー低タンパク質飼料の給与による新しい換羽誘導法が開発されている．

(3) 卵の生産効率と栄養

　卵の効率的生産には，初生ヒナからの育成期間中の飼養管理が重要である．この時期の成長はエネルギー摂取量に左右されるので，照明時間によって飼料摂取時間を調節する．具体的には，孵化直後は恒明条件，その後徐々に照明時間を短くし，成熟する頃には8～10時間となるようにする．

　産卵期間中は高エネルギー低タンパク質の飼料が適している．タンパク質の過剰はニワトリの体に負担を与えることになるので高タンパク質飼料は推奨されていない．産卵は22週齢前後から始まり35週齢でピークを迎え，その後は漸減するので，飼料の給与には週齢や産卵日量，環境条件などを考慮しなければならない．飼料には卵生産に必要なすべての栄養素が含まれることになるが，なかでもミネラルとしてカルシウムとリン，アミノ酸としてメチオニンとリジンが重要である．

(4) 外部環境

ニワトリの産卵性に大きな影響を及ぼす外部環境は，日照時間と温度である．

産卵のために最適な日照時間は 14 時間である．産卵開始時の 8～10 時間の照明時間を，産卵ピーク時に 14 時間となるように徐々に増やし，その後は一定にする．開放鶏舎では孵化時期によって日照時間の変化が異なるので，点灯によって補正する．点灯のための電力を節減するためには，間欠照明法が有効である．これは 1 時間の点灯のうち 45 分を消灯するもので，14 時間の点灯のためには 15 分間の点灯を 14 回繰り返せばいいので，電気代を大幅に節約できる．

ニワトリにとって快適な温度域は 20～30℃であり，高温になると飼料摂取量が減少し，体温調節のために呼吸が激しくなり，産卵率が低下するとともに軟卵や破卵が多くなる．正常な状態では血液中の炭酸ガスは炭酸を経由して下式のようにイオン化し，水素イオン濃度は一定に保たれている．激しい呼吸によって炭酸ガスの放出が過剰になると，下式の平衡状態が右方向に進み，水素イオン濃度の減少，すなわち呼吸性アルカローシスになると同時に炭酸水素イオンが減少する．

$$H^+ + HCO_3^- \rightleftarrows H_2CO_3 \rightleftarrows H_2O + CO_2$$

卵殻の主成分は炭酸カルシウム（$CaCO_3$）であるが，この材料となる炭酸水素イオンの減少により卵殻形成に支障をきたし，軟卵や破卵が多くなる．

第4章

栄養と飼料

1. 栄養, 栄養素, 栄養学

1) 栄養, 栄養素

　動物の生存は, 水, 光, 温度, 空気, 他の捕食動物, 食物摂取の難易などの外部環境によって規定されている. そのうち, 食物の獲得の難易と利用性は, 動物の生存にとって決定的な役割を持っている.

　運動, 仕事, 繁殖, 泌乳, 産卵, 成長などの生命活動を営むために, 生物体は外界から物質を取り入れ利用することを栄養 (nutrition) といい, これらの生命現象を維持するために摂取する食品や飼料中の有益な成分を, 栄養素 (nutrient) と呼んでいる. 栄養素は, その役割から, タンパク質, 脂質, 炭水化物, ビタミン, ミネラルに分類され, これらは5大栄養素ともいわれる. 空気や水も動物の栄

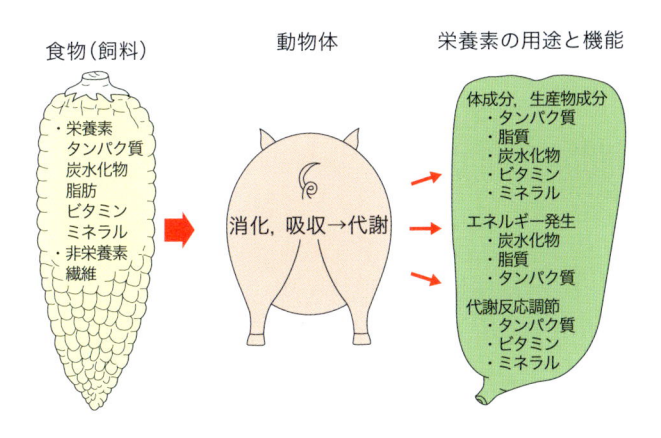

図4-1　栄養素の用途と機能
（唐澤　豊, 2001）

養に欠くことのできないものであるが，一般に栄養素とはいわない（図4-1）．

体成分や生産物の構成成分になる栄養素としてタンパク質，脂質，炭水化物，ビタミン，ミネラルが，体成分や生産物の合成および筋肉運動などに要するエネルギー源になるものとして炭水化物，脂質，タンパク質が，さらに，体内の多様な代謝反応の進行や調節のために必要なものとしてタンパク質，ビタミン，ミネラルが利用される（図4-1）．

2）栄養学

栄養学は，一言でいえば「生命活動のために動物が摂取した物質と動物体との関係を明らかにする学問」である．そして，いろいろな自然環境，社会環境，動物種，年齢あるいは生存（飼育）目的によって異なる栄養素要求量を求めることである．それによって経済動物である家畜の高い生産性を確保しようとするところに家畜栄養学の最終的な目標がある．

2．栄養素の化学

1）タンパク質，アミノ酸

(1) タンパク質

H，O，C，N，Sなどの元素によって構成される高分子化合物で，体を構築する材料や酵素などの機能維持に必要不可欠の物質である．その種類は多く，構造の基本となるアミノ酸は20種で，ペプチド結合による連鎖となり，S-S結合により立体構造を作りあげている．5大栄養素の中で唯一窒素を含んでおり，動物は窒素の摂取をタンパク質に依存している．畜産は動物性タンパク質の効率よい生産を目指している．乳牛が毎日泌乳する平均乳量は約30kgであり，その中に含まれるタンパク質の割合は約3.5％である．これらの数字から毎日1.05kgのタンパク質が体から出ていくことになる．これ以外にも被毛や母体の体細胞の更新，ホルモンや酵素の合成など，タンパク質を必要とする生命活動が家畜，家禽の中で常に起こっている．これら生命の維持活動や生産活動に消費されるタンパク質は，基本的に飼料に含まれるタンパク質をペプチドあるいはアミノ酸のレベ

ルに消化および吸収して，家畜，家禽の体内で再構築して利用される．

(2) アミノ酸

　家畜や家禽が主に摂取するのは植物質であり，そこに含まれるタンパク質は植物性タンパク質である．植物性タンパク質の構成アミノ酸割合と，家畜，家禽の体や生産物を構築する動物性タンパク質の構成アミノ酸割合は大きく異なる．そして，家畜，家禽が動物性タンパク質を構築するうえで必要とするアミノ酸の中には体内で他のアミノ酸などから転換できるものと，できない物があり，後者は飼料に由来する形でだけ供給される．このようなアミノ酸を必須アミノ酸（essential amino acid）と呼ぶ．必須アミノ酸の中でも必要量を満たしにくいものを制限アミノ酸と呼び，植物タンパク質で含量の少ないリジンやメチオニンが該当する．逆に，必須アミノ酸以外は可欠アミノ酸（non-essential amino acid）と呼ばれ，体内で必要量が充足される．タンパク質，アミノ酸の体内における代

表 4-1　タンパク質合成に必要なアミノ酸の分類と各種動物における必須，可欠（非必須）の分類

分類		名称	分子量	等電点	ヒト	ラット	ブタ	イヌ	ネコ	ニワトリ	ウシ
脂肪族アミノ酸	中性アミノ酸	グリシン	75.07	5.97	×	×	×	×	×	○	×
		アラニン	89.10	6.00	×	×	×	×	×	×	×
		セリン	105.09	5.68	×	×	×	×	×	×	×
		トレオニン	119.12	6.16	○	○	○	○	○	○	×
		バリン	117.15	5.96	○	○	○	○	○	○	×
		ロイシン	131.17	5.98	○	○	○	○	○	○	×
		イソロイシン	131.17	6.02	○	○	○	○	○	○	×
		システイン	149.21	5.07	×	×	×	×	×	×	×
		メチオニン	121.16	5.74	○	○	○	○	○	○	×
	酸性アミノ酸	アスパラギン酸	133.10	2.77	×	×	×	×	×	×	×
		グルタミン酸	147.13	3.22	×	×	×	×	×	×	×
		アスパラギン	132.13	5.41	×	×	×	×	×	×	×
		グルタミン	146.15	5.64	×	×	×	×	×	×	×
	塩基性アミノ酸	リジン	146.19	9.74	○	○	○	○	○	○	×
		ヒスチジン	155.16	7.59	△	○	○	○	○	○	×
		アルギニン	174.21	10.76	×	△	△	△	○	○	×
		フェニルアラニン	165.19	5.48	○	○	○	○	○	○	×
芳香族アミノ酸		チロシン	181.19	5.66	×	×	×	×	×	×	×
		トリプトファン	204.21	5.89	○	○	○	○	○	○	×
イミノ酸		プロリン	115.13	6.30	×	×	×	×	×	△	×

○：必須，△：成長期において必須，×：可欠（非必須）．

謝は動物種や臓器，器官の発達程度によって異なるため，必須アミノ酸の種類も異なる（表 4-1）．ウシの場合は，反芻胃内に微生物が生息し，摂取する植物の消化，分解に寄与しつつ増殖する．この増殖が微生物体タンパク質，すなわち動物性タンパク質の合成であるため，通常，必須アミノ酸はないと考えられている．反芻動物ではアミノ酸を構築する材料として窒素化合物（尿素，アンモニアなど）を飼料に加えて給与することで，微生物がそれらを利用してアミノ酸合成を行い，タンパク質の給与量低減が可能である．しかし，この考えが極端に解釈されると 2007 年から 2008 年にかけて問題となったメラミン樹脂の飼料添加のように有効利用されることなく，逆に毒性を呈して社会問題となることもある．

近年まで，家畜，家禽のタンパク質要求量は最も供給量の少ない必須アミノ酸を充足する量として考えられてきた．しかし，タンパク質を基準とした供給では必要以上に供給される可欠アミノ酸も多くなり，これらは消化，吸収後に利用されないで尿素や尿酸に転換されて排せつされる．これは無駄であるとともに環境負荷物質の過剰排せつにも通じるため，近年では 2～3 種の必須アミノ酸が充足されなくても他のアミノ酸が供給できる程度のタンパク質供給を行い，不足する必須アミノ酸を結晶アミノ酸の添加（飼料添加物）で補うことが推奨されている．

2）炭水化物

5 大栄養素として考えられる炭水化物には，飼料の一般成分（6 成分）で区分

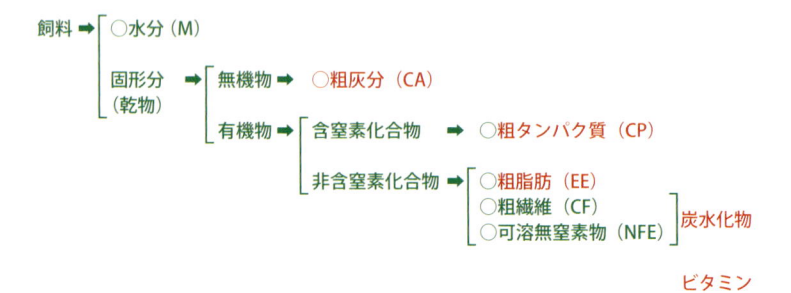

図 4-2　5 大栄養素と飼料の一般成分（6 成分）の関係
赤字の成分名が 5 大栄養素の分類であり，○印の付いたものが一般成分（6 成分）として区分されるものである．飼料の一般成分では，炭水化物が粗繊維と可溶無窒素物に区分される．

される粗繊維と可溶無窒素物が含まれる（図 4-2）．飼料において，粗繊維は草類に多く，可溶性無窒素物は穀類に多い．

(1) 粗　繊　維

粗繊維は反芻動物の複胃内の微生物に分解されて VFA となり，主に第一胃において吸収され，エネルギーを供給する．また，単胃動物であっても草食であるウマ，ウサギなど（後腸発酵動物）は発達した結腸，盲腸を有し，そこに生息する微生物による分解で揮発性脂肪酸となり，吸収利用される．しかし，このような消化器官を持たない家畜，家禽では難消化性の成分であり，エネルギー供給源としての利用価値は低い．

(2) 可溶無窒素物

可溶無窒素物は主としてデンプンや糖類で，植物における蓄積型エネルギー源である．デンプンは唾液中のアミラーゼによって分解される割合は少なく，主として十二指腸部以降で分泌されるアミラーゼによって分解吸収される．粗繊維とは異なり，反芻動物では反芻胃内の微生物によって利用されやすく，宿主の家畜による消化，吸収に先立ち利用され VFA となり，胃壁から吸収される．単胃動物においては糖類にまで分解されて小腸部で吸収される．吸収された糖類は血中に移行し，門脈を通り肝臓に運ばれる．ここで，糖類の蓄積型であるグリコーゲンが合成され，肝臓，筋肉に蓄積される．筋肉運動などのエネルギーはグリコーゲンの分解で得られるグルコースを解糖系から TCA 回路に移行させ，その間に ATP を生産し，ATP からのリン酸放出によって得られる自由エネルギーを当てることになる．この反応系で酸素が利用され，分解されたグルコースから放出される炭素は二酸化炭素として呼気ガスに放出される．よって，呼気ガス成分から算出される酸素消費量と二酸化炭素発生量の比率（呼吸商；respiratory quotient, RQ）を利用して，エネルギー消費量を求めることが可能である．

3）脂　　　質

家畜や家禽にとっての蓄積型エネルギー源である脂肪の合成のための主原料が脂質である．脂肪の化学構造の基本元素は C, H, O であり，脂肪酸とグリセロー

表 4-2 各脂肪酸の炭素数と二重結合数

	炭素(C)数	二重結合数(不斉炭素数)		炭素(C)数	二重結合数(不斉炭素数)
酪酸	4	0	オレイン酸	18	1
カプロン酸	6	0	リノール酸	18	2
カプリル酸	8	0	リノレイン酸	18	3
カプリン酸	10	0	アラキン酸	20	0
ラウリン酸	12	0	アラキドン酸	20	4
ミリスチン酸	14	0	EPA	20	5
パルミチン酸	16	0	ベヘン酸	22	0
パルミトレイン酸	16	1	DHA	22	6
ステアリン酸	18	0			

二重結合のある脂肪酸：不飽和脂肪酸．
二重結合のない脂肪酸：飽和脂肪酸．

ルの結合である．グリセロールは共通で，結合する脂肪酸に違いがある．脂肪酸は炭素数の少ない短鎖脂肪酸と炭素数の多い長鎖脂肪酸に大きく分けられ，前述した VFA は短鎖脂肪酸である．長鎖脂肪酸には炭素二重結合を有するものがあり，これを不飽和脂肪酸，二重結合を有しないものを飽和脂肪酸と区分する（表4-2）．飽和脂肪酸は融点が高く，安定した性質を有するが，不飽和脂肪酸は融点が低く，不安定な構造で植物油脂に多く含まれる．脂肪は消化・吸収時にモノグリセロールと脂肪酸の形で吸収される．よって，摂取物に含まれる脂肪酸の組成が家畜，家禽の体脂肪に反映される．しかし，反芻動物では，反芻胃内微生物により不飽和脂肪酸の二重結合が水素との結合に置きかえられる．したがって，牛肉は豚肉に比べ多価不飽和脂肪酸が少なく，酸化変敗が遅い．

消化および吸収された脂質は，腹腔内脂肪，体脂肪，筋間脂肪として蓄積され，必要に応じて β-酸化または TCA 回路を経て，エネルギー給源となる．

4）ビタミン

要求量はごく微量であり，種類は多岐にわたる．この存在は欠乏症の追究から明らかになってきており，現在でも新たにビタミンとして検討されている物質がある．欠乏症の機構から各ビタミンは体躯の構成成分ではなく，生体内の代謝過程において円滑に反応が進むように寄与する物質として位置付けられる．経口摂取の必要性がビタミンとしての条件とされてきたが，動物種によって消化管内微生物による合成で充足され，飼料からの摂取が必要ない場合もある．特に，自ら

の糞を摂取（食糞）するげっ歯目やウサギ目の動物では，腸管内微生物の合成したビタミンを摂取するので要求量は低くなる．ビタミンは，大きく2種類に区分され，1つは脂溶性であり，もう1つは水溶性である．また，ビタミンの名称には慣用名と化合物名の2つがあり，慣用名は発見順にアルファベットが付されている．

(1) 脂溶性ビタミン

ビタミンA（レチノール），ビタミンD（カルシフェロール），ビタミンE（トコフェロール），ビタミンK（メナジオン）がある．Aの欠乏症は視覚色素の生成不全や夜盲症であり，Dの欠乏症はカルシウムとリンの吸収抑制と化骨不全によるクル病である．Eの欠乏症は筋萎縮症となる．また，Kの欠乏は血液凝固に支障をきたすことであるが，この欠乏はまれである．

(2) 水溶性ビタミン

ビタミンB群（B_1（チアミン），B_2（リボフラビン），B_6（ピリドキシン），B_{12}（コバラミン），葉酸，パントテン酸，ビオチン，コリン），ビタミンC（アスコルビン酸）がある．B群はタンパク質代謝など各種代謝反応に関与し，不足すると食欲低下や成長不良などの症状が認められる（表4-3）．葉酸の不足はB_{12}と同様の症状，特に貧血を示す．パントテン酸の欠乏は皮膚や被毛の異常，家禽では孵化率の低下が認められ，ビオチンの欠乏は炭水化物，脂質の代謝異常や皮膚病であり，コリンは家畜，家禽において欠乏することはない．Cの不足は壊血病や免疫機能の

表4-3 ビタミンB群の名称と主な作用

ビタミン	正式名	通称	主な作用
B_1	塩酸チアミン	チアミン	糖代謝の触媒，抗脚気
B_2	リボフラビン	リボフラビン	補酵素成分，皮膚炎
ナイアシン	ニコチン酸	ビタミンB_5	抗皮膚炎，ペラグラ
B_6	ピリドキシン	ビタミンB_6	補酵素成分，抗皮膚炎作用
パントテン酸	D-パントテン酸		CoA成分，抗皮膚炎
ビオチン	ビオチン	ビタミンH	卵白中アビジンと結合
葉酸	プテロイルモノグルタミン酸	ビタミンB_{10}	核タンパク質代謝，抗悪性貧血
B_{12}	シアノコバラミン		タンパク質合成，抗悪性貧血
コリン	コリン		脂質代謝，抗ペローシス

表 4-4　主要ミネラルの内訳

多量元素（macro elements）

Ca	カルシウム	calcium
P	リン	phosphorus
K	カリウム	potassium
Na	ナトリウム	sodium
Cl	塩素	chloride
S	イオウ	sulfur
Mg	マグネシウム	magnesium

微量元素（trace elements）

Fe	鉄	iron
Zn	亜鉛	zinc
Cu	銅	copper
Mo	モリブデン	molybdenum
Se	セレン	selenium
I	ヨウ素	iodine
Mn	マンガン	manganese
Co	コバルト	cobalt
Cr	クロム	cromium

低下などの症状が認められる.

5）ミネラル

動物の体内に存在するミネラルの種類は 40 種に及ぶが，栄養的な役割は体躯の構成，体液の浸透圧維持，神経伝達物質，酵素成分としての代謝関連機能に大別される．骨格を構成するカルシウム（Ca）であっても常に更新されて安定した状態を維持（動的平衡）しており，発育のピークを過ぎても摂取する必要がある．体内に多く含まれる種は多量金属元素（major element）と呼び，微量に含まれる種は微量金属元素（trace element）と呼ぶ（表 4-4）.

（1）多量金属元素

Ca と P は骨や歯の構成成分として含まれるが，Ca は神経刺激感受性に関与し，P は体液の pH 調節に関与する．P が排せつされる際に Ca を伴うため，Ca:P を 1.5 ～ 2：1 程度に Ca を多く給与して体内の安定性を保つようにする．特に，採卵鶏や乳牛では生産物として体内から Ca が多く出ていくので，その補充を目的に多く給与する．Na と K は体液の浸透圧や pH 調整に寄与している．K は穀物などの飼料に由来して多く摂取されるため，Na を食塩の添加などで補い，体内バランスを維持する．S は含硫アミノ酸の構成成分としてタンパク質の立体構造に関与する．Mg は神経の興奮状態を抑制する作用を有し，不足すると興奮が高まり，痙攣を起こして死に至るテタニー症となる．

（2）微量金属元素

Fe はヘモグロビンに含まれており，赤血球の更新時には再利用されるが，要求量が高まった際には貧血症を示す．子豚は発育に要する Fe の要求量が多いので，飼料中の強化や筋肉注射などで補填される．Cu は Fe の吸収を促進する作用を有するので，欠乏した場合は Fe の欠乏と同様の症状を呈する．Co はほとんど

ビタミン B_{12} の構成成分として利用される．土壌中に Co が不足すると，そこで生育した牧草での含量が少なく，その摂取によってはウシなどで「くわず症」として知られる症状を起こす．I は甲状腺ホルモン（サイロキシン）の成分となり，不足するとサイロキシン不足による成長遅延や繁殖不良となる．Mn は種々酵素の活性化に関与しており，不足すると各種代謝が不活性になる．Zn は酵素の構造成分として利用されており，不足すると成長阻害や繁殖機能が低下する．Mo と Se はごく微量の要求であり，一般的な飼料で不足することはなく，逆に過剰摂取による中毒に配慮する．

3．採食，消化，吸収

1）採食（摂食），家畜の消化器

　家畜，家禽は日々飼料を採食しなければならない．反芻動物は比較的咀嚼行動が認められるが，十分な咀嚼とはいえない．家禽の場合は，咀嚼に必要な歯を持たないので，口腔に入らない飼料を嘴で砕くことはあっても，口腔に取り入れた物は丸呑みしている．したがって，円滑な嚥下を行うためには採食と飲水を交互に行うことになる．進化の過程や人為的な改良の過程で，それぞれの食性に応じた消化器官の発達がある．哺乳類は肉食と草食の2群に大別され，多くの家畜は基本的に草食あるいは草食に傾注した雑食の動物である．

(1) ウシの消化器

　草食動物の代表的なウシの胃は，第一胃から第四胃までの部位に分かれている．哺乳期から離乳時期までは，まだ第一胃から第二胃の反芻胃の発達が未熟であり，単胃動物に類似した消化機構であるが，反芻胃の発達に伴い，草食に適した状態となる．1回で採食できる量が多く，反芻胃内に貯留した食下物を1日に約10回反芻で咀嚼し直すので，濃厚飼料を給与する場合の給餌回数は1日当たり2回程度となる．発達した胃の容積は約200L（ドラム缶1本）となる．したがって，容積の限られた腹腔内において吸収を担当する腸管は，胃に押されるような円盤状を呈する．草食性の動物であってもウマやウサギのように単胃の動物

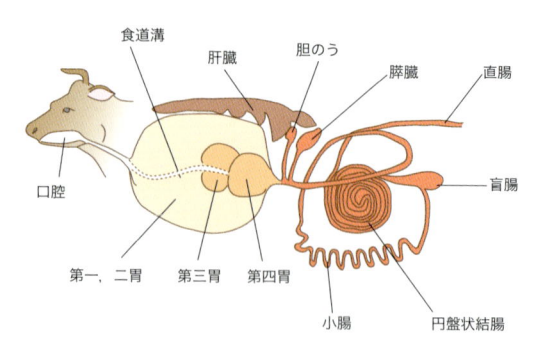

図4-3 ウシの消化器

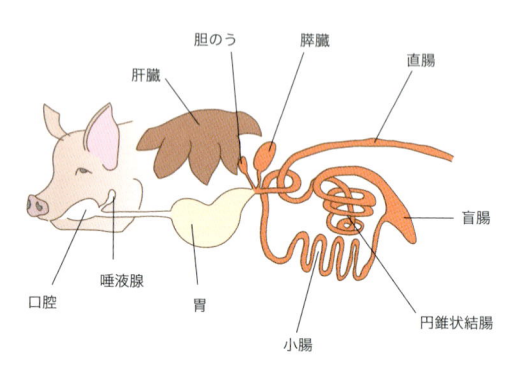

図4-4 ブタの消化器

もいる．これらは，反芻胃を持たず発達した盲腸，結腸があり，特に盲腸の発達が著しい．これらの動物では1回の採食量があまり多くなく，不断給餌のような状態で草類を常時採食できるようにしている．

(2) ブタの消化器

単胃動物で雑食性の高いブタは，ヒトに似た消化器構造を有している．腸管は円錐状を呈している．給餌に関しては，1回の採食量が少なく，常にエネルギー源の補充を要求することから，不断給餌法がとられることが多い．量的な制限をかける場合も，1日当たりの回数を多くすることで成長に遅延は見られなくなる．

(3) 家禽の消化器

家禽は飼料を丸呑みし，口腔に続く部位のそ嚢に一度貯留し，飲水による水分

を含ませたあとに消化液を分泌する腺胃，これらを磨り潰す筋胃へと食下物を送り込む．腸管の機能と構造は哺乳動物と同様であるが，その長さは短い．大腸には2本の盲腸が存在するが，ヒトと同様に切除しても成長や産卵成績に影響はなく，可欠器官と考えられる．大腸末端部は総排せつ腔と呼ばれる部位で，尿管の開口部があり，雌鳥では輸卵管の開口部もある．

2）栄養素の消化と吸収

(1) 消化と吸収

消化は，飼料中に含まれる高分子化合物の栄養素を吸収できる大きさに物理的，化学的に分解する，あるいは微生物の作用で分解する過程であり，吸収は消化管内から体内に栄養素を取り込み，血液などの体液に移行させ，全身に提供する過程である．厳密には小腸上皮細胞刷子縁膜で分解しながら吸収すること（膜消化）もあり，消化と吸収の区別は難しい．

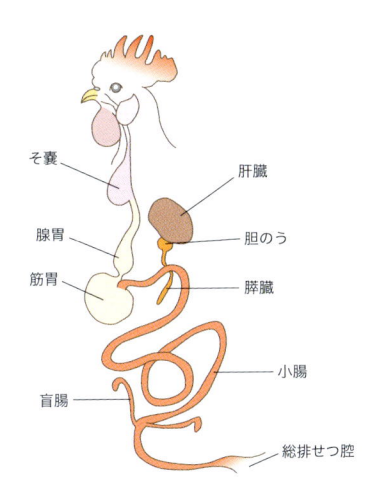

図4-5 ニワトリの消化器

(2) ウシの消化機構

採食物は口腔内で唾液と混合され，粘性を高めて嚥下することになる．次いで，ほぼ中性で内部温度40℃に保たれる第一胃に貯留され，飼料成分，タンパク質，脂肪，デンプンなどのほとんどが反芻胃内微生物によって利用され，微生物が繊維の分解を進める．この過程でVFAが生産され，胃壁から吸収されてエネルギー源となる．さらに，増殖した微生物は常に飼料とともに第三胃以降に流入し，微生物体タンパク質とともに合成したビタミン類を提供することになる．

(3) ブタの消化機構

採食物は口腔内で唾液と混合され，唾液中の酵素により可溶無窒素物は分解されるが，その割合は小さい．胃ではタンパク質の分解が進められ，十二指腸では膵液や胆汁が分泌されて脂肪，タンパク質，可溶無窒素物の分解が進み，空腸，回腸に送られて，それぞれの分解物は吸収されることになる．

(4) 家禽の消化機構

採食物はそ囊で水分補給を受け，腺胃で消化酵素と撹拌される．腺胃の滞留時間が短いため，消化はほとんどなく，次の筋胃内でグリット（小石など）と摺り合わせ，物理的消化が行われ，微細化された採食物は消化酵素の影響を受ける．以降の腸管における吸収過程は哺乳類と同様である．

(5) 腸管の役割

小腸管の微細構造は，ひだ状の絨毛の微絨毛（刷子縁）と通過する消化物との接触面を大きくするようになっており，栄養素を効率よく取り込むことができる．刷子縁膜には各種の栄養素に対応した担体（糖タンパク質など）があり，特定の栄養素を腸管細胞内に取り込むことができる．栄養素の取込みは単純拡散によるものと，ATPの分解エネルギーを必要とする能動輸送（濃度勾配に逆らった取込み）があり，この仕組みにはアミノ酸の一部やグルコースのようにNa^+とK^+の交換を必要とするものもある．一方で，体内といえども消化管内はまだ外界と考えることもでき，本質的な体内取込みが吸収の場といえる．腸管にはそれ以外の機能として，一度吸収しても有害と判断される物質を選択して放出する機構が備わっており，生体防御を司っている．この機構で対応しきれなくなった場合は，下痢を発生し，腸管細胞の剝離などで有害物質の取込みを制御する．この場合，水分吸収にも支障をきたすため，水分補給が重要となる．

4．栄養素の代謝

1）タンパク質の代謝

タンパク質は，生体内で合成と分解を絶えず繰り返し，常に動的な状態にある．

(1) アミノ酸

摂取されたタンパク質は小腸で消化されて，大部分はアミノ酸の形で吸収され門脈を経て，肝臓に運ばれる．ここで，一部は血漿タンパク質の合成に使われ，

残りは他の組織に運ばれ，そこでタンパク質の合成に用いられるとともにその他の代謝を受ける．一方，体組織タンパク質の分解によって遊離されるアミノ酸も血液に入るため，食餌由来と組織由来のアミノ酸がここで混合される．このアミノ酸プールの一部は体タンパク質の合成に，一部は分解され，その炭素骨格はグルコースや脂肪の合成に用いられる．

　動物が成長中でタンパク質を体に蓄積するようなとき，泌乳や産卵によってタンパク質を生産しているとき，あるいは妊娠して胎子が成長しているときには，食餌由来のアミノ酸は体内でタンパク質合成のために効率よく利用される．しかし，必要量より多いタンパク質が摂取されるときには，余剰のアミノ酸の多くは分解系に入り，窒素は尿素，アンモニア，尿酸などの形で排せつされる．また，絶食時のように，エネルギーの供給が絶たれているときは体タンパク質の分解が進み，遊離したアミノ酸の炭素骨格は糖新生によりグルコースに転換される．

a．アミノ酸の合成

　非必須アミノ酸は，主にグルタミン酸のアミノ基が糖代謝の中間体である α-ケト酸に転移することで合成される．アミノ酸の生合成における最初の段階であるグルタミン酸は，TCA 回路（クエン酸回路，クレブス回路とも呼ぶ）の α-ケトグルタル酸がグルタミン酸デヒドロゲナーゼによりアミノ化されて合成される（図4-6）．

b．アミノ酸の異化，アミノ酸の炭素骨格の代謝

　アミノ酸のアミノ基はアミノ基転移反応を受け，ピルビン酸あるいは α-ケトグルタル酸に渡されて，アラニンあるいはグルタミン酸を生成する．生成されたアラニンはグルタミン酸に転換されるので，アミノ基のほとんどはグルタミン

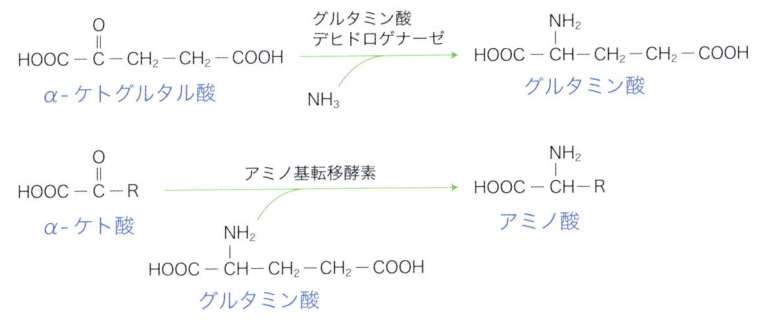

図4-6　グルタミン酸の合成とアミノ基転移反応

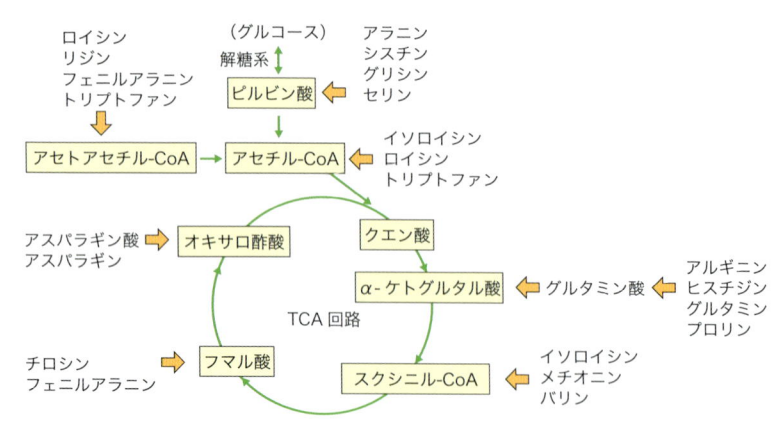

図4-7 アミノ酸炭素骨格の代謝

酸を経て処理される．グルタミン酸からアンモニアが生成され，生じたアンモニアは，主として哺乳類では尿素，鳥類では尿酸の形で排せつされる．アミノ酸からアミノ基部分が除かれた炭素骨格は，解糖系またはTCA回路に合流する（図4-7）．

（2）タンパク質の合成

タンパク質の合成過程は，アミノ酸の活性化，ペプチド鎖生成の開始，ペプチド鎖の伸長および終結の4段階による．まず，DNAの遺伝情報が写し取られて転写物mRNA（messenger RNA，伝令RNA）となり，タンパク質合成の場であるリボソームに運ばれる（図4-8）．

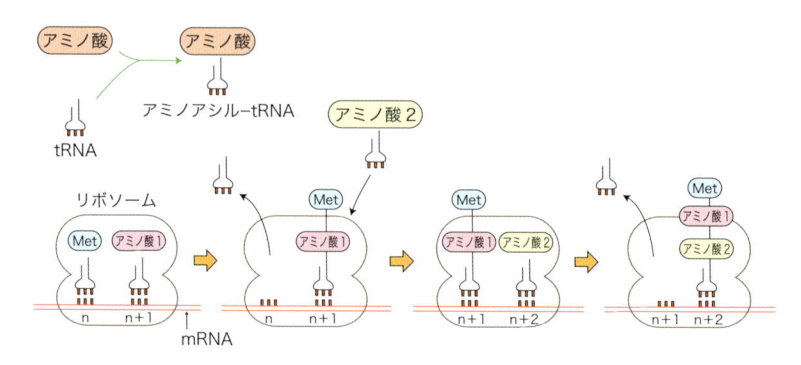

図4-8 タンパク質合成過程略図

a．アミノ酸の活性化

アミノ酸はATPで活性化されて，tRNA（transfer RNA，運搬 RNA）と結合してアミノアシル‐tRNAとなり，リボソームに運ばれる．tRNAにはアンチコドンという3個の塩基の部位があり，これはmRNAの3個の塩基（コドン）に適合する．したがって，アミノアシル‐tRNAは，それぞれのアミノ酸に対応してmRNA上に存在する特定のコドンの場所に配列される．mRNA上の塩基の配列は，もともと核のDNAから転写されたもので，合成されるタンパク質の一次構造のアミノ酸配列を規定する．

b．ペプチド鎖生成の開始

メチオニンと結合したtRNAがmRNA鎖の末端のコドンnに置かれる．

c．ペプチド鎖の伸長

次のアミノアシル‐tRNAがリボソームに運ばれ，メチオニンと結合したtRNAの隣のコドンn+1の位置に置かれる．メチオニンと次のアミノ酸との間でペプチド結合が形成され，それと同時に，メチオニンと結合していたtRNAは，はじき出される．コドンn+2の位置に次のアミノアシル‐tRNAが入り，続いて前のアミノ酸との間でペプチド結合ができる．その際に，前のアミノ酸と結合していたtRNAは離れていく．以後，mRNAの遺伝情報に従い，アミノアシル‐tRNAがリボソームに入り順序よくペプチド結合していく．アミノ酸を手離したtRNAはリボソームから離れていく．

d．ペプチド鎖の終結

ペプチド鎖の伸長は，どのアミノ酸も指定しないコドン（終止コドン）に達すると停止し，mRNAと合成されたポリペプチド鎖はリボソームから離れ，メチオニン残基は酵素的に除かれる．リボソームから離れたポリペプチド鎖は一部分が切り取られたり，またリン酸化や水酸化などの修飾を受けてタンパク質になる．

（3）窒素の排せつ

窒素代謝の結果，体内で発生するアンモニアは有毒で水に易溶解性であるため，最終的には尿中にアンモニア，尿素あるいは尿酸の形で排せつされる．

哺乳類では，アミノ酸代謝の結果生じた過剰なアンモニアは中間解毒型アミノ酸のグルタミンのアミド窒素として固定され，カルバモイルリン酸に合成される．

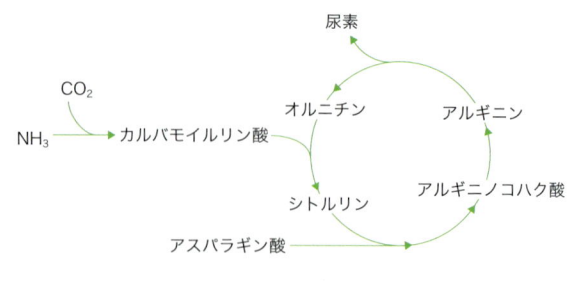

図4-9 尿素回路

カルバモイルリン酸は，尿素回路（図4-9）によってシトルリン，アルギニノコハク酸，アルギニンを経て尿素に合成され，尿中に排せつされる．

　鳥類は，窒素代謝の終末産物を主に尿酸の形で排せつする．鳥類は，哺乳動物においてアンモニアを固定する尿素生成サイクルのカルバモイルリン酸シンテターゼ活性が低い．そのかわり，アミノ酸の異化で発生するアンモニアを解毒のためにグルタミンのアミド窒素として固定する．このアミド窒素が尿酸プリン核中の4つの窒素の2つを供給する．

2）エネルギーの代謝

(1) 炭水化物から

　炭水化物に含まれる最も一般的な化合物はデンプンで，これはグルコースの重合体である．グルコースが代謝されATPを生成する主な経路は，解糖系とTCA回路の2つである．解糖系は，炭素原子6個のグルコース1分子が連続した酵素反応で，炭素原子3個のピルビン酸2分子に分解される系である．ピルビン酸はアセチル-CoAになり，アセチル-CoAはTCA回路を経てさらに分解され，最終的に二酸化炭素と水になる．この分解過程において，エネルギーに富んでいるATP（アデノシン三リン酸）が生成される（図4-10）．

(2) 脂肪，脂肪酸から

　脂肪からのエネルギーの大部分は脂肪酸に由来する．腸管から吸収された脂肪酸あるいは脂肪組織でトリアシルグリセロールが加水分解されて生じた脂肪酸が，臓器や筋肉に運ばれ，そこでβ酸化される（図4-11）．まず，脂肪酸が細胞

図の内容:

グルコース(C₆)(1分子)
↓
グルコース6-リン酸(C₆)
↓
フルクトース1,6-ビスリン酸(C₆)
↓
ジヒドロキシアセトンリン酸 ↔ グリセルアデヒド3-リン酸(C₃)(2分子)
↓ ATP
ピルビン酸(C₃)(2分子)

――――細胞質／ミトコンドリア――――

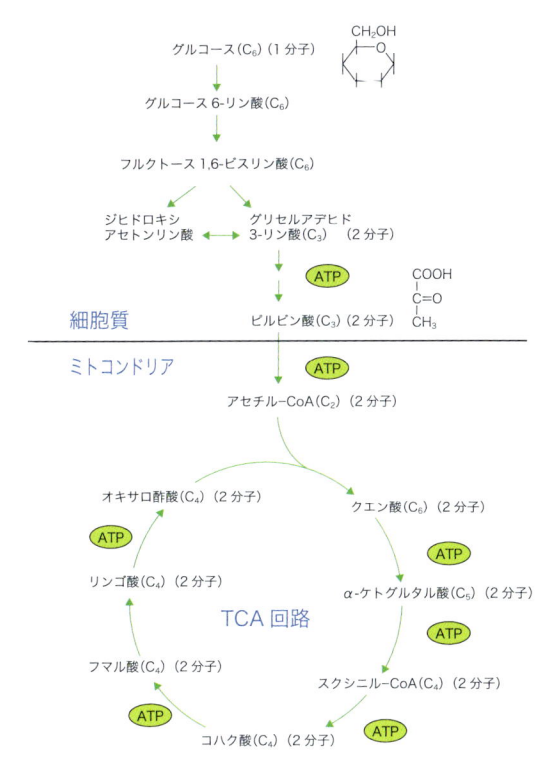

↓ ATP
アセチル-CoA(C₂)(2分子)
↓
【TCA回路】
クエン酸(C₆)(2分子)
→ α-ケトグルタル酸(C₅)(2分子) ATP
→ スクシニル-CoA(C₄)(2分子) ATP
→ コハク酸(C₄)(2分子) ATP
→ フマル酸(C₄)(2分子)
→ リンゴ酸(C₄)(2分子) ATP
→ オキサロ酢酸(C₄)(2分子) ATP

図4-10 解糖系とTCA回路

質において脂肪酸アシル-CoAになり,脂肪酸アシル-CoAはカルニチンと結合してミトコンドリアに移行する.そこで再び脂肪酸アシル-CoAになる.また,β酸化によりもとの炭素数より2炭素原子少ないアシル-CoAを生成し,1分子のアセチル-CoAを遊離する.このときATPが生成される.残りのアシル-CoAは炭素鎖が完全にアセチル-CoAに転換されるまで,さらに反応を続ける.アセチル-CoAはTCA回路に入りATPを生成する.

(3) アミノ酸から

アミノ酸が動物の要求量以上に体内にあるとき,あるいは絶食時のようにエネルギー源が得られないとき,アミノ酸はエネルギーを供給するために主に肝臓で分解される.分解されたアミノ酸の炭素骨格は,ピルビン酸あるいはアセチル-CoAに,またはTCA回路の中間体に入りATPを生成する(図4-7).

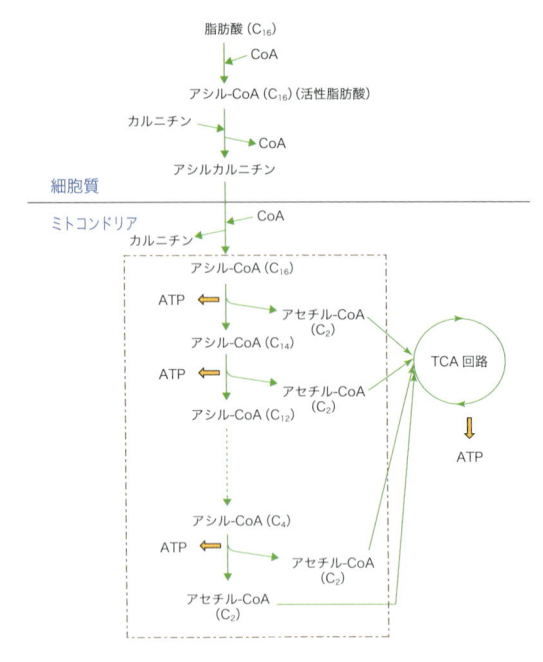

図4-11 脂肪酸のβ酸化とATPの生成

3）飼料エネルギーの分配

　家畜は種々の組織や器官の形態と機能を維持するため，構成素材（主にタンパク質）とともにエネルギーを必要とし，これらを体外から飼料（栄養成分）として摂取する．飼料が摂取されたあと，飼料に含まれるエネルギーが形態をかえて家畜に利用される（図 4-12）．
　総エネルギーは飼料を燃焼させたときに生ずるエネルギーを指す．
　飼料が消化管を通過する過程で，栄養成分は消化され腸管から吸収されるが，消化吸収されない物質は糞として排せつされる．この糞中の化合物の燃焼熱を総エネルギーから差し引いたものを，可消化エネルギーという．
　尿中に排せつされた代謝産物と可燃性発酵ガスのエネルギーを可消化エネルギーから差し引いたものを代謝エネルギーという．可燃性発酵ガスは，飼料の栄養成分が消化管内微生物の作用を受けて発生し，反芻胃内で生成するメタンが主なものである．メタンは噯気によって呼気とともに排出される．代謝エネルギー

```
総エネルギー ──→ 可消化エネルギー ──→ 代謝エネルギー ──→ 正味エネルギー
              糞中のエネルギー    尿中およびメタンのエネルギー    熱増加
```

図 4-12 飼料エネルギーの行方

は，生命維持の基礎的な仕事や成長，乳や卵などの生産に使われるが，この過程で一部のエネルギーは熱に変換される．生化学反応では熱エネルギーは仕事に変換できないエネルギーであり，動物にとっては損失になる．この損失を熱増加といい，動物に利用されるエネルギーを評価するためには，飼料エネルギーからこのエネルギーを差し引かなければならない．

　代謝エネルギーから熱増加を差し引いたものを正味エネルギーという．正味エネルギーは，生命維持に使われるエネルギーと，成長に伴い蓄積された体成分や乳，卵，羽毛などのエネルギーから構成される．

5．栄養素要求量と飼養標準

1）栄養素要求量の求め方

　栄養素要求量とは，動物がある生理的または生産状態において必要とする栄養素の量のことである．具体的には，生命維持，成長，生産および繁殖などのさまざまな生体反応に必要とする栄養素の量であり，対象となる家畜の状態により常に変化している．以下に，日本飼養標準における各家畜のエネルギーおよびタンパク質要求量の求め方を紹介する．

(1) エネルギー
a．ウ　　シ

　ウシのエネルギー要求量は要因法により推定されている．すなわち，維持，増体，妊娠および産乳の各要因についてのエネルギー要求量を推定し，それらを加算した（積み上げた）ものを要求量としている．各要因についてのエネルギー要求量推定では，べき乗数 0.75 の代謝体重（メタボリックボディサイズ），増体量，胎子のエネルギー蓄積量および乳脂率あるいは乳生産量が因子として用いられて

いる．日本飼養標準・乳牛（2006年版）および肉用牛（2008年版）では，成長・泌乳・肥育ステージごとにエネルギー要求量が提示されている．下記に，泌乳牛（3産以降）のエネルギー要求量の推定式を一例として示す．前項が維持のための，後項が産乳のためのエネルギー要求量を示している．

$$\text{エネルギー要求量（Mcal ME/日）} = \underbrace{0.1163 \times \text{体重}^{0.75}}_{\text{維持}} + \underbrace{(0.0913 \times \text{乳脂率} + 0.3678) \times \text{乳量} \div 0.62}_{\text{産乳}}$$

ただし，体重および乳量の単位はkg，乳脂率の単位は%．

b．ブ　タ

ブタのエネルギー要求量も維持，増体，妊娠および産乳の各要因について推定し，それらを加算したものを要求量としている．日本飼養標準・豚（2005年版）では，子豚・肥育豚，繁殖育成豚，妊娠豚および授乳豚それぞれについて，エネルギー要求量の推定式が示されている．成長段階にある子豚および肥育豚のエネルギー要求量は，維持および増体に要するエネルギーの合計として算出される．このうち，増体に必要なエネルギー量の推定に，タンパク質と脂肪の蓄積量を用いている．すなわち，さまざまな体重のブタのタンパク質および脂肪蓄積量を測定し，体重と増体量から両者の蓄積量との関係を求め，タンパク質および脂肪の蓄積のためのエネルギー要求量を推定している．前項が維持のための，後項が増体のためのエネルギー要求量を示している．

$$\text{エネルギー要求量（kcal DE/日）} = \underbrace{140 \times W^{0.75}}_{\text{維持}} + \underbrace{PR/0.42 + FR/0.71}_{\text{増体}}$$

PR（タンパク質として蓄積されるエネルギー量，kcal/日）
$$= (-0.121 \times W + 119.2 \times WG + 25.5) \times 5.66$$
FR（脂肪として蓄積されるエネルギー量，kcal/日）
$$= (-0.268 \times W - 0.0015 \times W^2 + 99.65 \times WG + 42.43 \times WG^2 + 3.45 \times W \times WG - 21.4) \times 9.46$$
ただし，$W =$ 体重（kg），$WG =$ 増体量（kg/日）．

c．ニワトリ

日本飼養標準・家禽（2004年版）における産卵鶏のエネルギー要求量は，ウシおよびブタ同様，維持，産卵および増体の要因に分けて必要な量を推定し，それらの合計としている．

$$\text{エネルギー要求量 (kcal ME/日)} = \underbrace{110 \times \frac{(-0.081 \times (22-T)^2 + 2 \times (22-T) + 94)}{94} \times W^{0.75}}_{\text{維持}} + \underbrace{2.2 \times Emass}_{\text{産卵}} + \underbrace{2 \times \Delta W}_{\text{増体}}$$

ただし，T：環境温度（℃），W：体重（kg），$Emass$：産卵日量（g），ΔW：1日当たり体重変化量（g）．

一方，卵用鶏ヒナおよびブロイラーのエネルギー要求量は，他の家畜同様，維持と増体を要因とした推定が可能なはずであるが，ブロイラーは前期（0〜3週齢）と後期（3週齢以降）の2区分，卵用鶏ヒナは幼雛期（0〜4週齢），中雛期（4〜10週齢）および大雛期（10〜初産時）の3区分それぞれについて，飼料中の含量で要求量が示されている．その理由として，それぞれの期間内ではエネルギー要求量に大きな変動がないこと，配合飼料として給与する場合の取扱いやすさなどがあげられる．なお，各時期におけるエネルギー要求量は，代謝エネルギー水準を実用的な範囲内でかえた飼料を給与したときの成長および飼料効率を主な指標とし，それに経済性を加味して求められている．

(2) タンパク質
a．ウ　　シ

ウシのタンパク質要求量は，エネルギー要求量と同様に，維持，妊娠，泌乳，増体の4つの要因ごとに要求量を計算し，その和を全体の要求量として求めている．各要因についてのタンパク質要求量推定では，メタボリックボディサイズ，乾物摂取量，胎子のタンパク質蓄積量および乳脂率あるいは乳生産量が因子として用いられている．エネルギー要求量と同様，乳牛，肉用牛ともに各生育ステージ，状態および品種における推定式が提示されている．下記に，泌乳牛（3産以降）のタンパク質要求量の推定式を一例として示す．前項が維持のための，後項が産乳のためのタンパク質要求量を示している．

$$\text{タンパク質要求量 (g/日)} = \underbrace{2.71 \times \text{体重}^{0.75} \div 0.60}_{\text{維持}} + \underbrace{(26.6 + 5.3 \times \text{乳脂率}) \times \text{乳量} \div 0.65}_{\text{産乳}}$$

b．ブ　　タ

　タンパク質要求量の基礎をなすものはアミノ酸要求量との考え方から，日本飼養標準・豚（2005年版）では子豚（体重別に4ステージ），肥育豚（体重別に3ステージ），繁殖育成豚（体重別に3ステージ），妊娠豚および授乳豚のそれぞれについて，必須アミノ酸要求量を提示している．実用養豚飼料では，リジンが第一制限アミノ酸になりやすいことから，リジンの要求量を求め，それ以外の必須アミノ酸要求量についてはアミノ酸の理想パターンから算出している．なお，十分な成長や生産のためには必須アミノ酸だけでなく，一定量の総アミノ酸量（タンパク質量）が必要であることから，粗タンパク質要求量も併記してある．

c．ニワトリ

　産卵鶏のタンパク質要求量は，維持，産卵および増体の要因に分けて推定し，それらの和として示されている．一方で，タンパク質要求量の基礎はアミノ酸要求量との考え方から，産卵鶏をはじめ，ブロイラー，卵用鶏ヒナにおいて必須アミノ酸要求量が推定されている．必須アミノ酸要求量の推定にはいくつかの方法があるが，一般的には，当該（求めたい）アミノ酸以外のアミノ酸が不足しないように調製したトウモロコシおよびダイズ粕などを主体とする基礎飼料に，当該アミノ酸を段階的に添加した飼料を給与し，得られた成績（産卵鶏であれば産卵率，産卵日量，飼料効率，ブロイラーであれば増体量，飼料効率など）から要求量を推定する．なお，ブタと同様に，十分な成長や生産のためには必須アミノ酸だけでなく，一定量の総アミノ酸量（タンパク質量）が必要であることから，粗タンパク質要求量も併記してある．

2）飼養標準の役割

(1) 飼養標準とは

　飼養標準は，家畜および家禽を肥育，泌乳および産卵のために飼養する際に，家畜および家禽が必要とする栄養素要求量を提示するとともに，その要求量を満たした飼料を給与する際に考慮すべき事項を示したものである．飼養標準の作成に当たっては，家畜栄養，飼料，飼養管理などの知識や技術だけではなく，畜産を取り巻く諸情勢なども考慮される．したがって，学問の発展に伴う新知見を盛り込みながら，家畜の育種改良による能力の向上，飼養システムの変化に合わせ

た修正および改訂が行われることが望ましい．世界の畜産先進国を中心に，それぞれの国の飼養標準がその国の飼養条件下で得られた試験研究結果に基づいて作成されている．海外における飼養標準の代表的なものとして，アメリカの National Research Council（NRC），イギリスの Agricultural Research Council または Agricultural and Food Research Council（ARC または AFRC）などが作成したものがある．わが国でも独立行政法人農業・食品産業技術総合研究機構が家畜飼養標準等検討委員会を設置し，これまで各家畜・家禽の「日本飼養標準」を策定し，現在もその改訂作業を進めている．

　前記の飼養標準に沿った，すなわち栄養素要求量を満たした飼料を家畜および家禽に供給するためには，給与する飼料原料に含まれる栄養成分の量およびその栄養価の情報が必要である．それらを取りまとめたものを飼料成分表といい，畜産先進国ではそれぞれの国で流通している飼料原料が掲載された飼料成分表が作成されている．わが国においても「日本標準飼料成分表」が「日本飼養標準」と同様に策定されている．

(2) 飼養標準の使い方

　日本飼養標準では，それぞれの生育ステージ（体重，週齢および月齢）や状態（泌乳や妊娠の有無）に必要な養分量が表になっている．また，乳牛，肉用牛およびブタの飼養標準には，養分要求量算出と飼料の栄養素含量を計算するプログラムが入った CD-ROM が添付されている．例えば，搾乳牛の場合，乳量，乳脂率，体重および産次などを入力すると，要求量を計算してくれる．一方の飼料の栄養素含量計算シートでは，給与している（またはしようとしている）飼料の種類と量などを入力すると，日本標準飼料成分表の値を基に栄養素含量を計算してくれる．前者の養分要求量算出結果は，後者の飼料の栄養素含量計算シートと連動しており，入力した飼料メニューが家畜の要求量を充足しているかどうか確認することができる．

　前記の養分要求量は必要最少量であるため，実際の給与飼料には安全率を加算することが望ましい．安全率として見込む要因としては，飼料の成分変動，消化率の変動，採食量の変動などがある．特に，粗飼料を給与するウシの場合は，飼料の水分含量の変動が大きく影響することがある．一般的な安全率として，ウシ

の場合は 10〜20%，ブタおよびニワトリは 10%程度が望ましい．

　飼養標準には，前記の養分要求量の表以外に，養分要求量に影響する要因，飼料給与上留意すべき事項など，実際に家畜および家禽を飼養するうえで必要と考えられ，かつ生産現場で関心の高い事項について解説されている．

6．飼　　料

1）飼料とは

　動物が，運動，仕事，繁殖，泌乳，産卵，妊娠，成長などの生命活動を営むために，外界から口を通して取り入れる水以外の物質のことを，餌，食べ物，食品，飼料などといい，家畜の場合には特にこれを飼料と呼んでいる．飼料には，家畜の生命活動を維持するために必要なタンパク質，脂質，炭水化物，ビタミン，ミネラルなどの栄養素を含み，有毒物質を含んではならない．

（1）求められる条件
ａ．嗜好性がよい
　家畜の生産性と生産量は，飼料摂取量の多少によって大きく影響される．飼料摂取量の少ないニワトリやウシに大量の卵，肉，牛乳などの生産物を期待することはできない．家畜が飼料を好む度合いを嗜好性というが，嗜好性の高い飼料を家畜に供給することによって，飼料は初めて多く摂取されることになり，家畜は生産のために多量の栄養素を利用することが可能になる．したがって，飼料はまず家畜に好まれることが必要であり，これは飼料が備えていなければならない第一の条件である．
ｂ．栄養素を含む
　家畜が飼料を摂取する目的は，家畜の成長，泌乳，産卵，活動などのために必要なタンパク質，炭水化物，脂肪，ビタミン，ミネラルなどの栄養素を摂取することである．したがって，飼料には必要量の栄養素がバランスよく含まれていることが必要である．これは化学分析によって知ることができる．

c．消化される

　摂取された飼料は，口腔内で物理的消化，その後，胃，腸管での消化酵素による化学的な消化を経て，タンパク質は低分子ペプチドやアミノ酸に，脂肪はディグリセリド，モノグリセリド，グリセロールに，炭水化物はグルコースになり，主として小腸上部から吸収される．不消化物はたとえ栄養素を含んでいても最終的に肛門を経て体外に排せつされるから，利用されることはない（図4-13）．したがって，摂取した飼料が利用されるためには，まず消化されることが必要である．

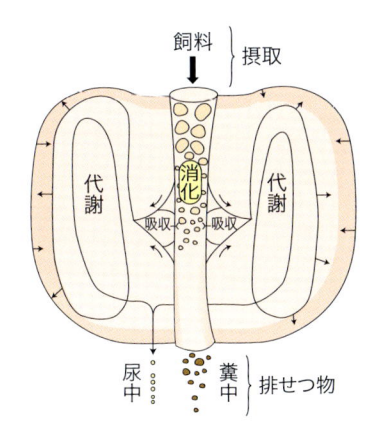

図4-13 飼料の消化，吸収，利用，排せつの模式図
（唐澤　豊，2004）

d．利用される

　主にエネルギー源となる脂肪や炭水化物は，消化吸収後体内で燃焼してエネルギーを出すか，過剰のものは脂肪として蓄積されることになり，尿中に排せつされることはない．しかし，タンパク質はこれらと異なり，消化吸収後体内で代謝された結果，最終的に尿中に窒素化合物（主として哺乳動物では尿素，鳥類，は虫類では尿酸）として排せつされる．換言すると，吸収された脂肪や炭水化物は体内で何らかの形で利用されることになるが，タンパク質の分解物であるアミノ酸は吸収されても利用されることなく，ただ排せつされることがありうる．利用されないで排せつされる割合が高くなるのは，飼料中のタンパク質のアミノ酸組成が，動物の必要とするアミノ酸をバランスよく満たしていないときなどである．このようなタンパク質を質の悪いタンパク質という．

e．安全である

　家畜の生産する乳，肉，卵は，人間にとって重要なタンパク質食品であるため，畜産物の質と量および生産効率とともに，食品衛生上安全であることが必須の条件である．安全な畜産物を消費者に供給するためには，生産段階から流通段階，加工段階および調理段階に至るまでの，いわゆる，「農場から食卓まで」の過程で有害物質の混入，汚染のない十分な管理が行われなければならない．特に生産段階が重要で，とりわけ動物に給与する飼料が生産物の乳，肉，卵の安全性と密

接に関係している．安全な飼料の給与が大切な理由はここにある．

f．取り扱いやすい

飼料が微粉末であれば，埃が立ち作業環境が悪くなるばかりでなく，不衛生である．また，運搬中に静電気が発生しやすくなる．容積の大きな飼料は取扱いのうえで不便であり作業効率も悪い．飼料の栄養成分の過不足をなくすため，一般飼料はいくつかの飼料原料を混合して作るが，それを与えたとき，こちらの意に反し選り食いをして，一部食べ残すことがある．このようなことは，栄養素を必要量とらないために，栄養の偏りが出て生産性が落ちることにつながる．そのようなことを防止するために，飼料を圧縮成型加工して，ペレット，キューブ，クランブルなどの形で家畜に給与する．

g．経済的である

畜産は動物を使った経済行為で，飼料費は全生産経費の約60％を占める最も多い支出項目である．したがって，飼料費をどのように抑制できるかが，畜産経営にとっては最も重要な課題である．高品質な畜産物を最も経済的にどのように生産するか，畜産農家と飼料メーカーにとって永遠の課題である．

h．健康によい

家畜には生産物を最大限効率的に生産することが求められる．家畜がその能力を最大限発揮するためには，家畜の健康にとって，最もよい飼料が給与されなければならない．健康にとってよい飼料とは，家畜に必要とされる栄養素すべてを過不足なく含む飼料のことである．タンパク質やエネルギーの不足は免疫能の低下をもたらし，栄養過多もまた免疫能の低下を引き起こすという．

i．環境にやさしい

日本の畜産の特徴は，飼料原料の多くを外国から輸入し畜産物を生産する加工型畜産である．これは，飼料とともに日本に窒素やリン，イオウを運び込むことになり，それらの蓄積はいずれ大きな環境問題を引き起こす原因になりかねない．そのためにも，日本国内で生産される自給的飼料資源を活用した畜産のいっそうの展開が望まれる．

(2) 飼料の分類と種類

飼料の分類にはいろいろな方法があるが，いずれも日常的，慣用的なもので厳

密な科学的定義に基づいているものではない．

　例えば，主に含まれる栄養素による分類（タンパク質飼料など），粗飼料（乾草など）と濃厚飼料（穀類など）というような栄養価による分類，給与する対象動物による分類（養鶏用飼料，養豚用飼料など），動物の発育段階（幼雛，中雛，大雛，産卵鶏用など），生産目的（肥育牛用，乳牛用）による分類などがある．その他，ダイズ，トウモロコシ，マイロ，魚粉などを単体飼料，これらを配合して動物の栄養素要求量を満たすように調製した飼料を配合飼料と呼んでいる．

a．粗飼料と濃厚飼料

　粗飼料は一般に容積が大きく，粗繊維含量が多く，家畜が消化できる養分量が少ない．一方，容積が小さく，粗繊維含量が少なく，消化できる養分量が多い飼料を濃厚飼料と呼んでいる．粗飼料にはワラ類，乾草類，青刈り飼料作物，サイレージなどがある．濃厚飼料には魚粉，ダイズ粕，フスマ，米ヌカなどがある．

b．単体（単味）飼料と配合飼料

　個々の飼料を単味飼料または単体飼料と呼んでいる．これらは，それぞれの用途に合わせて作られる配合飼料の構成飼料原料として用いられる．

　単体飼料には，飼料成分によって，タンパク質含量の多いダイズ粕，綿実粕，アマニ粕，ナタネ粕などの油粕類（30～50%），それに魚粉などの動物質飼料（60～70%）のことをタンパク質飼料，デンプンの多いトウモロコシ，マイロ，米，コムギなどの穀類（60～70%），それにイモ類（乾燥したもの，75～80%）のことをデンプン質飼料，粗繊維含量の多い乾草（20～30%），ワラ類（30～40%）のことを繊維質飼料，粗脂肪含量の多いダイズ，アマニ，ナタネ，綿実などの油実類（15～40%）のことを脂肪質飼料，水分含量の多い牧草，野草，青刈り飼料作物，根菜類，サイレージなどのことを多汁質飼料と呼んでいる．また一方，由来によって穀類，植物性油粕類，ヌカ類，製造粕類，動物質飼料のように分類することもある．

　配合飼料は必要な栄養素を必要量摂取させることが容易である他，大規模飼育で労力節約のために導入される自動給餌システムになじみやすい．

（3）配合飼料の製造

　配合飼料には，トウモロコシ，マイロ，コムギなどの穀類，ダイズ粕，ナタネ

粕などの植物性油粕類，米ヌカ，フスマなどのそうこう類，魚粉，豚肉骨粉，チキンミールなどの動物質飼料，リン酸二石灰，炭酸カルシウムなどの鉱物質飼料，

- トウモロコシ 46%
- その他の穀類（マイロ，コムギなど） 14%
- 植物性油かす類（ダイズ粕，ナタネ粕など） 19%
- そうこう類（米ヌカ，フスマなど） 12%
- 動物質飼料（魚粉，豚肉骨粉，チキンミールなど） 3%
- その他（鉱物質飼料，微量原料，液状飼料，飼料添加物など） 6%

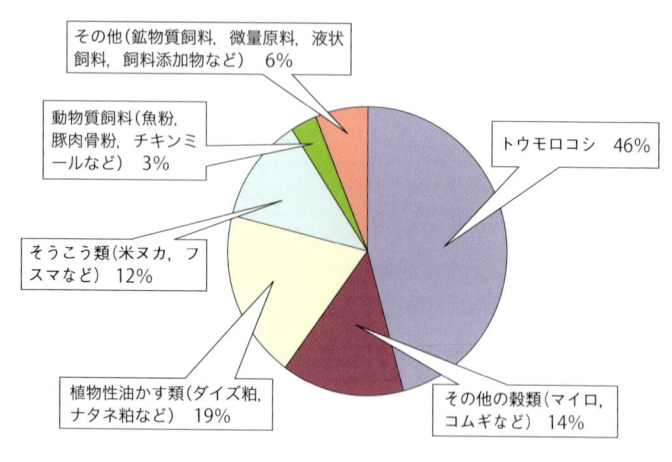

図4-14 配合飼料に使用される主な原料
（農林水産省，2016年）

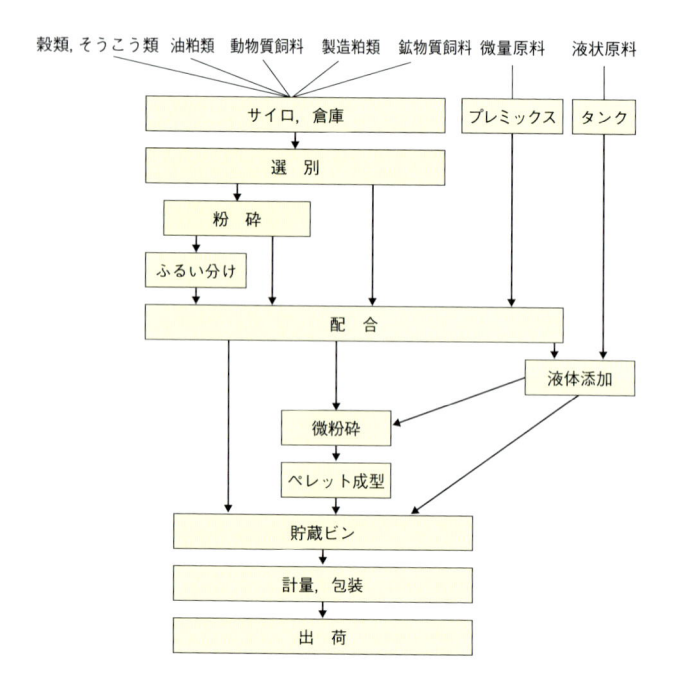

図4-15 配合飼料の製造工程の概要

糖蜜などの液状原料，コーングルテンミール，コーングルテンフィード，エタノール発酵副産物（DDGS）などの製造副産物の他，ハーブなどの天然原料などさまざまな飼料原料が利用されており，その全般的な使用割合は図 4-14 に示した通りとなる．配合飼料製造工場では，到着した各飼料原料について各工場が定めた規格に適合していることを確認したのち，サイロや倉庫などでいったん貯蔵され，原料の特性や製造する配合飼料の用途に従って，選別，粉砕，ふるい分けなどを行ったのち，ミキサーで配合され，必要に応じてペレット成型などの加工を行ったのち，製品タンクに貯蔵し，計量・包装後に畜産農家に出荷される（図 4-15）．

2）栄養価の評価とその方法

(1) 飼料成分

　一般成分分析法が用いられる．粗タンパク質，粗脂肪，粗灰分，粗繊維，水分量を定法により分析し，100 からこれらの総和を差し引いた値を可溶無窒素物量とする方法である（表 4-5）．「粗」とはそれぞれの成分が化学的に均一のものを表していないことを示している．例えば，粗タンパク質はタンパク質の他にアミノ酸，アミン，核酸などが含まれる．しかし，飼料の栄養成分を比較的簡易な方法で分析でき実用上問題がないので，一般成分分析値が多くの場合用いられる．

表 4-5　一般成分分析画分と飼料中成分

一般成分分析画分	飼料中成分
可溶無窒素物	デンプン，デキストリン，スクロース，有機酸，ペクチン
粗タンパク質	タンパク質，アミノ酸，アミン，含窒素配糖体，核酸，ビタミン B 群
粗脂肪	脂質，中性脂質，複合脂質，ロウ，有機酸，色素，ステロール，ビタミン A，D，E，K
粗灰分	無機物
粗繊維	セルロース，ヘミセルロース，リグニン
水　分	水　分

（菅原邦生，2004 を一部改変）

(2) 消化率

　消化率を求める方法には大きく分けて，人工消化試験と動物試験による方法がある．人工消化試験は，消化管の化学的消化過程を実験室で模倣して，動物を用

いることなく簡便に低コストで栄養素消化量を推定することができる．動物消化試験は，ニワトリ，ブタ，ウシ，ヤギなどの動物個体を用いて栄養素の出納試験を行うことにより栄養素の消化量を得て，これに基づいて飼料の栄養価を評価する方法である．人工消化試験に比べ労力と費用を要するが，動物の飼育条件下におけるより正しい情報を得ることができる．

　動物を個別に代謝ケージに収容し，飼料を給与して糞と尿を分離して採集し，それらに含まれる栄養素含量を分析する．ニワトリは糞尿分離のため，人工肛門装着鶏を手術して作り，これを使わなければならない．消化率は摂取した栄養成分量からそのとき糞中に排せつされた栄養成分量を差し引き，得た値を摂取した栄養成分量で割って100倍した値である．

$$消化率（\%）= \frac{摂取栄養成分量 - 糞中排せつ栄養成分量}{摂取栄養成分量} \times 100$$

　これは見かけの消化率といい，糞中に排せつされる飼料由来でない代謝性成分量を糞中排せつ栄養成分量から差し引いた値を糞中排せつ栄養成分量のかわりに使って得られる値を真の消化率という．

(3) エネルギーの評価

　飼料の総エネルギーは，可消化エネルギー，代謝エネルギー，正味エネルギーおよび糞のエネルギーに大別される（図4-16）．

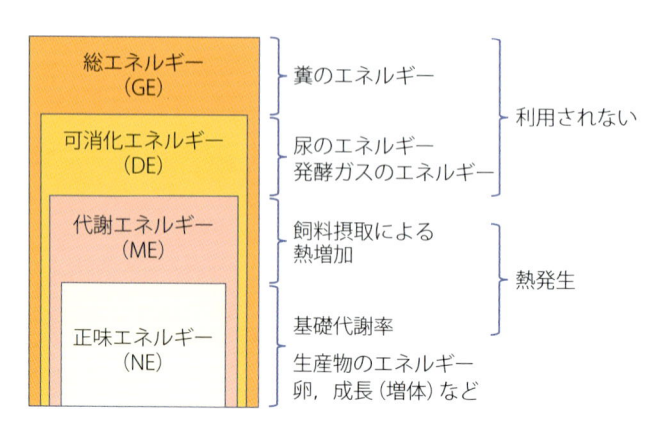

図4-16 飼料の総・可消化・代謝・正味エネルギーの関係
（唐澤　豊，2002）

第4章　栄養と飼料　　***115***

　飼料のエネルギーの測定，飼料のエネルギーを評価するために必要な糞，尿などのエネルギーの測定には，一般に断熱型ボンブ熱量計が用いられる．

a．総エネルギーと可消化養分総量
　断熱型ボンブ熱量計で測定したときの燃焼熱を総エネルギー（gross energy）といい，これは飼料の持っている最大のエネルギー量ということになる．

　可消化養分総量（total digestible nutrients, TDN）は，熱量計での熱量の測定を必要としないことから簡便なエネルギー含量を推定する方法で，今でもよく用いられる．栄養成分含量と消化率から次式によって推定できるTDNは，可消化エネルギーと代謝エネルギーの特徴を併せ持つ評価法といえる．

TDN＝可消化粗タンパク質＋可消化粗脂肪×2.25＋可消化可溶無窒素物＋可消化粗繊維

b．可消化エネルギー
　飼料が消化管を通過する過程で，栄養成分は消化され腸管から吸収されるが，未消化で吸収されない物質は糞として排せつされる．この糞中の化合物の燃焼熱を総エネルギーから差し引いたものを，可消化エネルギー（digestible energy, DE）という．

c．代謝エネルギー
　動物は，尿中に排せつされた代謝産物と可燃性発酵ガスの燃焼熱をいずれも利用することができない．これらを可消化エネルギーから差し引いたものを，代謝エネルギー（metabolizable energy, ME）という．

　尿中に排せつされる化合物は，主にタンパク質や核酸の代謝産物の窒素化合物である，尿素，尿酸，クレアチニンなどと有機酸で，その燃焼熱は総エネルギーの2～3％程度でほぼ一定である．

　可燃性発酵ガスは，飼料の栄養成分が消化管内の微生物の発酵作用を受けた結果発生し，反芻胃内で生成するメタンが主なものである．メタン生成量はウシでは1日最大500L，メンヨウでは30Lで，総エネルギーの約8％，可消化エネルギーの約12％に相当する．

d．正味エネルギー
　代謝エネルギーから熱増加分を差し引いた残りを正味エネルギー（net energy, NE）という．正味エネルギーは，生命維持の基礎的な仕事に用いられ最終的に熱となるエネルギー（基礎代謝率＝絶食安静時に測定される熱発生量）と，成

長に伴い蓄積された体成分や乳，卵，羽毛などの燃焼熱（蓄積エネルギー）から構成される．

e. 熱増加

基礎代謝の状態にある動物が体成分の消費を補うために飼料を摂取すると，熱産生量が数時間にわたって増加する．この増加した熱産生量を，飼料摂取による熱増加（heat increment of feeding），または特異動的効果（specific dynamic effect）という．この熱エネルギーは，飼料摂取に伴う動作，飼料の咀嚼，消化管内での消化や吸収，さらに吸収された栄養素の代謝などの仕事に用いられたエネルギーと消化管内の発酵熱である．

(4) タンパク質の評価

タンパク質の栄養価は，まず，タンパク質含量によって規定され，次にその含まれるタンパク質の消化性の良否に依存し，最後に吸収された分解産物のアミノ酸の利用性によって決定される．したがって，タンパク質の栄養価は，その含まれる量，消化率および利用率によって評価している．

a. 生物価

吸収されたタンパク質のうち体に保持された割合を生物価（biological value, BV）と呼び，次式で求められる．

$$BV = \frac{体内保留N}{吸収N} \times 100 = \frac{\{摂取N-(糞中N-代謝性糞N)\}-(尿中N-内因性尿中N)}{摂取N-(糞中N-代謝性糞N)} \times 100$$

代謝性糞窒素は飼料タンパク質に由来しない糞中の窒素で，消化酵素，消化管壁の剥離片などに由来する窒素である．内因性尿中窒素は飼料タンパク質に由来しない窒素，すなわち体タンパク質の分解などに由来する窒素のことで，いずれも無タンパク質飼料を給与したときの糞中と尿中の窒素量を測定することによって得られる．

b. 正味タンパク質利用率

摂取したタンパク質のうち，体内に保留されたタンパク質の割合を正味タンパク質利用率（net protein utilization, NPU）といい，次の式で求められる．

$$NPU（\%）= \frac{体内保留N}{摂取N} \times 100 = 生物価 \times 真の消化率$$

c．必須アミノ酸と可欠アミノ酸

　タンパク質の栄養価（生物価）は構成するアミノ酸によって決定される．これらのアミノ酸は，動物が正常な成長のために必ず摂取しなければならないアミノ酸と，必ずしも摂取しなくてもよいアミノ酸に分類できる．前者を必須アミノ酸（不可欠アミノ酸）といい，後者を可欠アミノ酸（非必須アミノ酸）という．これは，必須アミノ酸は体内で合成できないか合成できても必要量には不足するアミノ酸のことで，非必須アミノ酸は必要量を体内で十分合成できるアミノ酸を意味している．

　タンパク質の栄養価は，含まれる必須アミノ酸のうち必要量に対し最も少ないアミノ酸で規定されるため，最も少ないアミノ酸を第一制限アミノ酸，次いで少ないものを第二制限アミノ酸と呼んでいる．

3）飼料の自給率と輸入

　わが国の穀物生産量，特に飼料用穀物の生産量はきわめて少ないために，穀物を主体とする濃厚飼料の自給率はTDN換算で10％程度である．2002年度に輸入量が最も多い穀物はトウモロコシであり，次いでグレインソルガム，オオムギの順になっている．わが国における飼料原料の輸入量は，1991年（平成3年）度に過去最大の2,221万tになったが，その後畜産業の停滞から減少傾向を示している．

　わが国の穀物輸入は，全面的にアメリカに依存している．穀物は，アメリカの穀物生産地帯であるコーンベルト地域から，カントリーエレベーターという第一次集荷所までトラックで，そこからミシシッピー河のリバーエレベーターまでトラックまたは貨物輸送され，さらにはしけ輸送によって港湾の荷受施設であるエクスポートエレベーターまで運ばれ，ここから日本へパナマ運河を経由して輸出される．したがって，日本の主要な配合飼料工場のほとんどは穀物の受入れをする港近くに立地している．

　粗飼料輸入量は，1991年に200万tであったが，1999年に271万tに増加し，その後ほぼ横ばいに推移している．粗飼料輸入量の70％は乾草で，この輸入量は増えている．

4) 飼 料 資 源

　一般に，動物性飼料はタンパク質を多く含み，そのタンパク質のアミノ酸組成は植物性タンパク質に不足しがちなリジンとメチオニンに富むため良質で，家畜の主要な飼料原料になっている．特に，ニワトリやブタの飼料原料としてよく用いられる．穀類および穀類副産物は，エネルギーを供給する家畜の主要な飼料原料で，デンプン質に富んでいる．油脂含量の高い種実から採油したあとに得られる残渣を油粕類と呼び，タンパク質含量が高いため主に植物性タンパク質源として利用される．主な飼料資源を以下に示す．

(1) 動物性飼料[*]

魚　粉　(分類，形態) 魚類を蒸煮したのち圧搾して脂分を除去し，乾燥，粉砕した粉末．原料となる魚種などにより白身魚粉（ホワイトフィッシュミール），赤身魚粉（ブラウンフィッシュミール）と呼ぶ．(生産地) 日本の他にチリ，ペルーなど．(成分の特徴) 粗タンパク質含量は 50～65％でアミノ酸組成がよく良質のタンパク質源飼料．他にビタミンB群，カルシウムやリンなどが多く含む．(用途) ブタおよびニワトリ用飼料の優秀なタンパク質源．品質の劣るものの多給は生産物（特に鶏卵）に魚臭を付ける．

家禽処理副産物（チキンミール）　(分類，形態) 食鳥処理場で副産物として出る食用にならない部位（頭部，脚，内臓などを含むが羽毛は除く）を加熱処理し，乾燥して粉末にしたもので黄土色．(生産地) 国内．(成分の特徴) 一般に粗タンパク質，粗脂肪，粗灰分が多い．粗タンパク質は 56％含まれアミノ酸はリジン，メチオニン，シスチンが多く，またカルシウムやリンなどが多い．(用途) ブタやニワトリ飼料の優秀なタンパク質源．

豚・鶏混合肉骨粉（ポークチキンミール）　(分類，形態) 豚肉の加工工場から発生する肉，内臓などの不可食部位と食鳥処理場から出る頭，足，内臓などの不可食部位を原料段階で混合したものを加熱処理し，脱脂したもの．(生産地) 国内．(成分の特徴) 一般に粗タンパク質，粗脂肪，リンが多い．(用途) ブタやニワトリ飼料の優秀なタンパク質およびリン源．

第4章　栄養と飼料

脂肪（動物性油脂）
(分類，形態) 食肉加工場あるいは採油工場において家畜の体組織より採油する際に得られる副産物．タローともいわれ常温では固体．**(生産地)** 日本，オランダなど．**(成分の特徴)** エネルギー含量が高く，すべての家畜に対してエネルギーを補給する効果が大きい．リノール酸などの必須脂肪酸を補給する効果もある．**(用途)** 動物性油脂を飼料に配合すると飼料のエネルギーを高める他に飼料の光沢を増し，飼料の微粉末の飛散を防ぎ，製造機械の潤滑化によって機械の摩耗を軽減するなどの効果．

(2) 穀類，穀類副産物[*]

マイロ
(分類，形態) グレインソルガムの総称．コウリャンもグレインソルガムの一種．他の穀物と比べ粒は小さいが，全粒のままでは消化がよくないので粉砕して利用．**(生産地)** アメリカ，オーストラリア，アルゼンチンなどにおいて主に生産，わが国には配合飼料原料として輸入．**(成分の特徴)** 主成分はデンプンで，粗タンパク質含量は9～10%．タンニンを含むため嗜好性が劣る．トウモロコシと比べキサントフィル含量が少ない．**(用途)** 乳牛に対してはトウモロコシと同程度の飼料価値があり，肉牛，ブタに対しては90～95%の価値．ニワトリには飼料中に25%程度まで配合可，ただし卵黄や皮膚の色が薄くなる．

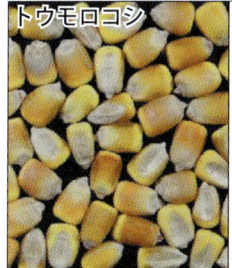

トウモロコシ
(分類，形態) イネ科トウモロコシ属，主な飼料用種はデント種とフリント種．前者は種子の冠部に凹みがあるが，後者はない．種子の大きさは7×9mmから8×12mm程度．**(生産地)** 世界総生産量の約半分をアメリカ．その他，中国，ブラジル，アルゼンチンで生産．主要な輸入相手はアメリカ（90%以上），アルゼンチン．**(成分の特徴)** 高デンプン，低繊維，エネルギー含量が高い．家畜家禽の嗜好性が高い．**(用途)** すべての家畜に優れた飼料原料，圧偏や粉砕して配合飼料の主要原料に使用．

米ヌカ
(分類，形態) 生のものは粉状，白褐色，脱脂したものは粉状または顆粒状，薄い黄褐色．色の濃淡は精白度による．**(生産地)** 精米工場の副産物として派生．**(成分の特徴)** 生米ヌカは脂肪を多く含むので高エネルギーであるが保存性は低い．脱脂すると保存性は向上，エネルギー含量は低下．ビタミンとミネラルの含有割合はフスマと同じ傾向．**(用途)** 生米ヌカは単味飼料として適宜給与．脱脂米ヌカは配合飼料原料として家畜一般に利用．また，脱脂米ヌカは，液体飼料の吸着材やプレミックスの希釈材にも利用．

---
[*]写真提供：(社)日本科学飼料協会

フスマ (分類, 形態)薄皮状で白っぽい褐色. (生産地)製粉(小麦粉生産)工場の副産物として派生. その他, インドネシア, スリランカ, シンガポールから輸入. (成分の特徴)栄養素としては, エネルギー, ビタミンAとD, カルシウムが少なく, 繊維質, リン, カリウム, ビタミンB群が多い. (用途)ウシ, 特に肉用牛には好適な飼料原料, 飼料中に20～30%まで添加可能. 特に, 肥育初期には添加割合を高くすること可. ブタやニワトリ用飼料としての需要は減少傾向.

(3) マメ類, 油実類*

大豆 (分類, 形態)マメ科ダイズ属. 原産地は中国東北部. ほぼ球状で7mm程度, 薄い黄褐色. (生産地)最大生産国はアメリカ, 他の主要生産国はブラジル, アルゼンチン, 中国. 主要輸入相手国はアメリカ（70%以上）. ブラジル, カナダ. (成分の特徴)エネルギー, タンパク質含量とも高い. トリプシンインヒビターを含む. これらの不活性化のため加熱処理が必要. 必須アミノ酸のメチオニン含量が低い. (用途)加熱圧ペン処理, エクストルーダー処理などで加工したものが使われる.

綿実 (分類, 形態)ワタ（アオイ科ワタ属）の種子. インド, 中南米原産. 表面に白い綿毛が密生, そのため白いが, 種子自体は黒い. 大きさは5×10mm程度. (生産地)主要生産国は中国, インド, アメリカ, パキスタン. 主要輸入相手国はオーストラリア, アメリカ. (成分の特徴)粗脂肪と粗繊維の含量が高い. 有毒なゴシポールを含有. 反芻類はこれに比較的高い耐性. (用途)乳牛の飼料原料としてそのまま使用. 乳脂率が向上. 給与量はウシ1頭1日当たり1～2kgが目安.

(4) 油粕類*

大豆粕 (分類, 形態)ダイズの種子は19%程度の油分を含み, 約80%が製油用に利用. 大豆粕はその採油残渣で, 植物性タンパク質源として利用. 種皮を除いてから採油した脱皮大豆粕の生産が増加. (生産地)国内で搾油した油粕を利用する他, インド, アメリカ, 中国から輸入. (成分の特徴)粗タンパク質含量は46%前後. 一般に植物性タンパク質のアミノ酸組成は動物性タンパク質より劣るが, 大豆粕はメチオニンが少ないものの, リジンは比較的多く, アミノ酸組成はよい. もともと含まれるトリプシン阻害因子は製造過程の加熱で失活. (用途)配合飼料での利用はトウモロコシに次いで多い. 栄養価, 嗜好性ともに油粕類の中で最高. 主要なタンパク質源として, すべての家畜にほぼ無制限に利用可.

ナタネ粕

(分類, 形態) 40〜45%の油分を含むアブラナ種子の採油残渣がナタネ粕. 種子中に含まれる長鎖不飽和脂肪酸エルシン酸の色を反映して, こげ茶あるいは黄色味を帯びる. (生産地) カナダ, 中国, インドなど. (成分の特徴) 粗タンパク質含量約37%で, 低リジン含量. 難消化性成分が多く, エネルギー価も低い. 抗栄養因子のエルシン酸, グルコシノレートを含み, 生成されたゴイトリンは甲状腺肥大因子. (用途) 抗栄養因子のため利用率は低かったが, 低エルシン酸, 低グルコシノレートの製品が出るようになり, 現在ではダイズ粕に次ぐ植物性タンパク質源として利用.

(5) 鉱物性飼料*

カキ殻

(分類, 形態) 貝殻は95%以上の炭酸カルシウムを含み, 良質なカルシウム源として利用. (生産地) カキの生産量は国別では日本は中国に次ぎ, 国内では広島県や宮城県が多い. (成分の特徴) カキの他, アサリ, シジミ, ハマグリ, ホタテなどの貝殻を粉砕あるいは荒砕したものは40%近いカルシウムを含む. (用途) ニワトリの骨軟化症や破卵の予防, あるいは高泌乳牛の乳熱の予防のため使用. 粒度が細かすぎると, 卵殻強度が低下. 配合飼料工場では, 石灰岩を利用した炭酸カルシウムが使用されており, カキ殻は農家段階で混合されることが多い.

(6) 牧　　草*

オーチャードグラス

(分類, 形態) 直立型の多年生寒地型イネ科牧草. 草丈は100〜150cm. 花の幅は0.5〜1.3cm, 長さ10〜45cmである. 穂は円錐花序で穂長は10〜30cm. (生産地) 世界の温暖地域で広く栽培, わが国でも, 全国的に最も広く栽培されている牧草. (成分の特徴) 生育が進むにつれて水分含量 (73〜82%), 粗タンパク質含量 (乾物中9〜18%), TDN含量 (乾物中57〜69%) が減少, NDF含量 (乾物中53〜67%) が増加. (用途) 乳牛, 肉牛, ヒツジ, ウマの飼料として, 放牧, 乾草, サイレージとして利用.

チモシー

(分類, 形態) 直立型の多年生寒地型イネ科牧草. 再生力が弱く2番刈りまで利用. 茎が太く, 穂が長く, 色のよいものが品質は高い. (生産地) 世界の冷温地域で最も重要な牧草. わが国では北海道, 東北で最も多く栽培. 年間42万t輸入 (2010年), 内訳はアメリカから74%, カナダから26%程度. (成分の特徴) 生育に伴う水分, 粗タンパク質, NDFおよびTDN含量の変化はオーチャードグラスと同様. (用途) 家畜の嗜好性がよく, ウマ, 乳牛, 肉牛の飼料として広く利用. 利用法は, 放牧, サイレージ, 乾草. 乳脂率を高める効果があるとされ, 乳牛用に多用.

*写真提供:(社)日本科学飼料協会

アカクローバー　(**分類，形態**) 直立型の多年生寒地型マメ科牧草．クローバーの中で代表的なもの．赤い花が特徴で，別名アカツメクサ．(**生産地**) 世界の温帯，冷温帯地域に最も広く分布，わが国では北海道の重要なマメ科牧草の1つ．耐寒性はあるが乾燥には弱い．(**成分の特徴**) タンパク質，ビタミン，ミネラルに富み，NDF含量が低い．(**用途**) 家畜の嗜好性がよく，放牧，サイレージ，乾草として乳牛，肉牛，ヒツジに利用．アメリカでは最もよいブタの放牧用牧草．(写真はチモシーとの混播)

アルファルファ　(**分類，形態**) 草丈30〜90cmの直立型の多年生寒地型マメ科牧草．葉は直立し3小葉からなり小葉線形〜長楕円形で，長さは2〜3cm．花は紫〜紫紅色で長さ7〜10mm．(**生産地**) 世界中に分布し，アメリカでは「牧草の女王」呼ばれ，最も重要な牧草．わが国では北海道を中心にわずかに栽培．(**成分の特徴**) タンパク質含量が乾草の現物中約16%と多く，ビタミン，ミネラル含量も多い．NDF含量は他のマメ科牧草と同様低い．家畜の嗜好性がよい．(**用途**) 青刈り，放牧，サイレージ，ミール，ペレット，キューブなど広く利用．乳牛，肉牛だけでなく，ブタ，ニワトリの飼料としても利用可．

(7) 青刈り飼料作物

トウモロコシ　(**分類，形態**) 直立型の一年生イネ科飼料作物．青刈り用としては出穂前，サイレージの材料としては黄熟期が刈取り適期．(**生産地**) 世界に広く分布，わが国では，北海道の道北および道東の一部を除き，広く栽培．10a当たり4〜9tの収量．(**成分の特徴**) タンパク質含量は低い（乾物中9.0%）が，TDN含量は乾物中65%程度で安定．家畜の嗜好性も高い．(**用途**) サイレージおよび青刈り用として，乳牛および肉牛の重要な飼料．(写真提供：(独)家畜改良センター)

ソルガム　(**分類，形態**) 直立型の一年生イネ科飼料作物．乾燥に対する抵抗性強．初期生育が遅い．(**生産地**) 熱帯から温帯北部において広く栽培，わが国では九州に多い．再生力が強く暖地では2〜3回刈り取り可．収量は10a当たり5〜15tと多い．(**成分の特徴**) タンパク質含量はトウモロコシとほぼ同じ，TDN含量は乾物中60%前後で約5%低い．家畜の嗜好性良．茎葉部に青酸が多いので注意．(**用途**) サイレージおよび青刈り用として，乳牛，肉牛，ヒツジの飼料．(写真提供：(独)家畜改良センター)

*写真提供：(社)日本科学飼料協会

(8) 草本加工品*

アルファルファミール, ペレット
(**分類, 形態**) アルファルファの乾草を粉砕したもの（ミール），それを円筒状に成形したもの（ペレット）．(**生産地**) 主にアメリカにおいて生産．単味および配合飼料原料として輸入．天日乾燥あるいは人工乾燥したアルファルファを原料に調製，養分の違いから両者は区別して流通．(**成分の特徴**) タンパク質，ビタミン，ミネラル含量が高い．タンパク質含量は原物中約18％．(**用途**) すべての家畜の濃厚飼料にビタミン補給を目的に配合．

サイレージ
(**分類**) 水分含量の高い牧草，飼料作物などをサイロ内で嫌気的に発酵させた貯蔵飼料．飼料作物からはそのままサイレージに調製．牧草の場合は事前に乾燥，その程度によって製品は高水分，中水分，低水分サイレージに分類．(**生産**) サイレージの製造には嫌気条件の維持とともに，酪酸菌の増殖抑制が重要．そのため，予乾をし，高水分の場合には，糖を補充して乳酸発酵を促し，pH を 4.2 以下に速やかに下げる．ギ酸のような酸を加えて pH を急激に下げるのも有効．(**成分の特徴**) 水分が多く，良質のものは，pH が 4.0 以下である．タンパク質はルーメン内で易分解性．(**用途**) 乳牛，肉牛の飼料として利用．TMR（☞ 後述）の原料として好適．

乾草
(**分類, 形態**) 草類を乾燥して水分含量を 12～15％にし，貯蔵性を高めた飼料．材料が野草である場合を野乾草，牧草である場合を牧乾草．(**生産地**) 火力と送風による人工乾燥あるいは日射と通風による自然乾燥によって調製．製品はそれぞれ人工乾草，自然乾草と呼ぶ．(**成分の特徴**) 自然乾草は雨に当たるなど，調製過程での養分損失が大．品質は，化学組成，栄養価，採食法，色調，異物混入などによって規定．繊維が多く，乳牛と肉牛の第一胃の発酵を良好に維持するのに有効．(**用途**) 乳牛，肉牛の自給飼料および流通飼料．

(9) 農業生産副産物*

ワラ
(**分類, 形態**) イネ科植物の茎の部分を乾燥して利用する場合の総称．イネワラが代表的．消化率を高める加工をしても栄養価の上昇は望めない．(**生産地**) 国内，中国などにおいて生産．輸入には防疫上の問題がある．(**成分の特徴**) 粗繊維含量が高く，粗タンパク質，TDN は 30～50％と低い．生の状態に比べ，ビタミン含量は 1/4～1/10 に低下．(**用途**) ブタ，ニワトリには給与せず，ウシ，特に肉牛の仕上げ期の粗飼料として利用．

(10) 木本飼料資源*

クワ

(分類, 形態) 生葉の形で利用するか, 乾燥後, 粉砕してペレットに加工して利用. 茎の部分の利用価値は低い. (生産地) 中国. (成分の特徴) 茎の成熟度に応じて成分が変化. タンニンなどの忌避物質の合成は嗜好性が低下. (用途) 栽培される木本飼料資源であるので, 計画的な採取が可能である. 家畜の飼料としての利用より, もともとは養蚕に用いる. 近年では養蚕用の飼料がペレット化されている.

(11) 根菜類*

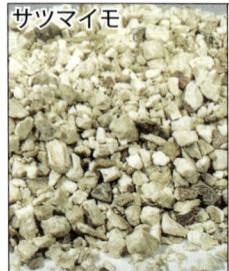

サツマイモ

(分類, 形態) 飼料として給与する形態は乾燥粉砕品あるいは生のままでサイレージ利用. (生産地) 国内では, 鹿児島県が特に代表的, 関東でも生産量は多い. (成分の特徴) 主としてデンプンが乾物当たり87％と多く含まれ, 生の状態では水分含量が72％と多いので保存方法に工夫が必要. (用途) ウシ, ブタのエネルギー供給飼料としての利用が主. 特に, 乳牛の泌乳期やブタの肥育期に給与すると生産力が上昇.

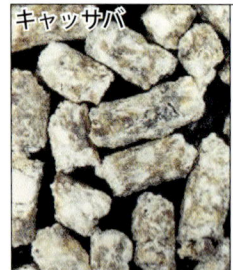

キャッサバ

(分類, 形態) 熱帯産のイモの一種, やせた土地でも栽培可. 飼料としてはペレット成形したものが流通. (生産地) フィリピン, インドネシアなどで主に生産. わが国には配合飼料原料としてペレットに加工したものを輸入. (成分の特徴) 主成分はデンプン, 粗繊維含量が穀類に比べて高い, 青酸が含まれることから要注意. (用途) ニワトリ以外の家畜に給与, 配合飼料の原料として低タンパク質でエネルギー供給する場合に使用.

(12) 食品製造副産物*

トウフ粕

(分類, 形態) トウフ製造の副産物, 白色の高水分固形物, 水分含量が70〜80％, 好気的な変敗を受けやすい. (生産地) 全国的な排出および供給が特徴. (成分の特徴) 粗タンパク質, 粗脂肪, 繊維の含量が高い. 製造する際の原料（丸大豆か, 脱脂大豆か）, 製造方法（木綿か絹ごしか, 凝固剤の違い）により成分含量は大きく変動. (用途) 主として乳牛用, ただし, 肥育豚用あるいは肥育牛用にも利用. 炭水化物, タンパク質のルーメン内での分解速度が速い. 肥育豚に使用する場合, 軟脂にならないよう給与飼料の脂肪含量に留意必要.

ビール粕 (分類, 形態) ビール製造の過程で排出される麦芽, 米, デンプンの糖化残渣. 排出後の処理法により, 高水分ビール粕 (水分含量80％程度), 脱水ビール粕 (水分含量70％以下), 乾燥製品 (水分含量が10％前後) に分類. (生産地) 全国的な排出および供給が特徴. (成分の特徴) 粗タンパク質, 粗脂肪含量が高く, 繊維の含量もトウフ粕よりも高い. (用途) 乳牛の飼料として用いられるのが一般的. 肥育牛の飼料として用いられる場合もある.

ビートパルプ (分類, 形態) テンサイから砂糖を抽出した残渣の乾燥品. 以前は圧縮成型物で流通したが, 今はペレットでの流通および利用が一般的. 北海道の一部地域では, 砂糖工場から排出される生粕をそのまま利用. (生産地) 北海道および外国から輸入. (成分の特徴) 繊維と糖分の含量が高い. 繊維のルーメン内での消化性は非常に高い. (用途) 乳牛の飼料として日常的に多く使用, ときに肥育牛でも使用.

食品循環資源利用飼料 (製法) 廃棄食品などの食品循環資源を, さまざまな方法で水分10％程度に乾燥, 飼料化したもの (ここに記載されている方法は, 札幌市, 東京 (品川区) および京都市にある3つの工場で使用されている方法で, 現在, 農林水産省が栄養価を定めている食品副産物の製法の一部に過ぎない). (成分の特徴) 原料となる食品循環資源の素材により異なるが, 一般的には粗タンパク質, 粗脂肪, デンプンの含量が高い. (用途) 養豚肥育用に最も多く利用. 肥育豚の配合飼料を10～20％代替して給与. 一部ニワトリでも利用.

(13) 飼料の形態*

マッシュ (形態) 各種飼料原料を粉砕したのち, 配合した粉状の飼料で粉餌ともいう. (用途, 特徴) 現在, わが国で流通している配合飼料の中で最も普及している. なお, トウモロコシなどの穀類は, その粒度により荒目, 中目, 細目などにふるい分けされたのち, 対象畜種に応じて (例えば, 産卵鶏用飼料では粒度の荒いものを使用) 混合される.

*写真提供：(社)日本科学飼料協会

ペレット，フレーク

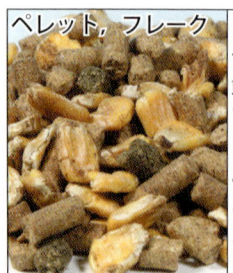

(**分類，形態**) マッシュ飼料を円筒形に圧縮成型したもの．畜種や発育段階に応じて直径をかえる．ブロイラーや哺乳期子豚用飼料では直径 4.5mm 程度，ウシ用飼料では直径 6 ～ 8mm 程度である．ペレット飼料を粗挽きしたものをクランブル飼料という．(**用途，特徴**) マッシュ飼料に比べて嗜好性が高く，選り好みなく飼料を摂取させることができるため，養分摂取量の偏りを防止できる．飼料の埃の飛散を防ぎ，取扱い，輸送が容易になる．

ヘイキューブ

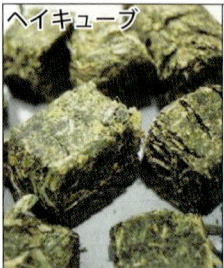

(**形態**) 乾草を細切あるいは粉砕したのち，角形に圧縮成型したもの．代表的なものとして，アルファルファ乾草を 3.2×3.2×4 ～ 7cm 程度の角型に成型したアルファルファヘイキューブがある．(**生産地**) 主にアメリカから輸入．(**用途，特徴**) 容積が小さいことから，貯蔵や輸送に便利，家畜の採食量も多くなる．ウシ用飼料に多く使用される．粗砕して配合飼料に混合することもある．

TMR

(**形態**) ウシ用の飼料として必要な養分含量になるように濃厚飼料とサイレージ，乾草などの粗飼料，あるいは生粕類などを混合したもの．オール混合飼料ともいう．(**用途，特徴**) ウシが必要とする養分をバランスよく摂取させることができ，採食量の増加とそれに伴う乳量の増加と乳質低下の防止，ルーメン発酵の恒常性の維持などの利点がある．

人工乳

(**形態**) 哺乳期の子豚や子牛に給与する飼料で，マッシュ状やペレット状である．(**用途，特徴**) 穀類，乳製品，動植物油脂，ビタミンやミネラルなどを原料として製造．子豚用人工乳では，体重が 5kg 程度になるまで給与する「餌付け用」，5 ～ 10kg の間に給与する「哺乳期前期用」，10 ～ 30kg の間に給与する「哺乳期後期用」などに分けられる．子牛用人工乳では，ブタ用人工乳のような区分はない．

5) 飼料作物と牧草

(1) 飼料作物の種類と生産

飼料作物（forage crop）とは，乳牛や肉牛などの家畜に食べさせる目的で栽

*写真提供：(社)日本科学飼料協会

培される作物を指す．飼料作物を大まかに分類すると，青刈り作物（soiling crops），根菜類（root crops），牧草（pasture grass）の3つに分けられる．現在，わが国における飼料作物の栽培面積は約90万haで，種類別に見ると牧草の割合が85％と圧倒的に多く，次いで飼料用トウモロコシやソルガム，ムギ類などの青刈り作物が約14％，根菜類の占める割合は非常に小さい（図4-17）．

a．青刈り作物

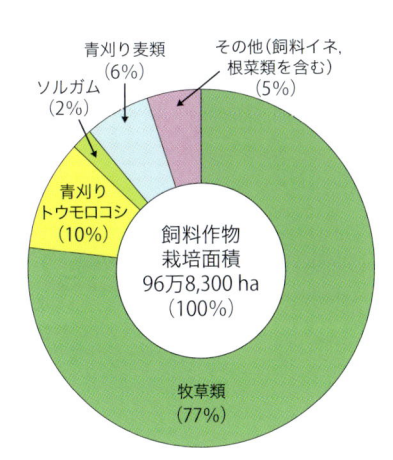

図4-17 飼料作物の作物別栽培面積（2016年産）
（農林水産省）

青刈り作物とは，茎葉および穀実を含めた植物体全体を利用する目的で栽培する作物を指す．青刈り作物としては，飼料用トウモロコシやソルガムがあり，現在は主にサイレージ利用されているが，かつては家畜に青刈りしてそのまま給与することが多かったため，この名称が使われている．

① **トウモロコシ（corn，maize；図4-18左）**…中南米原産のC_4植物に属する一年生の雌雄異花の短日植物で，乾物生産量が高い．飼料用トウモロコシにはデ

図4-18 わが国で栽培される代表的な青刈り作物
左：飼料用トウモロコシ（写真提供：濃沼圭一氏），右：ソルガム（写真提供：魚住　順氏）．

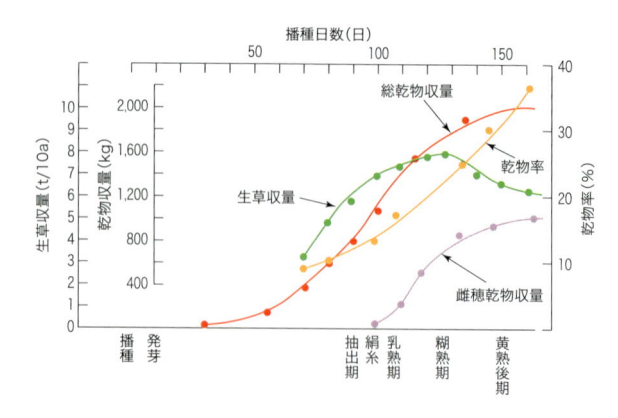

図4-19 トウモロコシの生育に伴う乾物率および収量の変化
（名久井忠：サイレージ科学の進歩，デーリィ・ジャパン社，1999）

ント種，フリント種およびその交雑種があり，その一代雑種（F_1）を利用する．飼料用トウモロコシをデントコーンと呼ぶ場合もある．日本では地上部全体（ホールクロップ）をサイレージとして利用するのが一般的であるが，世界では穀実利用向けの栽培が最も多い．ホールクロップサイレージとしての収穫適期は，雌穂の登熟が進み，ホールクロップの水分含量が70％以下になる黄熟中後期であり，家畜の嗜好性や栄養価，栄養収量はこの時期が最も高い（図4-19）．

　②ソルガム（sorgum；図4-18右）…アフリカ北東部原産の一年生作物で，中国のコウリャンはソルガムの仲間である．ソルガムは，スーダン型，ソルゴー型，子実型，兼用型に大別され，茎葉の糖含量が高い品種もあり，草型の遺伝的変異が大きい．ソルガムは再生力が高く，耐乾性，耐湿性，耐倒伏性に優れる．わが国では，南九州を中心に栽培され，主にサイレージ利用される．ソルガムは青酸配糖体を含むため，青刈り給与する場合は青酸中毒に注意する．

　③ムギ類…青刈りムギ類としてオオムギ（barley），エンバク（oat），ライムギ（rye）があるが，エンバクが最も多く栽培されている．ムギ類のホールクロップサイレージのエネルギー価はソルガムよりやや高く，トウモロコシより低い．

　④飼料用イネ（rice）…飼料用イネは植物学的には食用イネと同じで，アジアのモンスーン気候に適した作物である．現在の栽培面積は約9,000haで，今後，水田の遊休化対策として栽培面積が増加することが予想される．茎葉を含めたホールクロップサイレージの栄養価はムギ類のホールクロップと同程度である．

b. 根 菜 類

主な飼料用根菜類としては，飼料用カブ（turnip）と飼料用ビート（fodder beet）があり，戦後，冬期間の多汁質飼料として栽培されてきたが，近年の大型機械による栽培・収穫体系にそぐわず，ほとんど栽培されなくなっている．

c. 牧　　　草

牧草地を利用方法で分けると，採草してサイレージや乾草を作る採草地（meadow）と放牧に利用する放牧地（pasture），採草と放牧のいずれも行う兼用草地に区別される．牧草地で利用される牧草は単子葉植物のイネ科牧草と双子葉植物のマメ科牧草に大別される．また，イネ科牧草は，光合成のタイプが C_3 型の寒地型牧草と C_4 型の暖地型牧草に分けられる．日本全国の牧草地約77万haのうち，約70％は北海道にあり，大部分がサイレージに調製されている．

ⅰ）寒地型イネ科牧草

①**チモシー（timothy，オオアワガエリ；図4-20左）**…ユーラシア大陸原産の多年生牧草で，北海道の牧草地の約70％を占める．寒さに強く，越冬性に優れる．他のイネ科牧草よりも品種による早晩性が大きく違うので，収穫適期期間が長く設定できる．永続性に優れる反面，夏期の高温および乾燥には弱い．主に採草してサイレージ，乾草として利用される．1番草刈取り後の再生が悪いので，年間の収穫回数は2～3回とする．

図4-20　日本で栽培されている代表的なイネ科牧草
左：チモシー，中：オーチャードグラス，右：イタリアンライグラス．（写真提供：田瀬和浩氏）

②**オーチャードグラス（orchardgrass, cocksfoot, カモガヤ；図4-20 中央）**
…北海道中部から九州高原地帯までの広い地域で栽培されている多年生牧草で，果樹園の下草という名前の由来が示すように，日陰に強い特性を持ち，湿潤な条件でも生育できる．チモシーよりも越冬性が劣るものの再生力が高く，年間3〜4回の収穫ができ，放牧，採草のいずれにも利用できる．反面，刈取りを怠ると株化し雑草が入りやすくなる．また，出穂期以降に栄養価の低下が大きい．

③**フェスク類（fescues）**…トールフェスク（tall fescue, オニウシノケグサ）は多年生牧草で不良環境に強く，家畜の嗜好性や消化性は高くないものの，耐暑性に優れることから，夏枯れの起こりやすい暖地および温暖地の中標高地に栽培されている．近年は飼料用よりも土壌保全，緑化用の利用が多い．メドウフェスク（meadow fescue, ヒロハノウシノケグサ）は家畜の嗜好性や消化性がよく，耐寒性にも優れることから北海道では集約放牧に利用されている．

④**ライグラス類（ryegrasses）**…イタリアンライグラス（Italian ryegrass, ネズミムギ；図4-20 右）は地中海原産の他殖性の一・二年生牧草で，東北以南から九州地方まで広く栽培されている．初期生育が旺盛で，耐湿性が強く水田裏作や転換畑でも栽培できることから，冬作で栽培され，青刈り，乾草，サイレージとして利用されている．ペレニアルライスグラス（perennial ryegrass, ホソムギ）は多年生牧草で，ヨーロッパでは主要な草種である．寒さと乾燥に弱いものの，再生力に優れ，北海道の土壌が凍結しない地域で集約放牧に利用されている．ライグラス類は糖含量が高く，家畜の採食性や消化性が高い．

ⅱ）暖地型イネ科牧草

熱帯・亜熱帯地方を原産とする草種が多く，耐暑性が強く，生産性は高いものの家畜の採食性や消化性は低い．バビアグラス（babiagrass），ローズグラス（rohdesgrss），ギニアグラス（guineagrass）が含まれる．

ⅲ）マメ科牧草

日本で利用されているマメ科牧草（legume）は C_3 植物で，虫媒による他殖性作物である．根粒菌（Rhiaobium bacteria）が共生し，空中の窒素を固定できる．粗タンパク質やミネラル，ビタミン類を豊富に含み，家畜の採食性が高い．

①**アルファルファ（alfalfa, lucerne, ムラサキウマゴヤシ；図4-21 左）**…コーカサスから中央アジア原産の多年生牧草で，世界の温帯地域で広く栽培され，「牧

図4-21 日本で栽培されている代表的なマメ科牧草
左：アルファルファ，中：アカクローバ，右：シロクローバ．左上は花．（写真提供：高橋　俊氏）

草の女王」とも呼ばれる．乾草やヘイキューブとして海外から大量に輸入されている．多湿や酸性の土壌を嫌う．わが国での栽培面積は約1万ha程度である．イネ科牧草との混播あるいは単播で栽培され，主にサイレージとして利用される．

②**クローバ類（clovers）**…アカクローバ（red clover，アカツメクサ；図4-21中央）は利用年限が2～4年程度の短年生で北海道や東北地方で栽培され，イネ科牧草と混播し採草利用される．シロクローバ（white clover；シロツメクサ）（図4-21右）は日本全国に分布し，イネ科牧草と混播し採草または放牧利用される．

6）飼料の加工と貯蔵

家畜は1年を通して肉や乳の生産を行っているが，飼料として利用される作物の生産時期は限られている．そこで，多くの作物を貯蔵飼料にする必要がある．一般に，飼料作物は水分を多く含み養分が損失しやすいので，保存に適した加工が必要となる．保存方法としては，乾草とサイレージがあげられる．また，穀類や乾草などは流通向けにさらに加工する場合がある．

(1) 乾　　草

牧草の水分を15％程度まで下げると，植物体に含まれる酵素やカビなどの微生物の活動を止めることができ，安定して保存できるようになる．刈取り直後の

生草は水分が80％前後あり，多湿なわが国では，天日乾燥（sun curing）によって水分を15〜20％まで下げるには，最低でも2〜3日かかる．乾燥中に雨露に当たることは養分損失を招くだけでなく，家畜の採食性を低下させることにつながるので，晴天日を選ぶことが重要である．乾草の貯蔵形態としては，最近は角状のコンパクトベールよりもロール状に圧縮梱包したロールベールとして保管されることが多い．乾燥が不十分で水分が20〜30％で貯蔵すると，カビの発生などによる品質低下や発熱によるくん炭化[注]が起きる恐れがある．このような場合は，ラップフィルムで密封包装するとラップ乾草として保存できる．

(2) サイレージ

サイレージ作りの原理は，漬け物同様，材料草を詰め込む容器（サイロ）内の空気を速やかに排除して，嫌気（空気がない）状態とし，乳酸発酵を促進してpHを低下させ，酪酸菌や酵母，カビなどによる不良発酵を防ぎ，貯蔵することである（表4-6）．サイレージの品質を悪くする酪酸菌の活動は，水分が高い場合や，材料草に付着した乳酸菌数が少ない場合，あるいは材料草中の乳酸発酵の基になる糖含量が少ない場合に活発化する．このため，刈り取った材料草を乾燥（予乾）したり，水分吸着剤などを混合して水分を下げることや，乳酸発酵を促進するために乳酸菌，糖蜜や繊維分解酵素などを添加することは，酪酸菌の働きを抑えるうえで，有効である．品質のよいサイレージを作るためには，適期に刈り取った新鮮な材料草と気密性の高い容器（サイロ）を準備し，細切や踏圧で詰込み密度を高め，密封することが重要である．固定サイロとしては，水平型の

表4-6 サイレージができるまでの変化

段階	環境条件	変化の主役	主な変化（pHの変化）	期間
1	好気的	植物細胞	呼吸による酸素と糖の消費（6.0）	1日目
2	好気的	好気性細菌	酸素の消費と酢酸の生成（5.0）	2日目
3	嫌気的	乳酸菌	乳酸の産生開始（4.2）	3〜6日
4	嫌気的	乳酸菌	発酵の安定（21日目で4.0以下）	7〜21日
5*	嫌気的	酪酸菌	糖や乳酸が酪酸へ，アミノ酸がアンモニアに分解される	21日以降

*乳酸の生成が十分であれば4で発酵が安定するが，不十分な場合，5段階へ進む．

(Barnett, A. J. G.：Silage fermentation, Academic Press, 1954)

注）原料草が熱で燻され炭化すること．

バンカーサイロ（図4-22左）やスタックサイロ，垂直型の塔型（タワー）（図4-22中央）や地下型（トレンチ）サイロがある．近年普及しているのが，牧草や細断した飼料用トウモロコシをロール状に成形してラップフィルムで包装するロールベールサイレージ（図4-22右）である．ロールベールサイレージは固定施設を必要とせずに移動が可能であるが，ラップフィルムが破れて空気が侵入しやすい欠点がある．サイレージを水分含量で区分すると，水分80〜70％を高水分サイレージ，水分70〜60％を予乾サイレージ，水分60〜40％を低水分サイレージ（ヘイレージ，haylage）と呼ぶ．乾草とサイレージにおける調製，貯蔵時のロスを見ると，高水分サイレージでは排汁による養分ロスが大きく，予乾あるいは低水分サイレージではロスが最も小さくなる（図4-23）．トウモロコシサイレージなどのサイロを気温の高い夏に開封すると，カビや酵母によって発熱や変敗が起こりやすい．このため，取出し量を増やしたり，空気の接触面積を

図4-22　わが国で使用されているサイロの代表例
左：バンカーサイロ，中：塔型（タワー）サイロ，右：ロールベールサイレージ．（写真提供：野中和久氏・青木康浩氏）

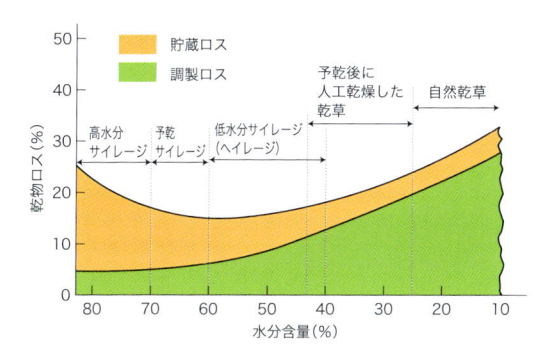

図4-23　乾草とサイレージの水分含量と乾物ロスの関係
(Hogland, 1964；FORAGES 5th ed. Vol.2, 1995より重引)

小さくするなどの対策が必要である．

(3) そ の 他

現在，利用されている飼料の加工処理としては，物理的処理，化学的処理がある．加工処理を行う主な目的は，摂取量や消化性の向上，有害物質の除去，流通向けの貯蔵性，運搬性の改善である．

a．物理的処理

①細切，破砕，粉砕，圧ぺん…乾草やわら類を細切（cut）して混合して給与すると，家畜の選び食いを防ぎ，栄養価の偏りをなくし，食べ残しを少なくできる．また，穀類は破砕（crush）や粉砕（girind），圧ぺん（roll）処理で，消化が促進される．

②浸水（浸漬）…穀類や乾燥ビートパルプなどを水に浸して柔らかくすることを浸水（soaking）と呼ぶ．水分含量の低いTMR（粗飼料，濃厚飼料などを混合し，栄養バランスを整えた飼料）に加水することもある．

③乾燥，加熱…微生物や酵素の働きを抑え貯蔵性を高めるために，乾燥（dry）や加熱（heating）処理が行われることがある．穀類などは自然乾燥（天日乾燥）後に人工乾燥（火力乾燥）される．飼料の殺菌，消毒また消化性の改善のための加熱処理には蒸煮，煮沸処理がある．

④成型処理…粉砕した飼料を円筒粒状に圧縮固形したものをペレット（pellet），アルファルファ乾草などを細切および圧縮し，立方体あるいは円柱状にしたものはキューブ（cube），ウエファー（wafer）と呼ばれる．粘着性のある糖蜜などと混合する加圧成型する場合と，単純に原料を加温加圧する成型法がある．

b．化学的処理

ワラ類などを水酸化ナトリウムなどのアルカリ溶液やアンモニアなどで処理すると，繊維の消化を妨げる成分（リグニン）が除去され消化性が高まる．また，アンモニア処理では，窒素添加効果や保存性の向上効果が認められる．尿素処理は，繊維の消化性改善の効果はアンモニア処理に比べ小さいが，窒素添加効果や保存性の向上効果は期待できる．

第5章

飼養管理

1．早期離乳と人工哺育

①**早期離乳の畜産経営における利点**…代用乳や人工乳などの育成飼料経費が削減できること，および哺育動物に対する管理労力の軽減があげられる．特に子豚においては，母豚が病原微生物に対する免疫を十分持っており，子豚が初乳を十分飲めば，子豚の移行抗体は生後2～3週間でピークを迎える．この初乳免疫効果が十分高いうちに子豚を離乳して隔離すれば，さまざまな疾病の発症を防ぐことができるという利点がある．

②**時期とやり方**…従来の子豚の離乳は子豚の消化性の成熟が完了する5週齢～2ヵ月齢であったが，人工乳の開発，離乳豚舎の改善，ブタの育種改良および疾病対策，母豚の回転率向上追求により，現在は3～4週齢離乳が一般的（体重5kg）となっている．

出生直後の子牛は反芻胃が未発達であり，反芻胃が固形飼料を十分分解吸収できるようになってから離乳する．一般的には2ヵ月齢以下で離乳することを早期離乳という．

③**早期離乳と管理**…子豚の早期離乳という場合は21日齢以下の離乳をいう．この場合，ⓐ離乳子豚の母豚からの隔離飼育，ⓑ生産ステージの分離および分散，ⓒ離乳から出荷までのオールイン・オールアウト飼育の徹底を行わなければならない．子豚の早期離乳で母豚の健康状態と授乳が子豚の離乳後の発育成績に大きく影響する．人工乳は誕生後5日まで徐々に給餌量を増やし，その後最大量まで増加させることが重要である．

子牛の早期離乳では，分娩直後に親から離して人工哺乳する．初乳を十分給与し，早いうちから人工乳や良質な乾草が摂取できるようにしておく．離乳の目安

図 5-1　哺乳子牛の飼育施設
a：成牛舎の一部を板で囲って作った子牛ペン b：FRP 製のカーフハッチ.

図 5-2　哺乳ロボット
シュートに入った哺乳子牛について，ロボットが装着したマイクロチップの信号を読み取って，設定した時間帯に設定した代用乳を授乳する装置.

として 6 〜 8 週齢で行うか，人工乳を 1kg/ 日程度摂取できたときとする場合もある．哺乳子牛は個別飼育が一般的で，従来は子牛ペン（図 5-1a）が使用されたが，子牛間の隔離や清浄な空気を与えるという観点からカーフハッチシステムが開発され普及してきた（図 5-1b）．また近年では，個体にマイクロチップを装着させロボットに哺乳させるシステムもある（図 5-2）．

2．飼育設備

1）ウシの飼育方式

(1) 酪農生産における飼育方式

酪農生産における搾乳牛の牛舎は，繋ぎ飼い方式と放し飼い方式の 2 つに分

かれる（図5-3）．前者は個体管理が行き届く飼養方式だが，搾乳牛が100頭を超すような大規模な酪農生産システムでは，後者の方が省力的で施設設備の経費も割安になる．繋ぎ飼い方式はさらに対頭式と対尻式に分かれる．飼料給与作業に重点を置くか，搾乳や除糞に重点を置くかの違いがあり，それぞれ一長一短がある．繋ぎ飼い方式では，繋留方法として伝統的なスタンチョン式繋留（図5-4a）とチェーンタイ繋留（図5-4b）がある．搾乳は1頭ごとに搾乳ユニットを移動させて行う．

放し飼い方式牛舎にはルーズバーン牛舎，フリーストール牛舎，フリーバーン牛舎などがある．ルーズバーン牛舎は床に敷料が敷き詰められた小屋であり，内部には一般に仕切りはない．建設費は安価であるが，個体間の優劣順位により休

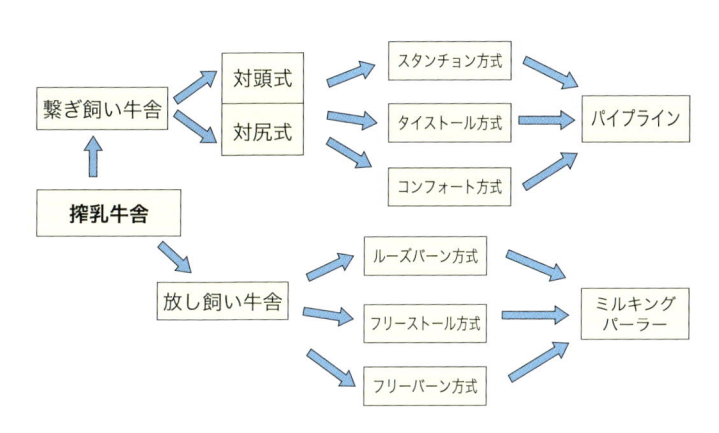

図5-3 搾乳牛舎の分類

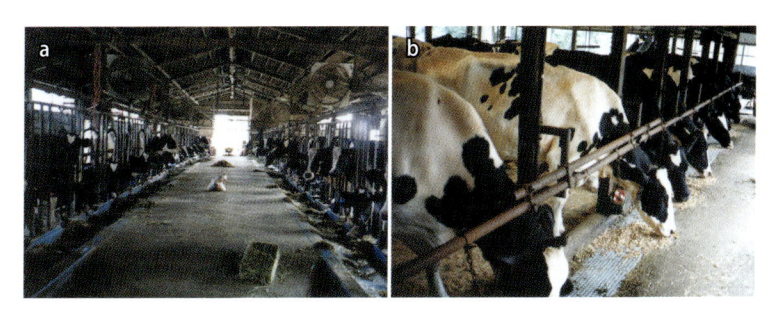

図5-4 繋ぎ飼い方式牛舎
a：スタンチョンで繋留されている対頭式搾乳牛舎，b：チェーンタイで繋留されている対尻式搾乳牛舎．

息場所が平等に行き渡らない，敷料が多量にいるなどの短所がある．フリーストール牛舎は内部に個体が休息できるよう仕切ったストール（牛床，図5-5a）を設けた牛舎で，排せつ物は主に通路に落ちるので，除糞作業は通路が中心となる．飼料給与は牛舎中央の通路か，外側の通路で行う．フリーバーン牛舎は牛舎内に通路は設けるがストールは設置しない方式で，牛床には発酵床方式を入れる場合が多い（図5-5b）．発酵熱により排せつ物は乾燥，減量する．

　放し飼い方式では搾乳は別に設けたミルキングパーラー(搾乳室)で行う．パーラーにはさまざまなタイプがある（図5-6）．アブレストタイプは繋ぎ飼いを変形させた方式で，横に並んだストールにウシを数頭ずつ入れて搾乳する．タンデム型はウシを縦1列に並べたものを1セットにして搾乳し入れかえる方式で，両サイドにあるダブル方式と片側だけのシングル方式があり，またウォークス

図5-5　放し飼い方式牛舎
a：フリーストール牛舎の内部，b：フリーバーン式牛舎の内部．

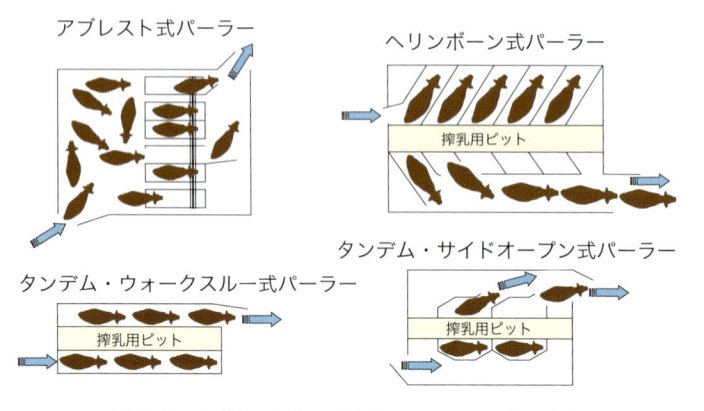

図5-6　各種ミルキングパーラーのレイアウト

ルー方式とサイドオープン方式がある．ヘリンボーン方式はウシを斜めに並べた方式で，収容頭数に比してパーラーの長さを短縮できる利点がある．

さらに大規模になった搾乳システムでは，ライトアングルパーラー（パラレルパーラー）が採用される場合もある（図5-7）．これは，パーラーに入ってくるウシの方向を90°（ライトアングル）かえて，ピットに尻を向けた形で平行（パラレル）に立たせ後肢の間から搾乳する．ヘリンボーン方式より頭数に比して搾乳室はさらに短い（図5-7右）．また，ウシを巨大な回転床に載せて1回転する間に搾乳するパーラーもある．ロータリーパーラーもしくはカルーセルパーラーという（図5-8）．

ロボット搾乳システムはオランダで人件費削減の目的で開発されたシステムで，搾乳牛は一方通行のドアで結ばれた休息舎と飼料給与舎で飼われ，休息から飼料摂取へ移動するためには搾乳室を通らざるを得ない（図5-9）．コンピュー

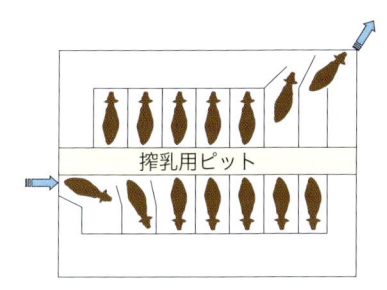

図5-7　ライトアングルパーラー
左：レイアウト，右：ピット．

図5-8　ロータリーパーラー
左：レイアウト，右：内部の様子．

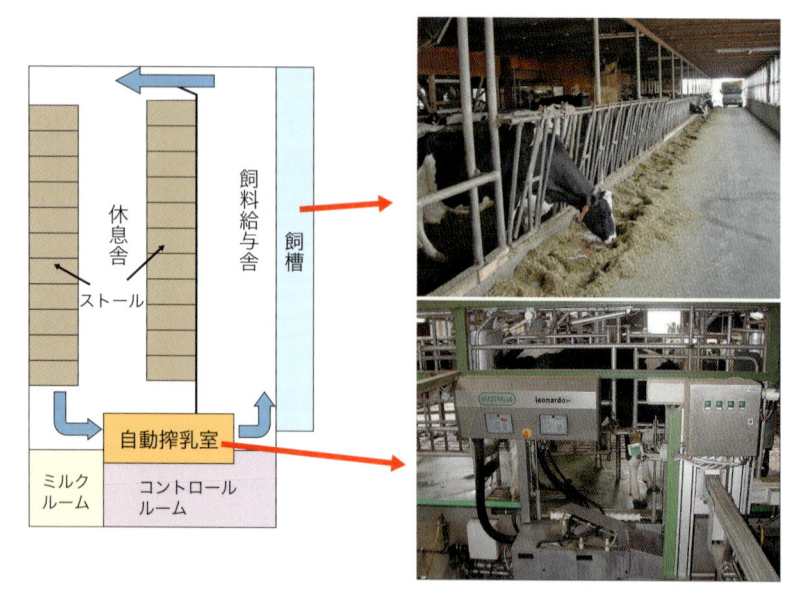

図 5-9 ロボット搾乳牛舎
左:レイアウト,右上:飼料給与通路,右下:ロボット搾乳室.

タで制御された搾乳室では,保定されたウシの乳頭を自動的に探索してティートカップが装着され,搾乳される(図5-9).

(2) 肉牛の飼育方式

わが国における牛肉生産システムの概要を示した(図5-10).大別して,乳用種去勢牛を16〜18ヵ月肥育し,800kg以上の出荷体重にするシステム(図5-11a)と,黒毛和牛を30ヵ月ほど育成肥育し,霜降り肉生産を狙う方式(図5-11b)があり,また数は少ないが放牧草や粗飼料で牛肉生産を行う方式も開発されている.わが国では霜降り肉への市場の要求が高く,また高価格で取引きされるので,遺伝的な面からも飼育管理からも生産者は和牛による霜降り肉生産を狙うことが多い.一方,酪農生産がある限り乳用種去勢牛も生産されるので,これらを短期間で出荷するシステムも発達している.どちらのシステムも多量に輸入穀類を消費する点が問題となる.放牧草などの粗飼料主体で牛肉生産を行うシステムについては古くから研究開発が行われてきたが,仕上げまでの日数が多いこと,生産牛肉が赤肉主体であることなどから市場では受入れが難しく,安値で

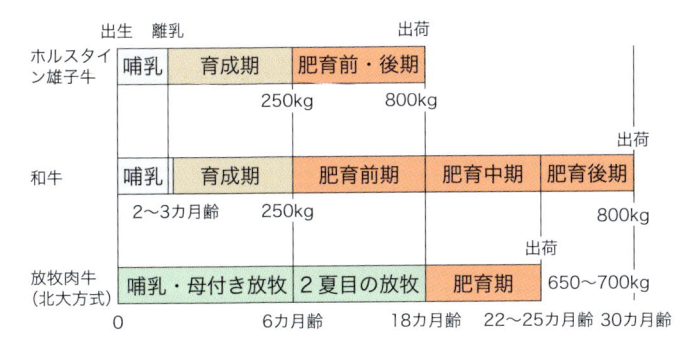

図5-10 わが国の肉用牛の飼育システム

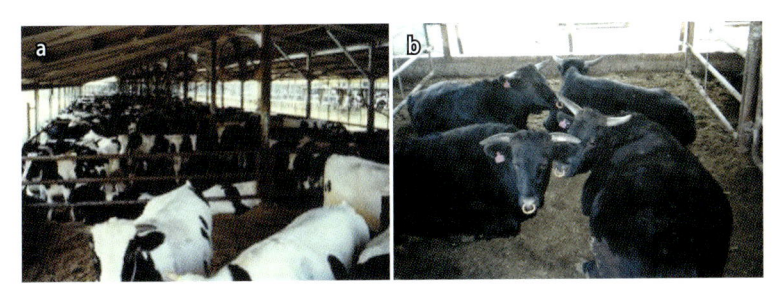

図 5-11 肉牛の飼育方式
a：ホルスタイン去勢牛の肥育舎，b：黒毛和牛の肥育後期舎．

取引きされることが多い．しかし今後，消費者の安全・安心志向，さらにヘルシー志向から期待されてはいる．なお，黒毛和牛においても繁殖雌牛は放牧飼養することが多くなってきている．これらの他に，搾乳牛を泌乳末期に肥育して肉用として出荷するシステムもある．

　肉牛の飼育施設・設備は比較的簡素であり，屋根と囲いだけの群飼形態が多い（図5-11）．ホルスタイン種雄子牛は各酪農経営から初乳給与が終わった時期に集められる．哺乳は個別で行う方式が多いが，最近はロボット哺乳で群飼する場合もある．その後は成長段階によってまとめて群飼する（図5-11a）．和牛では以前は自然哺乳が多かったが，近年は初乳給与も含めて人工哺乳する経営も多い．離乳後群飼するが肥育後期では2～4頭群で仕上げる（図5-11b）．なお，離乳後の繁殖雌和牛は，太りすぎないよう放牧する経営も増えている．放牧肉牛生産方式（北大方式）では，春先に出生した子牛は秋まで母牛とともに放牧飼養され，離乳後育成群として群飼する．翌年の放牧シーズンには育成群として放牧飼養さ

れ，その後濃厚飼料による肥育を群飼で行う．

(3) ウシの飼料貯蔵システム

草食動物であるウシには草を主体とした粗飼料を与えるのが本来の姿であるが，現在のわが国におけるウシの飼養方式では穀類を主体とする濃厚飼料を多量給与することが多い．搾乳牛ではエネルギーベースで飼料中濃厚飼料割合が平均で55％程度になっており，肉用牛の肥育後期では濃厚飼料割合は90％近い．

ウシの飼料と貯蔵システムを示した（図5-12）．濃厚飼料（穀類など）は主に配合飼料として飼料工場から生産者に配達され，飼料タンクもしくは紙袋で保存される．粗飼料は放牧，乾草，サイレージが主たる形態で，放牧草は栄養価が高いが季節変化が著しく，また土地条件で限定される．乾草は伝統的な貯蔵粗飼料であるが，雨の多いわが国では良質な乾草を調製することは難しい．そういった点から最近は，牧草やトウモロコシサイレージが多用されている．サイレージは従来タワーサイロで貯蔵されることが多かったが，現在はラウンドベールにしてビニールパックしたサイレージや，水平面に設置したバンカーサイロ（図5-12右）が増えてきている．大規模な酪農地帯では地域ごとに飼料センターを設置し，1個所で濃厚飼料とサイレージを混合したTMR（total mixed ratio，総合混合飼料）を各生産者に配送するシステムも増え始めた．

濃厚飼料	配合飼料	紙　袋
	穀　類	飼料タンク
	粕　類	
	ビートパルプ	
粗飼料	放牧草	放牧地
	乾　草	コンパクトロール
		ラウンドベール
	サイレージ	ビニールパックサイロ
		タワーサイロ
		バンカーサイロ
		地下サイロ

図 5-12 ウシの飼料と貯蔵システム
右：バンカーサイロ．

2）ブタの飼育方式（豚舎，飼料貯蔵受入れ施設）

一般的なブタ生産者には繁殖農家と肥育農家があるが，近年では企業化が進行

しており，家族経営の養豚農家は激減し，一貫生産の企業養豚が大部分となった．企業養豚では，伝染性疾病の水平感染を最小限にするために，同時期に生まれた子豚を 21 日齢もしくはそれ以下で一斉離乳して一群とし，隔離した豚舎を移動させて飼養するオールイン・オールアウト方式を採用している（図5-13）．同一日齢グループのブタの飼養管理なので，環境コントロールが容易である．オールアウト後は豚舎を徹底的に洗浄消毒する．

オールイン・オールアウト方式は規模により，①ツーサイトシステム，②スリーサイトシステム，③マルチサイトシステム，④オンサイト・オフサイトシステム，⑤オープンサイトシステムなどがある．繁殖雌豚舎，肥育豚舎を示した（図5-14）．

以上の他に，あまり多くはないが放牧による育成システム（図5-15a），野菜・根菜類の廃棄物による育成・飼育システム，チーズ生産の副産物であるホエー給

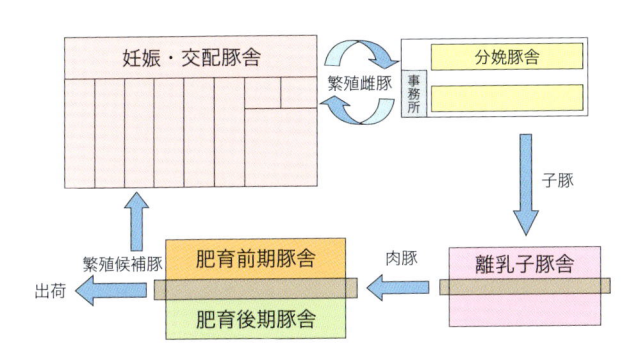

図5-13 養豚施設におけるブタの移動経路
（Midwest Plan Service，1983 を改編）

図5-14 豚舎
a：繁殖雌豚舎，b：肥育豚舎．

図 5-15 ブタの育成システム
a：育成豚の放牧，b：ホエー飼育豚（スイス・アルペン）．

与による育成システム（図 5-15b）などがある．ブタを飼養する際に，土掘りなどの探索行動を自由に発現させることはアニマルウエルフェアの観点から望ましい．こうした飼養方式で育てられたブタは，管理者に対してもたいへん穏やかな反応を示すとされている．

3）ニワトリの飼育方式他

鶏舎には平飼い鶏舎，高床開放鶏舎，無窓鶏舎などがある．高床開放鶏舎は主に卵用鶏で利用されているが，平飼い鶏舎や無窓鶏舎は飼育形態に違いがあるものの卵用鶏，肉用鶏とも利用される．また最近の採卵農家の多くは，鶏舎に隣接して洗卵選別室を設けており，集卵直後に洗卵，パッケージをして出荷している．

(1) 平飼い鶏舎

ケージを伴わない飼育方法で，床の上で直接飼育する形態である．肉用鶏の飼育では平飼い飼育が一般的であるのに対し，卵用鶏の場合は立体ケージ飼育が主流である．立体ケージ飼育は産卵効率の面では優れているものの，ニワトリへのストレスが大きくかかるため，最近ではストレスを少なくする意味からも卵用鶏を平飼い鶏舎で飼育することが多くなってきている．平飼い鶏舎ではニワトリは束縛されずに自由に行動できるため，自分から環境のよい場所を求め移動することができる点でメリットが大きい．しかし，産卵場所を一定にする工夫が必要であり，これを怠ると辺り構わず産み散らかしてしまうため，集卵作業に手間がかかる．一般的にはネスト（産卵箱）を設置して産卵させるが，環境によっては産

卵後に抱卵を始めてネストから出ない場合もあるので，個々の鶏舎環境に応じてどのようなネストを設置すべきか考慮する必要がある．また，飼料の摂取スペースを必要量確保しておかないとヒナが飼料を奪い合い，ニワトリの成長や産卵性に差が生じるので注意が必要である．また，敷料にはおがくずなどを用いるが，鶏糞の堆積により湿ってくると疾病の発生源となりやすいのでこまめに撹拌などをして，できるだけ乾燥した状態に保つことが重要である．

鶏舎構造としては，床をコンクリート張りにして鶏糞の堆積上で飼育する方法と，一部にスノコなどを敷き，その下に鶏糞ピットを設けて鶏糞を別に処理できるように工夫した鶏舎も見られる．また，最近各地で生産されている地域特産鶏（地どり）などの生産には，放し飼い鶏舎という平飼い鶏舎に運動場を併設したものが利用されている．

一方，平飼い鶏舎では鶏が群で飼育されるため，カンニバリズム（悪癖，尻つつき）の発生が危惧される．平飼い飼育に限らず群で飼育する場合にはニワトリの中で順位付けがされることから，弱いヒナは尻つつきを受け死亡する例が見られる．悪癖防止には断嘴（デビーク）を行うとともに，ストレスのかからない飼育密度や鶏舎環境を維持することが好ましい．ビタミン剤の給与なども効果があるとされている．また，ニワトリは臆病であり，落雷などで驚くと鶏舎の角に集まる習性があるので，圧死防止の観点からもできるだけ鶏舎の隅に角を作らない構造にすることが好ましい．

(2) 高床開放鶏舎

開放鶏舎（有窓鶏舎）には低床開放鶏舎と高床開放鶏舎がある．高床開放鶏舎とは，開放鶏舎のうち作業用の床面を高く設置したものである．卵用鶏のケージ飼育で利用されており，大型の多段式ケージにも対応できる構造である．鶏舎は2階建てであり，その2階部分でニワトリを飼育し，1階部分は鶏糞用のピット部分となっている（図5-16）．1

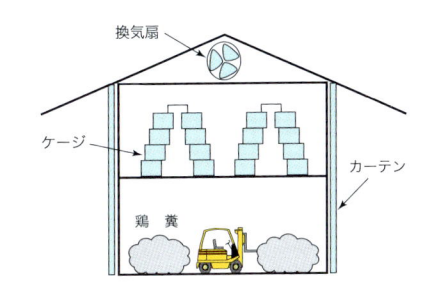

図5-16 高床開放鶏舎断面図
2階部分がニワトリ飼育エリア．1階部分が鶏糞ピット．

図 5-17 高床開放鶏舎 1 階部分鶏糞ピット
真ん中のスリットの上に鶏がいる.（2009 年，山梨県にて撮影）

階と 2 階は作業通路を除いてスノコで仕切られ，鶏糞が 1 階部分に堆積するシステムである．1 階部分は通気性を良好にすることで，鶏糞を効率的に乾燥することができる（図 5-17）．また，この構造の最大のメリットは，堆積した鶏糞をバケット車などの車両を利用して舎外に搬出，処理ができることである．そのため，鶏糞処理にかかる労力的な負担は少ない．

高床開放鶏舎は鶏舎容積が大きく舎内空間を広く取れるため，夏季は比較的温度管理がしやすいが，冬季には鶏糞ピット部分から冷気が入ってくるため，温度や湿度の管理が難しい．ケージに入っているニワトリは床面からの冷風で体温を奪われることとなるため，1 階部分には防寒用カーテンを設置することで冷気を入れない工夫が必要である．また，開放鶏舎は窓があるため，鶏舎配置時には西日の影響を考慮しなければならない．好ましい配置は南東向きであるといわれている．これは，早朝には比較的早く日が差し込み温度を保つことができることと，西日を直接受けないという利点がある．特に，夏季においては西日により熱射病の発生の危険性が増すことから，鶏舎の向きは非常に重要である．

(3) 無 窓 鶏 舎

無窓鶏舎（ウインドウレス鶏舎）は卵用鶏および肉用鶏ともに用いられる鶏舎である（図 5-18）．無窓鶏舎は窓がなく，壁も断熱材で覆うことが多いため，季節を通じ舎内の温度変化が少ないとされている．また，最大のメリットは照明により日長を調整することが可能なことであり，卵用鶏の飼育においてはその特徴

図 5-18　平飼い無窓鶏舎
ブロイラーの飼育風景．左側に陰圧式換気扇．右側から入気．（2007年，山梨県畜産試験場にて撮影）

を最大限活かすことができる．一方，肉用鶏の場合は，舎内の照明の明度を落とすことでヒナの行動を抑制できるため，肥育効率をあげることができる．

　無窓鶏舎で最も気を付けなければならないのは換気である．窓がないため，換気扇によって舎内のCO_2，粉塵，鶏体から発散する熱や水蒸気を強制的に排出していることから，効率的な換気をするために天井は比較的低くする．また，落雷による停電など突発的な事態に備えて自家発電機を用意しておくことも重要である．特に，夏季に換気扇が止まると舎内温度が上昇し，熱射病の発生は必至である．その損失はニワトリだけでなく，斃死鶏の処理労力や精神的な打撃が大きい．

　換気方法は陽圧式と陰圧式がある．一般的に，無窓鶏舎は陰圧式の方が好ましい．これは，空気の入換えが換気扇のみであるため，陽圧式の場合は外気を送り込む換気扇の設置場所が換気輪道に大きく影響するのに対して，陰圧式の場合は舎内の空気を排気することで壁面のスリットから外気を導入し換気を行えるため，舎内の空気の流れを一定にすることができる．

　このように，無窓鶏舎は非常に管理された鶏舎であるため，舎内で疾病が発生するとその被害は非常に大きくなる．そのため，空舎期間での洗浄および消毒は特に徹底的に行うことが必要である．

(4) 洗卵，箱詰め施設

　集卵した卵は洗卵作業を行う．一般に，洗卵には40℃程度のお湯で卵殻表面

表 5-1　殻付き鶏卵規格

規格	重量
3L	76g 以上
LL	70g 以上 76g 未満
L	64g 以上 70g 未満
M	58g 以上 64g 未満
MS	52g 以上 58g 未満
S	46g 以上 52g 未満
SS	40g 以上 46g 未満
3S	40g 未満

を濡らし，洗浄ブラシをかけるが，洗浄効果をより高めるため次亜塩素酸ナトリウム溶液の利用や，最近ではオゾンや紫外線照射などを用いた殺菌処理なども利用されている．洗浄された鶏卵は暗室内で下から照明を当て，ひび卵や破損卵，蜘蛛の巣卵などを除去する．その後，選別機によって重量による規格ごとに分別される（表5-1）．

分別された鶏卵は，パック詰めあるいは10kgに箱詰めされる．最近では，パック時に卵殻表面に賞味期限を印字するGP（grading and packing）センターも増えている．

1998年の食品衛生法の改正により，鶏卵の賞味期限表示が義務化された．表示には名称，原産地（都道府県），選別包装者，賞味期限，保存方法（生食用，加工用）使用方法などを記載することになっている．賞味期限については，生食期限設定のガイドラインに基づき，鶏卵を生食できる期限が記載されるが，ガイドラインに基づいた日数よりも短く記載されることが多い．一方，2009年には鶏卵表示の適正化を図る観点から，国内において生産された殻付き鶏卵で，一般の消費者向けに生食用に販売されるものに限り，鶏卵の表示に関する公正競争規約（特定用語に係る表示規約）が告示，施行されており，一定の表示基準が設けられている．

(5) 飼料貯蔵受入れ

ニワトリ用の配合飼料はB飼料と呼ばれる．これは牛海綿状脳症（BSE）の発生により，動物由来のタンパク質や動物性油脂を反芻動物に給与することが禁止されたため，これらの原料が入っていない反芻動物用飼料をA飼料というのに対して，それ以外の飼料をB飼料といい，両者については混合しないように製造から配送および利用まで厳密に区分されている．

飼料が到着すると，飼料用バルクタンク（図5-19）あるいは飼料庫で保管される．バルクタンクはバルク車によって運搬された飼料をタンク上部から受け入れ，下部から給餌チェーンによって鶏舎に運搬されるため，古い飼料から先に使うことができる．

一方，小規模養鶏場では，飼料庫内で 500 kg のトランスバッグあるいは 20 kg の紙袋による保管が行われる．トランスバッグの場合は，自家配合を行う場合などの単味原料の購入で利用されることが多い．紙袋の場合は運搬も容易で家族経営的な小規模養鶏に向いている．しかし，紙袋での問題点は，飼料が数段にわたって積み重ねられるため，特に夏場では下部に置かれている飼料にカビが生じる危険性がある．このため，飼料庫内には換気扇を設けて空気を循環させるなどして，カビの発生を防ぐことが重要である．

図 5-19 飼料用バルクタンク
(2009 年，山梨県畜産試験場にて撮影)

図 5-20 2 ラインの堆肥舎
(2009 年，山梨県にて撮影)

4）堆 肥 舎

鶏糞の処理は天日乾燥施設あるいは堆肥舎で行う．天日乾燥は鶏糞から水分を除去することで粉状にするとともに，悪臭ガスの発生をなくすことができる．

鶏糞は堆肥舎内で堆肥化される．堆肥化とは分解性の高い有機物を好気性発酵させることであり，そのメリットは発酵熱によって有害な細菌などを死滅させるとともに，肥料として取扱いやすいものにすることができる．

平飼い鶏舎の場合はヒナをオールアウトしたのち，その場で数日間乾燥させたものが土壌へ還元される．ケージ飼育（高床式鶏舎）の場合はバケット車で鶏糞を堆肥舎に運び込み，そのまま堆積させ，水分含量を 60 〜 65％程度に調整しておくと，堆積中心部から発熱し自然発酵が始まる．その後 2 〜 3 日に 1 回程度切返しを行い空気を入れることで発酵が進むが，適切な発酵をさせるためには，過剰な積重ねによる堆肥の圧密状態は避けるべきである．また，強制的に通気し

て空気の量を入れすぎてしまうと，堆肥の温度が下がり発酵がうまくいかなくなる．これらを調整するために，最近では機械で堆肥を自動撹拌できる堆肥舎が主流である（図5-20）．堆肥化の際は熱とガスが出る．ガスは低級脂肪酸，硫化物やアンモニアが主であり悪臭の原因にもなることから，発酵時のガスの管理をきちんと行う必要がある．最近では，ガス処理のために地中にパイプを通したり脱臭施設を設けたりする事例も見られるが，香りの強い資材を堆肥に混合することで臭いを抑える方法（マスキング法）も用いられている．

3．生産と環境

1）温度管理

　鶏のヒナは約21日間で孵化する．孵化に当たっては孵卵器を用い，入卵後18日までは孵卵器内温度約37.8℃，湿度約40〜60％程度を維持する．18日以降は孵卵器の空気穴を開き，外気をたくさん入れるようにする．

　孵化直後のヒナは体温調節能力が低いため，数日間，舎内温度を32〜33℃に維持しなければならない．また，湿度が低くなると呼吸器に障害を起こす可能性もあるため，しばらくは舎内湿度も70％程度を保つように，床への散水あるいは水盤に水の補給をするべきである．日にちの経過によりヒナは自分で体温調節ができるようになるため，3日齢以降少しずつ温度を下げ，1週間に3℃下げることを目安に，5週齢で舎内の温度を18℃程度まで下げる（図5-21）．

　一方，舎内温度が38℃を超えると熱射病発生の危険がある．ニワトリは汗腺を持たないため呼吸数を増加させることによって体内の熱を放出するが，その状態が長く続くと炭酸ガスの過剰排出により呼吸性のアルカローシス状態に陥る．卵用鶏の場合は飼料摂取量が低下するとともに産卵率の低下や奇形卵の発生が見られるが，肉用鶏においては週齢が

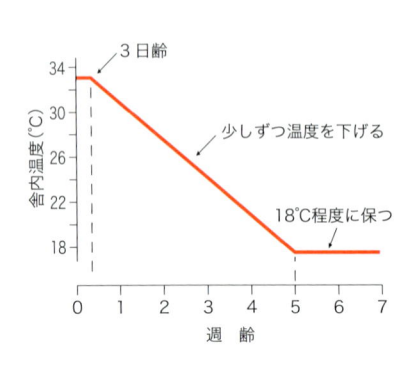

図5-21　舎内温度の管理方法

経過し体躯が大型化したものほど死に至る．このため，夏季の温度管理対策は養鶏経営を安定させるためにも必要不可欠である．

2）光線管理

肉用鶏では摂食行動を促進するために，暗期を持たない24時間点灯もありうる．しかし，卵用鶏（種鶏を含む）は光線管理が必須である．ニワトリの産卵性は日照時間の漸増によって促進され，漸減によって抑制されることが知られている．特に，性成熟においては光線管理は必要不可欠であり，方法を間違うと経営的な打撃を受けることとなる．また，秋季には自然換羽が起こるが，換羽の被害を最小限にするためにも光線管理は重要である．成鶏での照明法は1年鶏（孵化後1年以内のニワトリ）では15L9D（15時間明期，9時間暗期）が一般的であるが，年数の経過により明期を長くする必要がある．光線管理についてさまざまな研究がなされており，連続照明法のみならず間歇照明法も検討されている．例えば，1時間周期で明期暗期を繰り返す方法（バイオミッテント法）や，連続照明の明期に数回暗期を挿入する方法（コーネル法）などを用いて，産卵性を落とさずに飼料の摂取量や光熱費の節約を行っている例も見られる．また，育種の分野では1日を24時間とせずに，23時間あるいは25時間周期で照明操作をするアヘメラル法も利用されている．これら間歇照明はいずれも無窓鶏舎での飼育に限られ，照度については成鶏で約10ルクスあればよいとされている．

3）換　気　量

鶏舎環境を良好に保つためには，鶏舎内で発生した水分，粉塵やガスなどを舎外に排出するための換気は必要不可欠である．鶏舎設計に当たっては暑熱時の換気量を考慮し，夏季に必要な最大換気量に対応できる適切な換気能力を有した設計が必要となる．夏季における必要最大換気量の算出式は次式の通りである．

$$Q（最大換気量（m^3/h））= \frac{1}{0.27} \times \left(\frac{Hs}{\Delta t} - AK\right)$$

ただし，Hs：熱放散量（レイヤー4kcal/h，ブロイラー6kcal/h），Δt：舎内外の気温差（℃），A：鶏舎の表面積（m^2），K：総合熱貫流率（一般には$K \leqq 1$が望ましい）．

また，効果的な換気をするためには換気輪道も考慮する必要がある．無窓鶏舎

では窓がなく自然風の影響を受けないため，陰圧式換気法をとる．開放鶏舎では陽圧式換気が一般的である．また，季節によって換気量を考慮する．冬季の場合は舎外への排出を気にするあまり換気量を過剰にすると舎内温度が低下してしまい，換気量を抑制すると舎内環境が悪化し疾病を誘発することから，舎外温度に応じた鶏舎の適正換気量を把握しておく必要がある．一方，夏季においては換気による風向（換気輪道），風量の影響は生産性に直接影響を及ぼす．特に，無窓鶏舎における熱射病の発生を防止するためには，入気口側の風向板（ダンパー）の向きを調整をしながら鶏体に風が当たるようにするとよい．送風によるニワトリの体感温度（℃）は 気温（℃）$- 3 \times \sqrt{風速}$（m/sec）で示され，風速があがることで体感温度は低下するため，熱射病防止に効果があるとされている．

4．畜産経営の環境対策

家畜飼養がもたらす環境負荷として，家畜の排せつ物を主要因とする悪臭や水質汚濁が指摘される．このような周辺環境負荷に対する配慮に加えて，近年では酸性雨（アンモニア揮散）と地球温暖化（温室効果ガス発生）について広域環境負荷抑制への取組みが求められている．家畜排せつ物の持つ資源と産業廃棄物の両面に配慮して，適切な管理方法が模索されている．

1）畜産のもたらす環境負荷

家畜の飼養を行ううえでは畜舎内環境はもちろん，畜舎周辺環境への環境保全的な配慮が不可欠である．環境負荷の種類や内容は多様である．

（1）畜産経営に起因する苦情発生

畜産経営に対する苦情は，経営の環境配慮に対する最重要なシグナル（警告）である．2010年度の畜産経営に起因する苦情発生状況を示した（図5-22）．各畜種で多少の違いはあるが悪臭関連と水質汚濁関連の苦情は苦情総数の約80％を占め，年次をさかのぼってもこの状況に変化はなく，悪臭と水質汚濁は畜産の典型的環境問題といえる．畜種ごとに苦情内容を見てみると，乳用牛と肉用牛ではその他（糞尿の流出，騒音など：各21％，20％）が水質汚濁関連の苦情と同

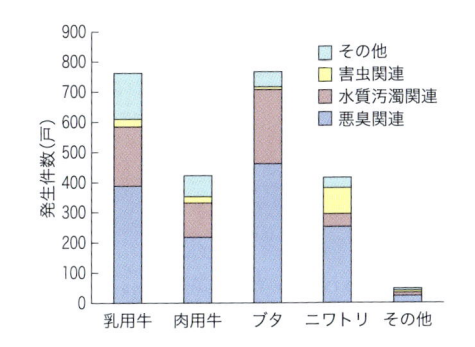

図5-22 畜産経営に起因する苦情発生状況（2010年）

様に高く，養豚経営では水質汚濁関連苦情（32％）が高い．養鶏では悪臭（61％）と害虫（21％）の苦情の割合が高い．また，苦情発生率では，農家当たりの飼養頭羽数増大が著しい養豚（9.6％），養鶏（6.6％）で比較的高く，酪農（3.1％），肥育（0.5％）では低くなっている．

(2) 家畜排せつ物の発生量と性質

わが国の家畜排せつ物の年間発生量を示す（表5-2）．5種の主要な家畜から排出される糞と尿は年間8,900万tであり，わが国の有機性廃棄物の1/3を占める．また，糞尿中には窒素，リンをはじめとする栄養塩類が多量含有されている．糞尿中の窒素量（N）89万t，リン量（P）11万tは年間化学肥料消費量（N：48万t，P：25万t）（FAO, 1999）に比肩する膨大な量である．日本農業は化学肥料の原料のほとんどを輸入に頼っているため，糞尿中の肥料成分を有効利用することは，有機農業および有機農産物生産はもとより，持続可能な作物生産にも必須となる．

表 5-2 わが国における家畜排せつ物の年間発生量（2015年度）

畜種	飼養頭羽数（千頭（羽））	排せつ物量（万t）糞	尿	合計	有機物	窒素	リン
乳用牛	1,345	1,721	510	2,231	277.8	11.4	1.6
肉用牛	2,479	1,680	617	2,296	305.4	12.6	1.4
豚	9,313	755	1,399	2,154	157.9	12.2	3.2
採卵鶏	175,733	765		765	114.8	13.2	3.2
ブロイラー	104,073	495		495	74.3	7.1	1.1
合計		5,416	2,526	7,941	930.3	56.5	10.5

最新の日本国温室効果ガスインベントリ（http://www-gio.nies.go.jp/aboutghg/nir/nir-j.html）の家畜排せつ物に関する活動量，および築城・原田（1997）に基づいて算出した．（データ提供：三菱UFJリサーチ＆コンサルティング）

表 5-3 主要な家畜から排出される 1 日 1 頭当たりの糞尿量

畜　種		糞	尿	合　計
乳　牛	授乳牛	45.5	13.4	58.9
	乾・未経産	29.7	6.1	35.8
	育成牛	17.9	6.7	24.6
肉　牛	2 歳未満	17.8	6.5	24.3
	2 歳以上	20.0	6.7	26.7
	乳用種	18.0	7.2	25.2
ブ　タ	肥育豚	2.1	3.8	5.9
	繁殖豚	3.3	7.0	10.3
採卵鶏	ヒ　ナ	0.059	なし	0.059
	成　鶏	0.136	なし	0.136
ブロイラー	成　鶏	0.130	なし	0.130

排せつ物量（kg/頭/日）

　主要な家畜から排出される 1 日 1 頭当たりの糞尿量を示す（表 5-3）．家畜糞の含水率は 60 〜 85％と高く，ウシとブタでは尿が糞に全量混入した場合には含水率 90％の液状糞尿（スラリー）となる．また，糞は「栄養培地」のような資材である．家畜の体内で消化された残りの排出物であるが，分解性のよい有機物（BOD，生物化学的酸素要求量など）が多く残存し，窒素やリンなどの栄養塩も豊富である．このため，各種の病原性微生物の温床ともなりかねず，生産活動への直接的な影響に加えて，扱いによってはアンモニア，硫黄化合物や低級脂肪酸などの悪臭発生源となる．また，高水分である糞尿からは容易に水質汚濁物質である有機物，窒素，リンなどが流出しやすい．例えば，平均的な肥育豚（畜体重量 60kg）からは，同じ体重の成人男性の約 10 倍の BOD 負荷が糞尿として排出される．典型的な日本の養豚経営では約 3,000 頭の肥育豚を飼養しているため，約 3 万人の小都市の排せつ物処理に匹敵する負荷が 1 件の養豚経営に潜在的に存在するといえる．

(3) 環境負荷の内容

　家畜排せつ物起源の環境負荷には 3 つのカテゴリーが考えられる．周辺環境への臭気・粉じん発生による大気汚染，やや広域の水質環境への水質汚濁，さらに地球規模の気候変動の原因とも指摘されるアンモニアや温室効果ガスの発生である．臭気に関しては，アンモニアが最も物質量の多い悪臭物質であるが，含有される有機物の中間代謝産物である低級脂肪酸（プロピオン酸，酪酸，吉草酸な

ど）や硫黄化合物（硫化水素，メチルメルカプタンなど）の発生が畜産経営独特の臭気として指摘されている．水質環境に関しては有機性汚濁物質（BOD）の他，窒素，リンなどの富栄養化物質の点源負荷として，後述の環境規制の対象となっている．これらの栄養塩類の汚染は，河川などの表流水を通して湖沼や沿岸水域の藻類の異常繁殖などを引き起こす懸念がある．さらに，地下水の硝酸塩汚染を引き起こして飲料水の質の低下など，直接健康被害をもたらす恐れがある．広域環境への負荷として家畜排せつ物中窒素の10〜30％がアンモニアとして揮散することから，酸性雨原因物質の重要な発生起源と指摘され，その制御を求められている．糞尿起源の温室効果ガスとしてメタンと亜酸化窒素が確認されており，その総量は日本の国家排出量温室効果ガスの0.6％に達し，年間720万t二酸化炭素等量と算定され，京都議定書ではもちろん，鳩山元首相の表明した2020年までに25％排出削減の対象になっている．

2）環境負荷防止対策

　糞尿が毎日排出される畜舎では，糞尿を畜体から遠ざけて清浄な飼養環境を保全するために迅速な処理を行うことが望ましい．また，畜舎から搬出された糞尿中の汚濁成分が公共水環境や地下水に流入しないように耐水性の床を持ち，降雨を避けた施設内で農業利用まで管理される必要がある．

　さらに，アンモニア，硫黄化合物や低級脂肪酸などの悪臭発生を防止するためには好気的な処理を迅速に行う，あるいは密閉された装置内での処理などが求められる．また，堆肥化などによって糞尿は適正に処理および加工されることが，広域で農業利用を進めるためには必須となる．

　このような多様な要請を満たすために，家畜排せつ物の処理システムが導入されている．導入されるシステムや，システムを構成する個別処理技術は各畜産経営の飼養形態，畜舎構造などの条件や畜舎周辺環境によってさまざまである．

　糞尿処理システムの実体について，一定規模以上の乳用牛，肉用牛，ブタ，採卵鶏の飼養農家に対して農林水産省統計情報部が行った調査がある（農林水産省統計情報部，1998）．乳用牛および肉牛の糞尿は，①堆積式堆肥化処理，②スラリー貯留が大半であるのに対し養豚農家では尿処理に，③汚水浄化処理，固形分処理に，④強制通気式堆肥化処理を多く採用しているなどの特徴がある．日本では，

この4種が主要な処理システムであり,他に鶏糞乾燥処理,焼却やメタン発酵(嫌気性消化)などの選択肢がある.

(1) 堆積式堆肥化処理

日本では,糞尿の80%程度が堆肥化処理のあとに農耕地で利用されている.堆肥化処理は大きく2つ,すなわち堆積式堆肥化処理と強制通気式堆肥化処理に分類できる.堆積式堆肥化処理は,畜舎から搬出された糞尿および敷料などの畜体保護資材との混合物を堆肥舎内に高さ1〜2m程度に堆積して,1〜2週間程度の間隔で切返し(天地返し)をしながら有機物分解を進行させる(図5-23).数ヵ月程度の処理期間の間に,易分解性有機物の好気的な分解によって取扱いやすい資材となり,堆積の結果として発生する70℃程度の堆積物品温上昇で病原性微生物が抑制され,安全な有機性肥料へと変換する.汚物感なく,安全で安定した品質の資材とするための基本的な処理である.乳牛糞と肉牛糞尿の多くがこの堆肥化処理方法で処理されている.

図 5-23 堆積式堆肥化処理

(2) スラリー貯留

スラリーとは,家畜の排せつ物である糞と尿の混合状態を指し,固形分が数%

第5章　飼養管理　　**157**

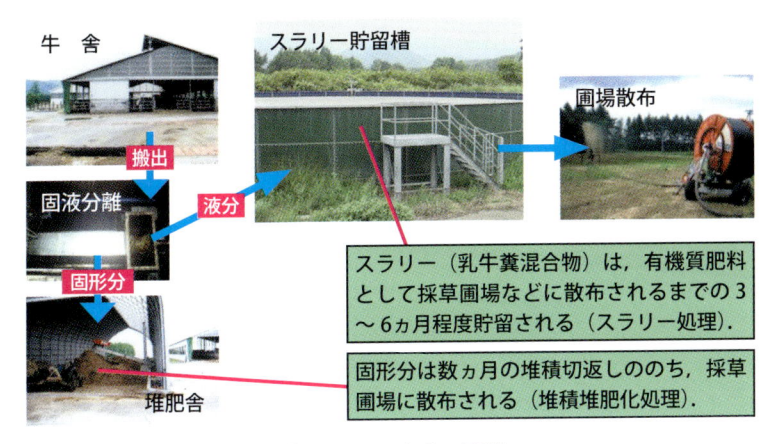

図5-24　スラリー処理

（多くが7～10%）のゲル様の液状糞尿のことである．スラリー貯留は，主に乳牛糞の処理において導入され，糞と尿を分離せずに一元的に管理できる利点がある．搬出されたスラリーは一次貯留ののち，適切な施肥時期に採草圃場に散布して利用する．飼料としての牧草やトウモロコシなどの生産には適切な時期の肥料散布が必要であるため，スラリー貯留槽はおおむね設置牛舎の半年分程度の発生糞尿を貯留できる容積を持つ巨大な液状物貯留タンクである（図5-24）．1日1頭当たりに約50Lの糞尿が発生するため，仮に100頭の搾乳牛舎からは約5m^3の糞尿が毎日搬出されるため，貯留槽は900m^3以上の容積が必要となる．スラリー処理は，欧米各国では酪農排せつ物の中心的管理システムであるが，日本では北海道東部の酪農経営に限られる．

(3) 汚水浄化処理

　糞尿汚水は有機性廃棄物の指標である生物化学的酸素要求量（BOD）や窒素およびリンの負荷が高く，浄化処理をすることで畜舎周辺の水質環境の保全を図る必要がある．汚水浄化処理は，利用性の低い液状の糞尿を主に活性汚泥微生物によって処理槽（曝気槽）で含有有機物を酸化分解し，窒素については無機化して硝化と脱窒によって汚水中から除去する方法である（図5-25）．
　この汚水浄化処理の中心的処理技術は活性汚泥処理法であり，原理的に下水道の浄化処理と同じである．活性汚泥処理法は比較的高コストではあるが浄化に関

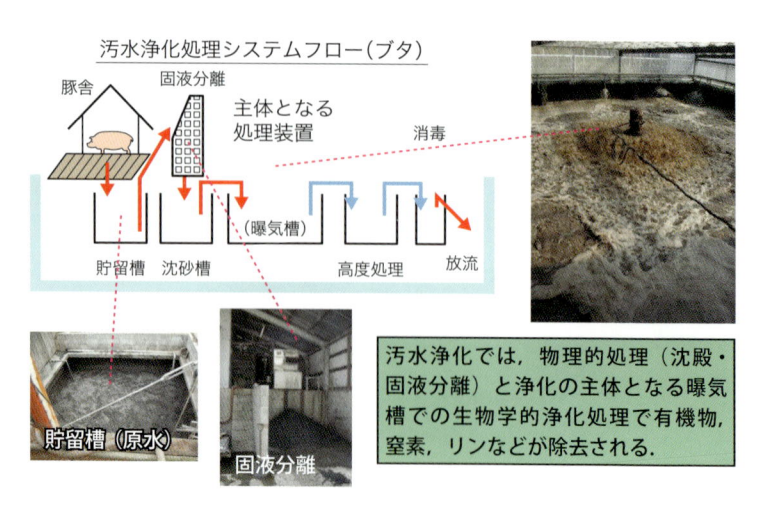

図 5-25 汚水浄化処理

する信頼性の高いシステムであり，特に尿汚水の利用が難しい養豚経営を中心に窒素ベースで約 5％程度の国内家畜糞尿が処理されている．

家畜糞尿の汚水浄化処理は，前処理として特に濃度の高い懸濁物質などの除去を主な目的に，固液分離，沈殿などの物理的除去を行う．このような前処理を経た尿汚水を曝気槽（活性汚泥処理）に導入して，多くの施設は 24 時間サイクルで運転され，①処理水の放流，②汚水の投入，③汚泥と汚水の混合および曝気，④沈殿および分離の 4 つの工程で形成されている．また，汚水浄化に伴って発生する余剰汚泥が，この処理系から数日間隔で引き抜かれて別系で処理される．

(4) 強制通気式堆肥化処理

堆肥化処理をより迅速に，好気的に進行させるために切返しを専用機械で高頻度（1 日に 1 回以上）で行う，あるいは堆積混合物の底面からのブロアによる通気を行うことで堆肥化処理期間を 2～4 週間程度に短縮する方法が，強制通気式の堆肥化処理である．この処理機械には，ここで紹介する密閉型のシステムと開放型の切返しシステムがある．強制通気式堆肥化処理は，臭気低減や処理生産物の広域流通を想定した日本独特の処理方式であり，豚糞や鶏糞処理に導入事例が多い（図 5-26）．

図 5-26　強制通気式堆肥化処理

3）法規制と新たな技術動向

「家畜排せつ物の管理の適正化及び利用の促進に関する法律（家畜排せつ物法）」が 1999 年に施行，2004 年 11 月に本法律が本格施行となった．この法令では，適用対象規模の農家（ウシなら 10 頭以上，ブタなら 100 頭以上など）に対して畜舎からの糞尿早期搬出，清掃の徹底などの畜産経営内の糞尿管理に関する基本的事項が徹底された．また，これまで曖昧であった家畜排せつ物の貯留施設や管理基準が明記され，各種処理施設が整備された．家畜排せつ物の基本的特性を踏まえた地下水汚染防止の管理が改めて求められた他，糞尿の利活用の推進など，環境と調和のとれた持続的な農業生産への取組みが示された．

家畜排せつ物法の他，家畜の飼養，生産活動に関係の深い環境関連法令には「廃棄物の処理及び清掃に関する法律」，「水質汚濁防止法」，「湖沼水質保全特別措置法」，「悪臭防止法」がある．「廃棄物の処理及び清掃に関する法律」では，産業廃棄物である糞尿の最も基本的な管理に関して，投棄の禁止，適正処理・保管や使用の規則を定めている．「水質汚濁防止法」，「湖沼水質保全特別措置法」では，公共水域（河川や湖沼など）に畜産経営から一定量以上の排出水がある場合の届け出や排出制限が定められている．前記家畜排せつ物法の適用対象農家において，有害物質として硝酸性窒素の排水基準が $50m^3$ 以上の日量排水がある農家では，

生活環境項目として全窒素，全リンや大腸菌などの排水基準が定められ，水環境の質を低下させないための浄化処理など，環境保全対策が求められている．「悪臭防止法」では，畜産農家（事業所）の敷地境界線で特定悪臭物質が規制基準濃度を超えないように定められている．特定悪臭物質として規制されている 22 物質のうち畜産に関係する物質として，アンモニア，4 種の硫黄化合物（メチルメルカプタン，硫化水素，硫化メチル，二硫化メチル）と 4 種の低級脂肪酸（プロピオン酸，ノルマル酪酸，ノルマル吉草酸，イソ吉草酸）が主な規制物質となっている．これらの物質濃度による規制では補完できない複合臭や未規制の物質による臭いにも対応するために，ヒトの嗅覚を判断基準とした嗅覚判定法による規制も合わせて導入され始めている．

5．アニマルウェルフェアと動物飼育への倫理配慮

1）アニマルウェルフェアの定義と基本原則

アニマルウェルフェア（animal welfare）は主に 2 つの側面，すなわち，生物的な機能性と家畜の経験に基づく感性や情動性という視点から定義されている．生物学的な機能性からの視点では，「その家畜が置かれた環境への適応を試みようとしている状態」と定義されている．その状態評価には，家畜の健康性，繁殖率，生理学的指標，行動学的指標が用いられている．家畜の感性や情動性からの視点では，「家畜が痛みや恐怖，空腹などの負の情動状態から解放され，家畜のさまざまな欲求を満たし，快適な状態に置くこと」と定義される．今日，動物の感性や情動状態は，二者択一の選択実験やオペラント条件付けを用いた行動欲求の測定，あるいは神経内分泌学的研究により，客観的に評価されるようになった．

国際的なアニマルウェルフェア標準の策定を目指している OIE（世界動物保健機構）では，「アニマルウェルフェアは動物が生活環境に対して，どのように適応しているかを意味している．科学的根拠によって示されているように，動物が健康で，快適で，栄養状態がよく，安全で，内的に動機付けられた行動を発現でき，もし，動物が痛みや不安，苦悩といった不快な状態に置かれていなければ，それはウェルフェアがよい状態といえる．アニマルウェルフェアの向上には，疾病予

防と獣医学的処置，直射日光や風雨から逃れられる適切な施設，管理，栄養，人道的取扱い，人道的と畜が必要である．アニマルウェルフェアとは動物の状態であり，動物が受ける取扱いは，動物の世話，畜産，人道的処理といった用語で表される」と再定義した．

すなわち，アニマルウェルフェアとは，ある環境に置かれている動物が単にかわいそうとか，手厚く保護しようとか，あるいは殺してはならないといった考え方ではなく，動物の取扱い方法や管理方法，と畜方法に配慮し，それらを科学的に総合評価しようとする精密家畜管理学ともいえる．アニマルウェルフェアの総合評価は，1993年にイギリス政府によって設立された独立機関である Farm Animal Welfare Council（FAWC）が提案した「5フリーダムス（5 Freedoms（5つの自由とも呼ばれる））」（表5-4）に基づいて行われ，その後，この基本原則は世界的な共通認識となり，OIEが作成した国際標準である陸生動物衛生規約（Terrestrial Animal Health Code）にも示されている．

わが国では1987年に，佐藤衆介博士がアニマルウェルフェアを初めて紹介した．当時，アニマルウェルフェアは「家畜福祉（動物福祉）」と直訳され，福祉という用語が持つイメージから，家畜を殺さずに生きながらえさせる，手厚く保護するといった，生産とはかけ離れた用語として，その考え方は批判されてきた．この傾向は外国でも同様であったが，その後，世界的にもアニマルウェルフェアは動物の健康性に直結する問題で，新興感染症の予防に役立つとの認識が持たれ，家畜生産上の重要課題として位置付けられた．なお，福祉とは元来，「宗教用語として，消極的には生命の危急からの救い，積極的には生命の繁栄」（広辞苑第

表5-4 アニマルウェルフェアの基本原則である「5つの自由」とその要求事項の例

	要求事項の例
飢えと渇きからの自由	栄養要求量に見合った飼料（質，量）を与えているか？ 飼料は衛生的に保たれているか？
不快環境からの自由	十分な飼育面積が提供されているか？ 畜舎内は最適な温湿度が保たれているか？
病気，怪我からの自由	断嘴や断尾などの肉体の切断をしていないか？ 家畜の怪我や疾病を発見した場合は，治療しているか？
正常行動を発現する自由	家畜の行動欲求を満たしているか？ 異常行動を発現していないか？
恐怖，苦悩からの自由	管理者と家畜の関係は良好で，管理者の存在が家畜にとってストレスになっていないか？

五版）を意味し，これは個体の維持と次世代への継続性を表しているので，家畜生産の本質から乖離している考え方ではない．

2）アニマルウェルフェア思想の歴史的背景

(1) 宗教の違いに見られるさまざまな動物への配慮

①**キリスト教**…聖書では「……地を這うすべての生き物を支配せよ」と記されており，動物は人間が利用するために神によって作られたもので，人間が動物を支配して，殺すことを正当化してきた．実際に中世ヨーロッパでは，イヌとウシを死ぬまで戦わせる見世物やネコ狩りのような動物虐待が日常的に行われてきた．近年では，動物支配とは管理者としての責任を意味するとの別解もある．

②**イスラーム**…Halal（ハラル）という動物の人道的な取扱いが行われる．その内容は，ⓐペットや家畜に餌，水，シェルターを与えること，ⓑ動物をむちで打ったり，苦痛を与えてはいけない，ⓒ動物や鳥は，狩猟の的として用いてはいけない，ⓓヒナを母鳥から離してはいけない，ⓔいかなる理由があろうとも耳や尾，その他の部位を切り取ってはいけない，ⓕ病気の動物を誠実に扱わなければならない，ⓖ良識のあるイスラームがルールに従ってと畜すること，といった現在のアニマルウェルフェアの定義にも重なる事項が教義として実施されている．

③**日本における仏教**…わが国では仏教やそれ以前のアニミズムの影響から，動物と人間との間には明確な区別がなく，人間と自然との共生を意識した思想を強く反映している．仏教やヒンドゥー教などの東洋思想は，輪廻転生，因果応報，六道（地獄，餓鬼，畜生，修羅，人間，天上）などに見られるように，人間と動物との間にある精神的な連続性を認めてきた．この点は，生理学的，解剖学的に人間と動物との連続性を認めてきたヨーロッパ文化とは異なる．

(2) 動物との関わりの変化

紀元前には，アリストテレスが「動物は感覚を有する理性に欠けており，自然界のヒエラルキーの中では人間よりはるかに下位にあって，人間のためには自由に使える資源である」と主張し，後世に影響を与えた．例えば，17世紀のフランスの哲学者デカルトは，「動物には精神（魂）がないから「単なる機械」である．人間には精神があるから「単なる機械」ではない．人間だけが精神（理性）を持っ

ている証拠は人間のみが言葉を話すからであり，人間は動物を道具として利用することができる」という動物機械論を展開した．このような思想形成に至った背景として，キリスト教の存在が大きい．

　中世の絶対王政への反動として，17世紀の西欧では「人権思想」が芽生えた．さらに，18世紀の後半頃からの民主主義の台頭とともに，奴隷解放や女性の権利獲得など平等思想が高まった．このような平等思想の高まりに加え，人間と動物の形態的，生理的連続性が科学的根拠を伴って広く浸透していったことを受けて，思想的にも，できるだけ多くの幸福（苦痛のない状態）をもたらす行為が人の道として正しい道とする「功利主義的倫理観」が普及した．それによって，倫理の対象は人間であるか否かではなく，苦痛を感じ得るか否かに移っていった．そして，1822年以降，イギリスで世界最初の動物虐待防止法といわれている「牛馬虐待禁止法」をはじめ，牛馬以外の動物も含めた法律が整備された．

　その後，集約的な畜産の批判本『アニマルマシーン』（Harrison, 1964）が発表され，家畜の飼養方法や取扱い方に社会の関心が集まった．そして，イギリスではBrambell教授を中心とした専門委員会による調査，検討が行われた．その結果，当時の集約畜産には虐待性が潜んでいる可能性が指摘され，家畜に飼養管理規則の必要性を示唆した．この調査報告書は，その後のアニマルウェルフェアの礎となり，その考え方はヨーロッパ全体へと広がった．1976年には「農用動物の保護に関する協約」，1979年には「と畜場での家畜の保護に関する協約」などの協約を次々と策定した．協約の名称に「保護（protection）」と記述されているのは，アニマルウェルフェアの広がりのきっかけとして，家畜飼育現場における虐待性の指摘があったためだと考えられる．

(3) アニマルウェルフェア以外の動物への関わり方

　①**動物の権利（animal rights）**…すべての動物は人間と同様に生きる権利を有しており，人間はこれを犯すことはできないとする考え方である．狩猟はもちろんのこと，肉用家畜生産や動物実験の根絶などを目的とし，あらゆる動物利用を否定している．アニマルウェルフェアは動物利用を容認している点で，動物の権利思想とは大きく異なる．

　②**動物愛護（animal protection）**…動物の置かれた状態を見て，人間がかわ

いそうといった感情に基づいて，動物をかわいがり，保護する考え方である．人間の接し方に対して，動物の客観的な情動を重視するというよりは，人間側の弱者に対する救済という，手を差し延べた人間の満足感が優先される．したがって，動物主体の考え方であるアニマルウェルフェアとは異なり，人間中心的な考え方といえる．扱われ方が酷い動物に対して愛情を持って接しようとするのが愛護であり，その状態を客観的に評価し，状態を改善しようとするのがアニマルウェルフェアとなるので，必ずしも相容れない考え方ではない．

③**カウコンフォート（cow comfort）**…近年，わが国に紹介された酪農生産における動物への配慮を示したものである．アニマルウェルフェアがヨーロッパからの提案で家畜飼育への倫理的配慮をしながら，結果として家畜生産性が向上すると表明している．一方，カウコンフォートはアメリカからの提案で畜舎を快適にして生産性の向上を目指しながら，結果として家畜飼育への倫理的配慮も達成できるとしている．しかし，飼育管理者に求めている内容は両者とも同じであり，世界的にはアニマルウェルフェアが用語として使われている．

3）アニマルウェルフェアに配慮した畜舎

限られた飼育環境の中で，家畜の異常行動を抑え，正常行動の発現を促進しようとする試みとして，環境エンリッチメント（environmental enrichment）がある．環境エンリッチメントは「動物が置かれている環境を改良することによって，行動が制限された動物の生物学的機能を改善することである」と定義されている．別の定義では「環境エンリッチメントは最適な心理学的，生理学的な健康性のために必要な環境刺激を突き止め，その刺激を提供することによって，行動が制限された家畜管理の質を高めることを探求する畜産の本質である」とより具体的に示されている．環境エンリッチメント研究の初期には，いわゆる玩具といわれる退屈しのぎの物質の提供を評価してきた．例えば，牛舎に吊るされたタイヤは，導入直後には臭いをかがれたり，触られたりするが，その反応は長期化しない（図5-27a）．すなわち，玩具に対する行動反応は，新規物に対する動物の探査的反応と見るべきで，短絡的な遊具的物質の提供は飼育環境の改善にはつながらない．

具体的な環境エンリッチメント実施例は，敷料や寒冷時における子牛のジャケット，暑熱対策で用いられるミストなど多岐にわたる．近年は，家畜の行動

図 5-27　生産現場における環境エンリッチメントの実施例
a：牛房内に遊具として吊り下げられたタイヤ，b：フリーストール牛舎に設置された電動式カウブラシ，c：発酵床豚舎でルーティング行動を発現する肥育豚．（cの写真提供：小針大助氏）

欲求を可能な限り満たそうとする取組みに関心が集まっている．ウシでは欲求度が比較的強い身繕い行動の発現を保障するカウブラシが設置されている（図 5-27b）．ブタはルーティングに対する欲求が非常に強く，ルーティングが保障されている発酵床豚舎（図5-27c）では，仲間しゃぶりや尾かじりがほとんど観察されなくなる．また

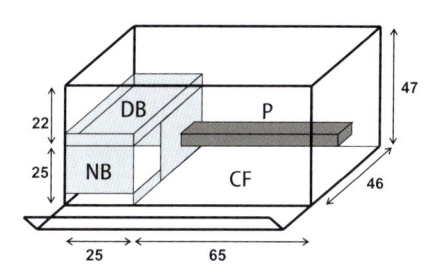

図 5-28　採卵鶏用福祉ケージの概略図
CF：ケージの床，P：止まり木，DB：砂浴び場，NB：巣箱．図中の数字は長さ（cm）を示す．
(Shimmura, T. et al., 2006)

採卵鶏では，麻布大学の研究グループが家畜生産性との観点から，福祉ケージ（furnished cage）を開発し，その効果を検証している（図 5-28）．

4）アニマルウェルフェアへの誤解と家畜生産

(1) アニマルウェルフェア＝放牧という誤解

有機畜産認証ではアニマルウェルフェアに配慮した飼育管理の実施と同時に，放牧が義務付けられている．このような関連付けが，アニマルウェルフェアと放

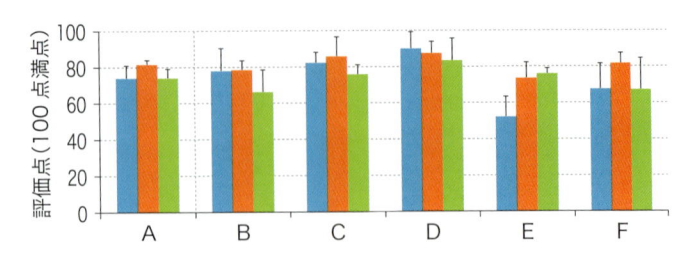

図5-29 信州コンフォート畜産認証基準による乳牛のアニマルウェルフェア評価
A：総合評価，B：飢えと渇きからの自由，C：病気，怪我からの自由，D：不快環境からの自由，E：正常行動を発現する自由，F：恐怖，苦悩からの自由．■：繋ぎ飼い，■：フリーストール，■：放牧．(Morimoto, A. and Takeda, K., 2010)

牧が同意であると混同されている背景となっている．しかし，放牧飼養では暑熱，寒冷環境や外部寄生虫への曝露など，アニマルウェルフェアが保障されない場合もある．2007年2月に公表されたわが国で最初のアニマルウェルフェア評価法である「信州コンフォート畜産認証基準」を用いて乳牛のアニマルウェルフェア評価を行った結果，正常行動発現の自由に関する評価点は放牧飼育が最も高いが，飢えと渇きからの自由と痛み，怪我，疾病からの自由に関する評価点は，他の飼育システムよりも放牧飼育が低かった．そして，総合評価点は，必ずしも放牧飼育が高い結果とはならなかった（図5-29）．

(2) すべての行動発現が必須という誤解

敵対行動は正常行動に含まれるが，攻撃行動の多さは家畜群の社会的不安定さを示し，相手個体を傷付けることもある．つまり，すべての正常行動の発現は必ずしもアニマルウェルフェアレベルの向上に働くわけではない．自然選択の過程で獲得された行動の正常性とアニマルウェルフェアで求めている事項との間には一部，乖離があることを認識しなければならない（図5-30）．

(3) アニマルウェルフェアは生産性を損なうという誤解

アニマルウェルフェアに配慮した家畜生産は，生産コストが上昇する場合がある（表5-5）．しかし，アニマルウェルフェアの実践は，飼育個体の健全性を保つことで治療費の削減が図れるため，投資額と経費支出額の差で考えたとき，

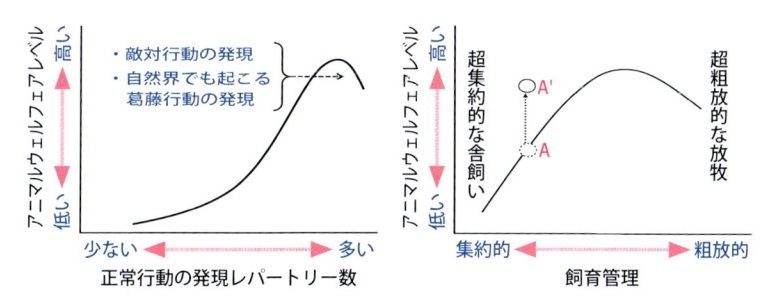

図 5-30 正常行動の発現レパートリー数ならびに飼育管理の集約度とアニマルウェルフェアレベルとの関係

正常行動の発現は，常に高いアニマルウェルフェアレベルを保障するわけではない．右図のA→A'は環境エンリッチメント処理によってアニマルウェルフェアレベルが上昇することを示している．

表 5-5 異なる飼育システムにおける鶏卵生産コスト

システムのタイプ	飼育面積	コスト
採卵鶏用ケージ	450cm²/羽	100
	560cm²/羽	105
	750cm²/羽	115
採卵鶏用ケージ+止まり木	450cm²/羽	100
〃 　　　　　+巣箱	450cm²/羽	102
エイビアリーシステム	10〜12羽/m²	115
平飼い	7〜10羽/m²	118
放　牧	400羽/ha	150

（Elson, A., 1985を一部改変）

大きなコスト増にならない可能性がある．また，止まり木の設置は，従来型のケージシステムとコストはほぼ同じであり，止まり木に巣箱を追加した場合（図5-28）でも，そのコストは2％程度の上昇で抑えられる（表5-5）．

5）アニマルウェルフェアと法整備

OIEは2004年の総会で，アニマルウェルフェアに関する一般原則を，その後は，「海上輸送」，「陸上輸送」，「空路輸送」，「食用目的のためのと畜」，「疾病管理のための殺処分」，「野良犬の個体数管理」，「教育，研究に用いられる動物の飼育」に関する基準を採択した．今後は家畜種ごとの飼育基準を策定する予定で，2011年現在，ブロイラーと肉用牛の飼養管理基準が検討されている．また，国連食糧農業機関は，肉用牛の個体識別におけるアニマルウェルフェアガイドライ

ンの中で，ウシの取扱い方を言及している．

欧州連合(EU)では，1998年に「農用動物保護に関する指令」が施行されて以降，「採卵鶏の保護に関する基準」，「ブタの保護に関する基準」，「輸送中の動物保護に関する基準」，「と畜場での動物保護に関する基準」が施行されている．注目すべきは，2012年から採卵鶏の従来型ケージ飼育の禁止，2013年から妊娠豚の繋ぎ飼育，分娩1週間前までのストール飼育禁止が規定されている点である．

アメリカでは，各種の業界団体やファストフードチェーンが独自にアニマルウェルフェアに配慮した家畜の飼育基準を作成している．このような民間レベルでの動きはアメリカ各州での立法化にも広がり，2002年以降，フロリダ州，アリゾナ州，オレゴン州で「妊娠豚のストール飼育禁止」などが規定された．

わが国で家畜飼育に関する既存の基準は，昭和62年に作成された「産業動物の飼養及び保管に関する基準」である．しかし，EUのアニマルウェルフェア基準に比べると，抽象的で，管理者が主体の基準となっており，現行基準は必ずしも家畜主体のアニマルウェルフェアに準拠しているとは言い難い．そして，2007年度から「アニマルウェルフェアの考え方に対応した飼養管理指針」が畜種別に検討され，2011年までに，乳用牛，肉用牛，ブタ，ブロイラー，採卵鶏，ウマの飼養管理指針が公表された．

それらの内容は，管理方法，栄養，畜舎構造，畜舎環境の4カテゴリーからなっており，それぞれ具体的な数値基準や推奨項目が記載されている．特に，アニマルウェルフェアの実践で重要視されるべき点が，施設の状況ではなく，家畜の状態に置かれていることは評価に値する．なお，行動欲求が強いブタのルーティング，ニワトリの砂浴び行動，ウシの親和行動などについては，飼育方式の変更に伴うコスト増が指摘され，さらなる議論や研究の推進を求め，指針内容から除外されている．

表5-6　アニマルウェルフェアの考え方に対応した飼養管理指針の概要

カテゴリー	指針の概要
管理方法	毎日の観察，ていねいな取扱い，適切な時期での断嘴，断尾，除角，去勢，疾病発生時の迅速な措置，畜舎の消毒，管理者の知識習得など
栄養	必要栄養量・飲水量の給与，清潔な飼料および水の給与，給餌方法など
畜舎構造	最適な畜舎（ケージ，ストール）構造，1頭（羽）当たりの飼育面積など
畜舎環境	最適な熱環境，換気方法，照明時間，過度な騒音の回避など

公表された畜種ごとの飼養管理指針（畜産技術協会，2011）をまとめて作成した．

第6章

家畜の品種と改良，増殖

1．家畜の品種

　「品種」は，動物界では家畜にのみ与えられる概念であり，野生動物には存在しない．「品種」とは，「ウシならウシといった同一の家畜種の中で，形態や性質など，ある一定の特徴（形質）を持った集団で，かつその形質が1セットとして後代に遺伝していくもの」と定義できよう．世界にはいろいろな家畜が存在するが，その中でウシ，ブタ，ニワトリのことを「三大家畜」と呼ぶ．ここでは，この三大家畜につき，それぞれの主だった品種が持つ特徴の概略を述べる．なお，同じ品種名を持っていても，その特徴は国や地域によってある程度異なっていることがままある．また，同じ国や地域においても，時代により，その品種の特徴が大なり小なり異なっていることもある．

1）ウシの品種

　全世界には約800のウシ品種が存在するといわれている．一方，約200品種とする説もあるが，詳細は定かではない．先進諸国におけるウシの用途は，乳用，肉用，乳肉兼用に大別される．また，ここでは取りあげないが，発展途上国においては使役用の品種も多数存在する．その場合，役乳兼用，役肉兼用，役乳肉兼用品種も存在する．もっとも，乳用品種も役用品種も最後には肉として利用される（宗教上牛肉食をしない国の場合は除く）．ここでいう用途は，まず第1の用途は，ということを意味する．

　①乳用品種…ウシにおいて乳専用品種は，肉用品種，役用品種に比べるとその数は極端に少ない．乳用品種のうち，ホルスタイン・フリーシアン，ジャージーおよびエアシャーを世界の三大乳用品種と呼ぶ．この他にはガンジー（イギリス

図 6-1 ウシの品種
A：ホルスタイン・フリーシアン（雌），B：ジャージー（雌），C：エアシャー（雌），D：アバディーン・アンガス（雄），E：ヘレフォード（雄），F：ブラウン・スイス(雌)，G:シンメンタール(雌).（写真提供：広島大学大学院生物圏科学研究科附属瀬戸内圏フィールド科学研究センター西条ステーション（A，B），東京農業大学農学部富士農場（C），社団法人全国肉用牛振興基金協会（D〜G））

原産）がある程度である．三大乳用品種の特徴を示す（図6-1，表6-1）．

②**肉用品種**…ウシの世界では，乳用品種よりも肉用品種が多く存在する．主だったものを列挙すると，アバディーン・アンガス，ヘレフォード，ショートホーン，デボン（イギリス原産），シャロレー，リムーザン，ブロンド・ダキテーヌ（フランス原産），キアニナ，ロマニョーラ（イタリア原産），マレーグレイ（オーストラリア原産），ブラーマン，ビーフマスター（アメリカ原産）などである．こ

表6-1 ウシの乳用品種

品種名	特徴
ホルスタイン・フリーシアン（図6-1A）	一般にホルスタインの名称で有名であるが，正式名はホルスタイン・フリーシアンという．オランダのフリースランド地方で作られたフリーシアン種が祖先牛である．アメリカがドイツのホルスタインからこのフリーシアンを輸入し，その改良を行ったためにこの名が付いている．寒さに強く暑さに弱い性質を持つが，南アメリカや南アフリカなどでも飼養されている．フリーシアン関連品種の乳量は年間5,000〜1万kg程度であるが，ホルスタイン・フリーシアンでは年間8,500kgを超える個体が多い．乳脂率は3.2〜4.3％程度（日本では3.9％）である．体重は雌650kg程度，雄1,000〜1,100kg程度．体高は雌140cm程度，雄160cm程度である．
ジャージー（図6-1B）	イギリス原産である．乳量よりも乳質に重点を置いて改良されてきた品種であり，乳脂率，乳タンパク質率，無脂固形分率が高い．また，脂肪球が大きくカロチンも多く含むため，その乳からは良質のバターが作られる．乳量は年間4,600〜6,800kg程度であり，乳脂率は4.6〜5.8％程度である．性格は一般に神経質であるといわれるが，ていねいな飼育管理を行えば従順である．体重は雌380〜430kg程度，雄750〜800kg程度．体高は雌122〜125cm程度，雄130〜135cm程度である．
エアシャー（図6-1C）	イギリス原産である．被毛は赤白斑を示す．本品種の乳では脂肪球が小さく，飲用した場合に消化がよい．また，牛乳中の全固形分およびタンパク質含量が多いため（3.3〜4.1％），本品種の乳はチーズの原料として適している．乳量は年間4,500〜7,700kg程度，乳脂率は3.8〜4.5％程度である．本品種はやや神経質であるといわれるが，粗放な飼養管理によく耐え，寒冷な気候にも適応する強健性を有している．また，抗病性に富み，繁殖力も旺盛である．さらに，乳用品種としては肉付きがよく，肥育性にも富み，肉質もよい．体重は雌500〜550kg程度，雄800〜900kg程度．体高は雌130cm程度，雄140〜145cm程度である．

れらのうち，アバディーン・アンガス，ヘレフォードおよびショートホーンのことを三大肉用牛と呼ぶ．また，世界的に出回っているわけではないが，わが国にも役用牛から育種された肉用牛（和牛）が複数存在する．すなわち，黒毛和種，無角和種，日本短角種，褐毛和種（高知系および熊本系）である（表6-2）．

③**乳肉兼用品種**…世界には乳あるいは肉の専用品種の他に，両者を同時利用するための乳肉兼用品種が多い．その中で著名なものについて特徴を述べる（表6-3）．

2）ブタの品種

全世界に400〜500のブタの品種が存在するといわれている．また，一説には約650の品種が存在するともいわれている．これらの品種はその用途により，

表 6-2　ウシの肉用品種

品種名	特　徴
アバディーン・アンガス（図 6-1D）	イギリス原産である．本品種の被毛は黒色であり，遺伝的に無角である．本品種はやや神経質な性格を持つが，体は肉付きよく，全体に丸みを帯びて豊満であり，典型的な肉用品種の体型を示している．粗飼料の利用性に優れ，早熟および早肥である．また，外国種としては脂肪交雑に優れているが，皮下脂肪が厚くなる傾向がある．本品種は無角和種の作成に寄与している．体重は雌 650～700kg 程度，雄 1,000kg 程度．体高は雌 135cm 程度，雄 145cm 程度である．
ヘレフォード（図 6-1E）	イギリス原産である．体幹は赤褐色であるが，頭部，胸，腹，四肢の先端部および尾房は白色である．体は骨太で頑健そのものであり，暑さ，寒さ，乾燥などの過酷な条件によく耐える適応性に富み，性格も鈍重なくらい温順である．本品種の肉は筋繊維が粗く，脂肪交雑も少ないため，わが国では歓迎されないが，赤肉を好む国々では好評を博している．体重は雌 700～800kg 程度，雄 1,100kg 程度．体高は雌 140cm 程度，雄 152cm 程度である．
ショートホーン	ビーフ・ショートホーンとも呼ばれる．イギリスの原産である．被毛は赤褐色，白色，赤白斑もしくは糟毛を示す．性質は温順であり，早熟および早肥である．また，比較的脂肪交雑もよい．本品種は日本短角種の作成に当たり利用された．また，広島県産黒毛和種の改良過程で交雑がなされたことがある．体重は雌 600～800kg 程度，雄 900～1,100kg 程度．体高は雌 140cm 程度，雄 146cm 程度である．
黒毛和種	その名に反し，被毛色は真黒ではなくて黒褐色である．本品種の粗飼料の利用性は，他の和牛品種のそれに劣るが，肉の脂肪交雑に優れているため人気が高く，和牛飼育数の約 95％を本品種が占めている．明治時代の後期以降に，主に中国地方の在来牛と外国牛を交配することにより改良が開始された．県により交配相手の外国牛は異なっており，例えば，広島県ではショートホーン，島根県ではデボン，鳥取県と兵庫県ではブラウン・スイスであった．この経緯を反映して，現在の黒毛和種もその形質に地域ごとの特徴を持つが，平均的な体重は雌 450kg 程度，雄 700kg 程度．体高は雌 130cm 程度，雄 143cm 程度である．
無角和種	被毛色は黒色で遺伝的に無角である．大正時代に広島県で在来牛とアバディーン・アンガスを交配することにより改良が始まり，その後も昭和時代初期まで，同じくアバディーン・アンガスを繰り返し交配することにより，山口県の阿武・萩地方で作出された品種である．早熟，早肥であり，粗飼料の利用性もよいが，肉質が黒毛和種に劣るとして需要がほとんどなく，現在は品種絶滅の危機に瀕している．体重は雌 450kg 程度，雄 800kg 程度．体高は雌 122cm 程度，雄 140cm 程度である．
日本短角種	被毛は濃赤褐色あるいは暗赤褐色を呈する．東北地方の旧南部藩で飼育されていた在来牛（南部牛）にショートホーンやデイリー・ショートホーンを交配することにより，明治時代初期に改良が開始された．その歴史の中で乳肉兼用種としての改良がなされた時期があるため，和牛の中では他品種よりも泌乳能力が高い．また，粗飼料の利用性もよい．岩手県を中心として青森県，秋田県，北海道などで飼育されている．体重は雌 580kg 程度，雄 950kg 程度．体高は雌 130cm 程度，雄 145cm 程度である．

（次頁へ続く）

表6-2 ウシの肉用品種（続き）

品種名	特　徴
褐毛和種	被毛は赤褐色もしくは黄褐色を呈する．高知系集団と熊本系集団の2つが存在する．高知系のものには，眼の周りや鼻鏡，尾房などが黒い個体が存在する．両系ともに耐暑性ならびに粗飼料の利用性に優れている．高知県と熊本県で飼育されていた朝鮮半島系のウシに，明治時代にシンメンタールが交配されることにより改良が開始されている．その後の改良過程で，高知県のものは朝鮮牛が繰り返し交配されているのに対し，熊本県のものはシンメンタールが繰り返し交配されている．また一時期，デボンが交配されたこともある．改良過程が明らかに異なっているため，高知県と熊本県の集団は同一品種内の異なる系統ではなくて，別品種として扱われるのが妥当であると考えられる．高知系における体重は雌450kg，雄850kg程度，体高は雌125cm程度，雄141cm程度である．熊本系における体重は雌600kg，雄1,000kg程度，体高は雌134cm程度，雄153cm程度である．

表6-3 ウシの乳肉兼用品種

品種名	特　徴
デイリー・ショートホーン	ビーフ・ショートホーンとその起源は同じである．ビーフ・ショートホーンの中から泌乳能力の高いものが選抜育種されて本品種が成立している．性格は温順である．本品種の肉は筋繊維が細く軟らかい．また，脂肪交雑も比較的よい．乳量は年間5,600〜7,700kg程度であり，乳脂率は3.6〜3.9％程度である．なお，本品種はビーフ・ショートホーンとともに日本短角種の作成に寄与している．体重は雌600〜700kg程度，雄900〜1,200kg程度．体高は雌130〜135cm程度，雄140〜145cm程度である．
スイス・ブラウン	スイス原産である．きわめて温順な性格であるうえに，体質強健で耐寒性に富む．その肉は筋繊維が粗い嫌いがあるものの前記の利点を有する．特に，アメリカでは泌乳能力に対する改良に重点が置かれ，本来乳肉兼用であったものを乳専用に改良しており，これをブラウン・スイス（図6-1F）と呼んで区別する場合がある．スイス・ブラウンの乳量および乳脂率は，それぞれ年間6,000kg程度および4.0〜4.1％程度である．一方，ブラウン・スイスのそれらは7,800kgおよび4.1％程度である．なお，本品種の乳は黄色味が少なく，チーズの材料として適している．本品種は兵庫県および鳥取県の黒毛和種改良の過程で交雑がなされたことがある．スイス・ブラウンの体重は雌500〜550kg程度，雄700〜900kg程度，体高は雌125〜127cm程度，雄140〜145cm程度であるのに対し，ブラウン・スイスの体重は雌600kg程度，雄1,000kg程度，体高は雌132〜136cm程度，雄147〜150cm程度である．
シンメンタール（図6-1G）	スイス原産である．被毛は褐色と白の斑を示す．頭部と四肢は白色である．性質が温順であるうえに体質は強健で，粗放な飼養管理によく耐える．また，飼料の利用性もよい．年間乳量は5,000〜6,300kg程度であり，乳脂率は3.9〜4.3％程度である．なお，肉の脂肪交雑も比較的よい．わが国の高知系および熊本系双方の褐毛和種の改良の過程で使用されたことがある．体重は雌750〜800kg程度，雄1,150〜1,250kg程度．体高は雌140〜142cm程度，雄155cm程度である．

ラードタイプ，ミートタイプおよびベーコンタイプに大別される．それぞれ，脂肪（ラード），精肉（ミート），加工肉（ベーコン）の使用を主な目的としたものであるが，この分類はそれほど厳密なものではない．また，これらの用途の他に，ミニチュア・ピッグと呼ばれる実験専用の系統がいくつか存在するが（ゲッチンゲン系統，ミネソタ・ホーメル系統など），紙数の都合上，ここではそれらの説明は割愛する．

①**ラードタイプ**…中国を中心に，アジアにはこのタイプの品種が多数存在する．しかし，ここでは紙数の都合上，珍しい特徴を持った品種として，ハンガリー原産のマンガリッツァのみを紹介する．マンガリッツァは大きなものでは420kgにも達する大型の品種である．頭部は短めで，耳は中等大で前方に倒れ気味である．被毛は黄白色のものが大部分であるが，灰褐色のものや，黒色，赤褐色のものもある．耐寒性が強く，冬季には巻毛を厚く生じるため，一見ヒツジのような

図6-2 ブタの品種
A：バークシャー（雌），B：デュロック（雄），C：ハンプシャー（雄），D：中ヨークシャー（雌），E：大ヨークシャー（雄），F：ランドレース（雌）．（写真提供：社団法人日本養豚協会（A，C，D，F），高知県畜産試験場（B），岐阜県畜産研究所（E））

外観を呈する．ハンガリーの他，ルーマニア，ブルガリアなどの東欧諸国で飼養されている．

②**ミートタイプ**…純然たるミートタイプの品種は比較的少ないが，4品種が著名である（表6-4）．

③**ベーコンタイプ**…ここで紹介する品種の他にも，タムワース，ウエルシュ，

表6-4　ブタの品種（ミートタイプ）

品種名	特　徴
バークシャー（図6-2A）	イギリス原産である．わが国では一般に「黒豚」と呼ばれている．全身ほぼ黒色であるが，鼻端，四肢の先端および尾房が白色であり，「黒六白」の異名を持つ．活発な性格で体質は強健であり，粗食にもよく耐える．早熟および早肥であるが，産子数は8〜9頭と比較的少ない．本品種の肉は赤身が強く，筋繊維は細く軟らかい．また，ロース芯は太い．体重は雌200kg程度，雄250kg程度である．
デュロック（図6-2B）	アメリカ原産である．全身赤褐色を示すが，その褐色の濃淡には個体ごとに変異が大きい．その被毛色から「赤豚」と呼ばれることもある．性質は活発であるが，ヒトに対しては温順である．体質は強健であり，耐暑性に優れ，かつ皮膚病にも抵抗性がある．また，粗食に耐えるので飼養管理が楽である．さらに，早熟および早肥の利点があり，その肉は脂肪交雑も比較的よい．産子数は10頭前後である．体重は雌200〜300kg程度，雄300〜380kg程度である．
ハンプシャー（図6-2C）	アメリカ原産である．被毛は黒色の地に，肩から前肢にかけて帯状の白色を示す．背脂肪および皮膚が薄いことを特徴とし，「薄皮豚」と呼ばれることもある．性質は活発であり，放牧したときには探食性に優れている．飼料の利用性がよく，適応性にも富むが，やや耐暑性に欠ける嫌いがある．本品種の肉は赤肉に富み，ロース芯も太いが，脂肪の融点が他品種に比べて著しく低く，「むれ肉」が発生しやすい欠点を有する．産子数は10頭程度である．体重は雌250kg程度，雄300kg程度である．
中ヨークシャー（図6-2D）	イギリス原産である．被毛は白色の単色である．きわめて温順であり，体質も強健である．性成熟は早いが発育は遅い（早肥ではない）．肉は桃色を呈し肉質もよいが，発育が遅いため，経済性の点から飼養が敬遠されがちである．産子数は9〜10頭程度である．体重は雌200kg程度，雄250kg程度である．

表6-5　ブタの品種（ベーコンタイプ）

品種名	特　徴
大ヨークシャー（図6-2E）	ラージ・ホワイトとも呼ばれる．イギリス原産である．肉は赤肉と脂肪の割合がよく，良質のベーコンの材料となる．性成熟はやや遅めであるが，飼料の利用性がよく，発育が早く，産子数も多い（11頭前後）ため，本品種に対する評価は高い．体重は雌340kg程度，雄370kg程度である．
ランドレース（図6-2F）	デンマーク原産である．被毛は白色の単色である．皮膚および背脂肪が薄い特徴を持つ．肉は赤肉と脂肪の割合がよく，良質のベーコンを作ることができる．発育もきわめて早いため，本品種に対する評価は高い．産子数は11〜12頭程度と多い．体重は雌270kg程度，雄330kg程度である．

ラージ・ブラック（イギリス原産），ポーランド・チャイナ，ミネソタ1号（アメリカ原産）など多くのベーコンタイプの品種が存在するが，最も著名な2品種についてのみ特徴を述べる（表6-5）．

3）ニワトリの品種

ニワトリ品種は世界中に200～250存在するといわれている．これらの用途は大別すると，卵用，肉用，卵肉兼用および観賞（娯楽）用である．また，卵用であれ肉用であれ，ニワトリ愛好家にとってはすべて観賞用となりうる．観賞用品種には日本が世界に誇る，特別天然記念物「土佐のオナガドリ」をはじめ多く

図6-3 ニワトリの品種
A：白色レグホーン（左：雌，右：雄），B：白色コーニッシュ（左：雌，右：雄），C：横斑プリマスロック（左：雌，右：雄），D：白色プリマスロック（左：雄，右：雌），E：ロード・アイランド・レッド（左：雄，右：雌）．（写真提供：独立行政法人家畜改良センター兵庫牧場（B））

のものが存在するが，紙数の関係上，ここではそれらの解説は割愛する．世界レベルで産業利用されている4品種の特徴を述べる（表6-6）．

①卵用品種…地中海沿岸地方で育種された品種およびその関連品種,すなわち,

表6-6 ニワトリの品種

品種名	特　徴
卵用品種	
レグホーン （図6-3A）	イタリア原産と考えられている．体型は軽快で，単冠，白耳朶，黄脚を持つ．卵殻は白色である．また，就巣性がないことも大きな特徴である．本品種には，白色，黒色，褐色（赤笹），バフ，尖斑，パートリッジなど内種が多い．これらの内種のうち白色のものが，主にアメリカにおいて卵用品種として徹底的に改良された．年間産卵数は，280〜300個程度である．白色レグホーンは，その高産卵率ゆえに世界中で広く飼養されている．体重は雌1.8kg程度，雄2.8kg程度である．
肉用品種	
コーニッシュ （図6-3B）	現在コーニッシュと呼ばれるものはアメリカ原産であるが，その起源はイギリスのインディアン・ゲームにある．インディアン・ゲームを元に赤色コーニッシュと白色コーニッシュがつくられた．白色コーニッシュはその名の通り全身白色を示し，もともとは三枚冠を持つものが多かったが，産肉性について改良を行う過程を経て，現在では単冠を持つものがほとんどである．耳朶は赤，脚は黄色，卵殻は褐色であり，体型はコーチン型である．白色コーニッシュは初期成長が全ニワトリ品種中最も早い．また，胸肉が特に豊かである．これらの特性ゆえに，白色プリマスロックの雌と交配し，そのF_1がブロイラーとして用いられている．ブロイラー生産目的のために欧米を中心に世界中で広く飼育されている．成長は早く成体重も大きいが，産卵性に対する改良は行われていないため，年間産卵数は100〜120個と少ない．また,年間160個というデータも存在する．成体重は雌3.8〜4.0kg程度，雄4.5〜5.5kg程度である．
卵肉兼用品種	
プリマスロック （図6-3C，D）	アメリカ原産である．プリマスロックにはいくつかの内種が存在するが，卵・肉生産を目的として産業利用されているのは，横斑プリマスロックと白色プリマスロックのみである．横斑プリマスロックでは個々の羽毛が黒と白の交互の横縞を示す．体型はコーチン型であり，褐色卵を生む．本来兼用型であるが，両者とも系統により，卵生産用あるいは肉生産用に改良されてきたものが存在する．現在の横斑プリマスロックの多くの系統は，年間250個程度の産卵を行うが，さらには年280個あるいは300個を越す産卵を行う系統も存在する．成体重は雌2.2〜3.5kg程度，雄2.9〜4.5kg程度と，系統により大きな違いが存在する．一方，白色プリマスロックはブロイラー生産のための雌系として使用するために，多くの系統では肉生産能力に重点を置いて改良がなされてきている．白色プリマスロックの年間産卵数は，一般には200〜220個程度であるが，卵用に改良されたものでは270〜280個産む系統もある．成体重は雌1.9〜3.7kg程度，雄2.5〜5.0kg程度と変異が大きい．

（次頁へ続く）

表6-6 ニワトリの品種（続き）

品種名	特徴
ロード・アイランド・レッド（図6-3E）	アメリカ原産である．コロンビアン型の羽装パターンを示し，体幹は暗赤褐色である．単冠，赤耳朶，黄脚を持ち，濃褐色卵を産む．体型はコーチン型である．単冠の他にバラ冠を持つ内種も存在するが，その個体数は少ない．本来，卵肉兼用品種であるが，現在では卵用，肉用それぞれの方向に改良された系統が存在する．年間産卵数は肉生産に重点が置かれたものでは220個程度であるが，卵生産に重点が置かれたものでは270〜280個程度である．一部には年間300卵以上を産するような系統も存在する．系統により，成体重には雌2.0〜3.5kg程度，雄2.7〜4.7kg程度と変異が大きい．

レグホーン，アンコーナ（イタリア原産），ミノルカ，スパニッシュ，アンダルシャン（スペイン原産），カンピン（ベルギー原産），スコッツグレイ（イギリス原産）などは，すべて卵用鶏の体型を持つ．しかし，これらの品種は必ずしも産卵率がよいとは限らず，今日，大規模産業利用されているのは，レグホーンの白色内種から改良育種された白色レグホーンのみである．

②**肉用品種**…ニワトリにおいて純然たる肉用品種は少ない．代表的なものはコーニッシュであるが，他にはコーチン（中国原産），ブラーマ（インド原産）などがある程度である．コーチンやブラーマはその肉質が優れているため，過去（主に19世紀後半）に肉用鶏や卵肉兼用鶏の改良に多く用いられたが，現在では観賞用となっている．

③**卵肉兼用品種**…ニワトリの世界では，卵肉兼用品種が圧倒的に多い．表6-6にあげたものの他にも，小規模利用されている兼用品種が世界には多く存在する．

2．遺伝と育種

1）家畜育種の目的

(1) 育種とは

育種（breeding）とは，人類のために家畜や栽培植物の遺伝的能力を改善し，遺伝的能力に基づく生産力を向上させる方法のことである．育種改良の目的は安価で安全な食料を消費者に安定的に供給し，また農家の収入を増加させることも含まれる．

第6章　家畜の品種と改良，増殖　　**179**

　家畜育種（animal breeding）とは，家畜の遺伝的能力を改良し生産性をあげることを目的とする．したがって，家畜育種学とは家畜の遺伝的改良を行うための技術や手法の改善，その体系化を図り，より効率的で持続的な生産を成し遂げるかを研究する学問である．いいかえれば，家畜育種とは動物の進化を人類に有益な方向に導き，利用，維持，促進することを目的としている．

　現在の家畜育種学は，分子生物学や集団遺伝学の手技および手法の発展に伴い，より複雑になってきている．これらを理解するためには，手法のみならずその背景も理解する必要がある．

(2) 野生動物の家畜化

　家畜育種は，野生動物の家畜化（domestication）が始まりといえる．まだ，動物の家畜化がなされていなかった太古，人類は狩猟によって動物を糧としていた．その段階においても，狩猟者は獲物の個体数の減少を防ぐため，雌を意図的に見逃し，狩猟資源を保護していたことがわかっている．やがて農耕が始まり食料に余裕がでてくると，野生動物の餌付けを行うようになった．餌付けは野生動物が家畜化に向かう第一歩であり，餌付けされる動物はヒトに「馴れる」という

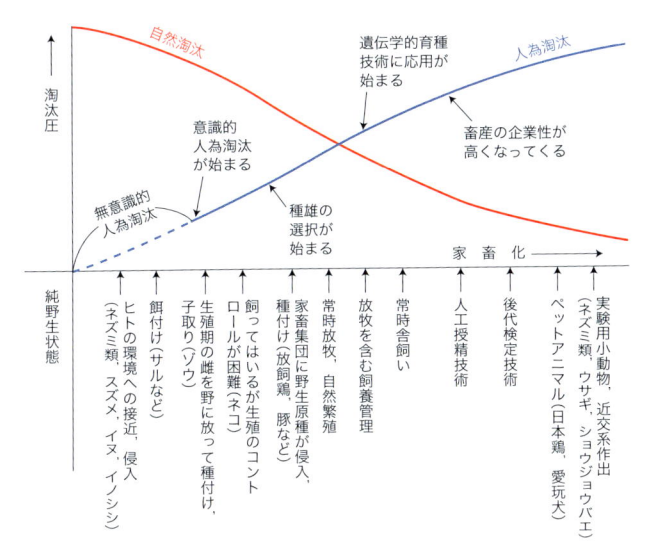

図6-4　家畜化の種々の段階
（在来家畜研究会（編）：アジアの在来家畜，名古屋大学出版会，2009）

素因を有している．

このように，ヒトの生態環境に接近した野生動物は捕られ，動物の生殖がヒトの管理化に置かれるようになった．生殖の制御は，動物が収奪の対象でしかない資源から，再生産が可能となる資本へ変換することを意味する．したがって，家畜とはその生殖がヒトの管理化のもとにある動物であると定義できる．

家畜化は動物の生殖に対する管理が強化されていく段階であり，動物集団が受けている自然淘汰（natural selection）圧の一部が人為淘汰（artificial selection）圧によって徐々に置きかえられる過程である（図6-4）．生殖制御の強さと動物の能力を改良する連続的な段階ともいえる．

(3) 家畜の遺伝的能力の改良

動物の生殖の制御が可能になると，ヒトは自由に動物を交配し，動物の遺伝的能力の改良を行うようになった．交配の制御は，現在においても動物を遺伝的に改良するための最も重要な要因であり，交配によりヒトの利益になる方向に家畜の進化を導いた．ヒトにとって好ましい性質や形質を持った個体を大切にし，交配を行ってきたに違いない．しかし18世紀まで，その交配はおおむね個人の経験則によって行われてきた．

18世紀半ば，ヨーロッパで産業革命が始まると，ヒトの人口は都市を中心に集中，増加していった．この人口をまかなうため，畜産物の生産能力の向上が求められた．この時代に「家畜育種の父」とも評される，Robert Bakewellが現われる．Bakewellは過去の改良や繁殖の成功例を取り入れながら，独自の改良技術も開発していった．彼が体系化した改良技術は，①育種目標（breeding objective）の設定，②育種目標に沿った選抜，③近親交配，④外国からの遺伝子導入，⑤血統と能力の記録および登録，⑥後代検定（progeny test）があげられる．

この改良技術は，現在においても十分に通用する原理である．登録制度と後代検定は，今なお家畜の改良に大きく貢献している．この技術の発展を機とし，18世紀から19世紀にかけて多くの家畜の品種が確立された．現存している家畜品種の大部分はこの時期に成立したものである．

(4) 遺伝的多様性の保持

　家畜集団の遺伝的多様性（genetic diversity）の保持は，持続的な家畜育種にとって必須である．前述したように育種改良の1手段として，近親交配による形質の固定があり，特に品種が作出される場合にこの手段がとられてきた．一方，家畜の能力向上や新しい形質を導入するために，新しい遺伝子を人為的に創造することは現在のところできない．したがって，家畜品種や集団の育種改良を行うためには，その集団に改良に寄与する遺伝子が存在している必要がある．

　新たな遺伝形質は，別品種や在来家畜に求められるのが一般的である．しかし，ヨーロッパで確立した多くの家畜品種は，その能力の高さからさまざまな国で在来家畜と取ってかわられ，世界における家畜集団の遺伝的多様性は激減している．持続的な家畜改良のため，遺伝資源の保全はきわめて重要な課題である．

(5) 家畜育種の特徴

　家畜の育種は，動物の特性から植物育種と異なる点が多くある．家畜の繁殖は両性繁殖であり，自家受精が可能な植物とは違い，純系を作出するのがきわめて困難である．また，植物は種子により多くの子孫を残せるが，動物の産子数は少なく，そのため強度の人為淘汰や選抜が難しい．さらに，動物の世代間隔は長く，育種改良を進めるのに長い時間がかかる．

　家畜の育種目標は，①特定形質の付与，②特定形質の除去，③特定形質の固定，④バランスのとれた能力の向上，⑤新しい品種や系統の作出に大きく分類できる．形質に対する明確な目標があれば，その形質に対する選抜を行い，対象品種への導入や除去を行う．ある品種が特定形質を持たない場合は，他品種との交雑を行ったあとに選抜を行い，最終的にその品種内で形質を固定する．その結果，新しい品種や系統が造成されることもありうる．しかし，家畜の多くの形質は量的形質であり，また家畜の純系は作出が難しいことから，このような形質を完全に固定することは不可能である．一方，家畜の改良目標は複数にわたり，世代間隔の長さから，複数の形質に対するバランスのとれた能力の向上が必要になってくる．

2）形質の遺伝

(1) 遺伝子と染色体

生物の遺伝物質はデオキシリボ核酸（DNA）であり，DNAの構成成分である4種類の塩基の配列によって，遺伝情報が決定されている．哺乳類のDNAの長さは約30億塩基対，ニワトリでは約13億塩基対にも及ぶ．しかし，これらすべてが遺伝情報を担っているわけではない．遺伝子（gene）とは，ポリペプチドのアミノ酸配列やtRNAに代表される機能的RNAをコードするヌクレオチド配列を指し，それらを制御する調節領域を含める場合もある．それ以外の個所は一般的にジャンクDNAと呼ばれ，機能を有さないと考えられてきたが，わかっていない調節領域や相同組換え，生物進化に関係する可能性も示唆され始めている．ゲノム（genome）は，1つの生物に蓄えられている全遺伝情報を指す．

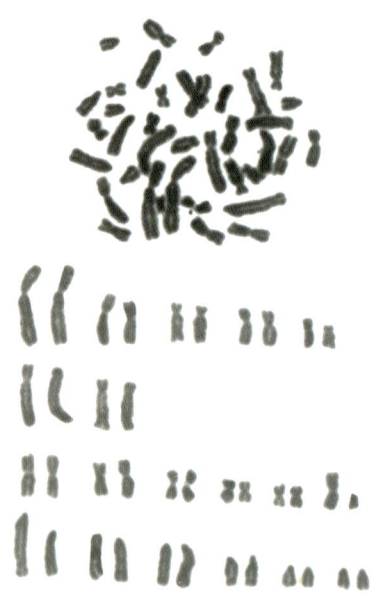

図6-5 ブタの染色体像と核型

この膨大なDNA鎖を物理機能上まとめているものが染色体（chromosome）であり，DNAとヒストンを代表とするタンパク質から構築される．家畜や家禽の染色体は核内に対（2n）で存在するが，配偶子形成時には減数分裂によって分離し，片方のみが受精によって子孫に伝達される．染色体の形や数には種特異性があり，その全体の形態を核型（karyotype）という（図6-5）．

(2) 遺伝的変異と遺伝的多型

生物種内では個体の遺伝的変異（genetic variation）が多く認められ，それらを遺伝的多型（genetic polymorphism）という．遺伝的多型は生物の形態をはじめとし，染色体構造，酵

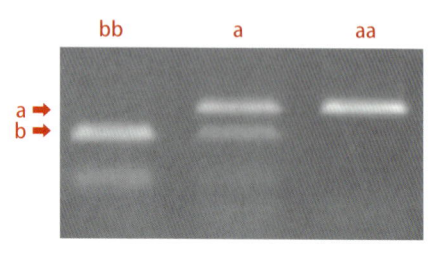

図6-6 電気泳動によるDNA多型の検出

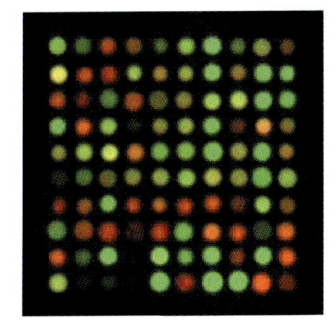

図 6-7 DNA マイクロアレイによる遺伝子型の判定

aa 型は赤, bb 型は緑, ab 型は中間色（黄・黄緑）で示され, 1つのスポットで1つの DNA 多型の分析が可能. 高密度アレイでは数万以上の多型を一度に解析可能である.

素, タンパク質の電気泳動像, DNA の塩基配列などの幅広いレベルで観察することができる（図6-6）. 通常, 1%未満の遺伝変異に対しては遺伝的多型と呼ばない.

　家畜においても遺伝的多型は, 血液型をはじめとするタンパク質多型から研究が始まった. ヒトの ABO 血液型に代表されるように, 当初は赤血球型を中心に研究が進められたが, その後白血球や血清タンパク質にも多型が見出され, これらを総称して血液型という. 血液型は, 個体識別や親子鑑別などを行うための遺伝標識としてこれまで利用されてきた.

　近年では血液型にかわり, DNA 多型が遺伝標識として用いられるようになった. マイクロサテライト DNA は, ゲノム中に散在する2～6塩基程度を単位とする単純反復配列の一種である. この繰返しの長さの違いに基づく DNA 多型は, 変異性が高く, 現在においても個体識別や親子鑑別, 連鎖地図の作成などに利用されている.

　一方, 21 世紀に入り, ヒトやマウス, ウシ, ニワトリなどの多くの生物種で全塩基配列を決定するゲノムプロジェクトが進み, ゲノム配列情報が利用可能となった. この流れの中で注目され始めたのが, SNP（single nucleotide polymorphism）と呼ばれる一塩基多型である. SNP は単純な一塩基の置換による多型であるが, 同一生物種の中で 1,000 万個以上多型が存在し, また DNA アレイなどの技術革新により数千～数十万種類以上の SNP を一度に解析可能である（図6-7）. 今後, DNA マーカーの主流となっていくであろう.

(3) 性に関する遺伝

哺乳類の性染色体は X 染色体と Y 染色体である．雄の遺伝子型は XY であり，雌では XX である．鳥類の性染色体は Z 染色体と W 染色体であり，雄は ZZ のホモ接合体，雌は ZW のヘテロ接合体の遺伝子型を示す．哺乳類では Y 染色体上の SRY（sex-determining region Y）遺伝子が性決定因子であるが，鳥類では未だ明らかではない．

伴性遺伝（sex-linked inheritance）は，性染色体上の遺伝子により決定される形質の遺伝である．哺乳類の X 染色体や鳥類の Z 染色体には，性決定と関係のない遺伝子も多数含まれている．これらのうち，XX 型や ZZ 型の劣性ホモで発現する形質は，哺乳類雄の XY 型や鳥類雌の ZW ヘテロ型で必ず発現するため，雌雄での形質発現頻度が異なる．

限性遺伝（sex-limited inheritance）は，いずれかの性に限定して出現する形質の遺伝である．哺乳類では雄の Y 染色体，鳥類では雌の W 染色体が，一方の性のみに存在するため，これら染色体上に存在する遺伝子は片性のみで発現する．いずれも性染色体に関する遺伝であるので，伴性遺伝の一種といえる．

従性遺伝は，常染色体上の遺伝子によって支配されるが，遺伝様式が性により調節され雌雄二型を示す遺伝である．常染色体上に存在するため両性ともにその遺伝子を持つが，性による体質やホルモンに代表される生理活性の相違により，性によって異なる形質の発現を示す．ヒツジの角の有無，鳥類の羽毛の雌雄差が従性遺伝を示す代表的な例である．

(4) 質的形質の遺伝

質的形質（qualitative trait）は，角の有無や血液型など形質が非連続的であり，形質の型が明確に区分できるものをいう．質的形質は，単一あるいは少数の遺伝子により支配され，環境の要因に影響されにくい．

質的形質は，優性と劣性，分離の法則および独立の法則に示されるメンデルの法則に基本的に従う．一方，家畜の形質の中には毛色や血液型など，不完全優性や共優性を示す現象もしばしば観察される．これらは単純なメンデルの法則には従わないが，メンデルの法則を拡充するものとして捉えられている．

(5) 量的形質の遺伝

量的形質（quantitative trait）は，体重や泌乳量のように連続的な数値で表される形質をいう．量的形質は効果の小さい多くの遺伝子（polygene）によって支配され，環境要因も大きく作用する．

家畜の経済形質のほとんどは量的形質である．量的形質に対する分析は，多くの遺伝子が関与しているため複雑になり，統計的手法を用いることが必須となってくる．ここでは，量的形質に対する育種を理解するうえで最も重要ないくつかの指標の概要について述べる．

量的形質の発現は遺伝と環境の両方が関与しており，形質の表現型値（P）は，遺伝子型値（G）と環境偏差（E）に分けられ，$P = G + E$ で示される．環境の効果は個体ごとに大きさが異なるが，表現型値の測定値が多くなるに従い 0 に近付く．多くの測定値を用いれば，表現型値の平均は遺伝子型値に等しくなるので，ここでは環境の効果を無視できると仮定する．また，個々の遺伝子型値は，遺伝子型の組合せによるばらつきを持っている．集団における遺伝子型値の平均を μ とし，その平均からのばらつき（偏差，遺伝子型の効果）を g とすると，個体の遺伝子型値は $G = \mu + g$ で示される．

遺伝子型の作用は，大きく相加的効果と非相加的効果に分けられる．相加的効果は，ある遺伝子が形質に対し加算的に作用する効果のことをいい，そうでない場合は非相加的効果で示される．各遺伝子型における相加的効果の和を育種価（breeding value）（A）と呼び，親が子へ受け渡す平均的な遺伝的価値を示している．しかし，育種価は遺伝子型の効果 g とイコールではなく，優性偏差（d）の効果が影響する．優性偏差はある遺伝子のヘテロ接合体の遺伝子型値が，両ホモ接合体の遺伝子型値の平均と等しくない場合に生じる効果である．これらの関係は，$G = \mu + A + d$ の式で示すことができる．

ある表現型値が平均からどれだけ散らばっているかを示す指標が分散（variance）（σ^2）である．分散の平方根（σ）を標準偏差と呼ぶ．ある表現型値の分散（σ_P^2）は，遺伝子型値の分散（σ_G^2）と環境効果の分散（σ_E^2）に分けることができ，$\sigma_P^2 = \sigma_G^2 + \sigma_E^2$ の式で示される．遺伝子型値と同様，遺伝子型分散（σ_G^2）も育種価の分散（σ_A^2）と優性効果の分散（σ_d^2）に分けることができ，$\sigma_G^2 = \sigma_A^2$

$+ \sigma_d^2$ の関係にある．この σ_A^2 は育種価の分散，つまり相加的遺伝分散（additive gene effect）であり，育種改良において最も重要な指標である．

3）集団の遺伝

　家畜育種の目的は集団から優良な個体を選抜し，家畜の進化を有益な方向に導くことにある．そのためには集団の遺伝的構成を把握し，どのような要因により集団の遺伝的構造が変化するのかを知る必要がある．

　遺伝学上での集団とは，単なる個体の集まりではなく，有性繁殖を行っているメンデル集団を指す．一方，家畜集団では人為選抜や淘汰が加わるため，遺伝構造の推移はメンデルの法則のみでは対応できない．集団における遺伝子構成を明らかにするためには，遺伝子型頻度および遺伝子頻度が基礎情報となる．遺伝子頻度はある集団において各対立遺伝子が含まれている割合，遺伝子型頻度は遺伝子型の集団での割合を指す．

　集団の大きさが十分に大きく，雌雄間で任意交配が行われている集団の遺伝子構成は，世代を重ねても遺伝子頻度と遺伝子型頻度は変化せず安定する．これをハーディ・ワインベルグの法則（Hardy-Weinberg law）と呼ぶ．集団の遺伝子構成に影響を与える要因としては，個体の移住，選抜，突然変異，遺伝的浮動がある．観察された遺伝子型頻度がハーディ・ワインベルグ平衡にあるかを検定することで，ある遺伝子や集団に対する選抜や移住の有無を調査することができるが，一時的に遺伝子構成が変化したとしても，集団に影響を与える要因がなくなれば，次世代において集団は平衡に達する．

　しかし，現実の集団の大きさには限りがあり，家畜集団では理想的なメンデル集団は存在しない．家畜集団では雄の数は雌の数より少ないのが普通であり，特定雄の利用や選抜により，集団の遺伝的多様性は小さくなっていく．野生動物でも，年々の自然条件により集団の大きさが変化することが知られている．これらさまざまな集団の遺伝的な大きさを評価するため，どの程度の理想的なメンデル集団の個体数に相当するかを換算したものが，集団の有効な大きさ（N_e）であり，次式で示される．

$$N_e = \frac{4N_m N_f}{N_m + N_f}$$

N_m はその世代に用いられる雄の数,N_f は雌の数である.N_e が小さくなると集団の近交係数(inbreeding coefficient)は上昇し,その増加率(ΔF)は次式で示される.

$$\Delta F = \frac{1}{2N_e}$$

集団の遺伝的多様性の減少は近交退化(inbreeding depression)を生じさせる可能性がある.家畜集団では多様性保持のため,近交係数やその上昇率が重要視される.

4)交 配 法

効果的な家畜育種を行うためには,適切な育種目標を設定し,それに適した選抜を行うとともに,最適な交配法を用いることが重要である.交配法は,大きく無作為交配と作為交配に分けられる.無作為交配とは,雌雄をランダムに交配する方法であり,それ以外はすべて作為交配である.また,交配間の類縁関係の程度から,外交配(outbreeding)と内交配(inbreeding)に分けることができる.

外交配は,交配する個体間の血縁係数が集団の平均血縁係数より低い場合の交配をいう.集団の近交係数の上昇抑制に適した交配法である.遠縁交配に分類される場合があるが,遠縁交配はより類縁関係が離れた交配である異品種交配,異種間交配,異属間交配を指す場合が多い.

内交配は,交配する個体間の血縁係数が集団の平均血縁係数より高い場合の交配をいい,近縁交配の一種である.ただし,近縁交配は品種内交配や系統内交配なども含まれ,個体間の組合せによっては必ずしも平均血縁係数より高い交配とならない場合もある.また,親子交配や全兄弟交配のように,血縁のきわめて近い個体間での交配を近親交配という.家畜では片親が同じである半兄弟交配も行われる.

内交配を継続すると,集団における近交係数が上昇し,集団の遺伝子型頻度や遺伝分散などに影響が出る.集団の近交係数が高まると,劣性不良形質の発現機会が増え,繁殖性や生存性に対する近交退化が問題となる.優良形質の固定や不良形質を集団から排除するという観点からは,内交配は重要な育種戦略であるが,近交退化と遺伝的多様性の減少,ひいては改良量の減少を招く.よって,遺伝的

多様性を保持しつつ，集団の遺伝的改良を進める育種戦略の構築が必要となる．現在，DNA遺伝情報の利用は，より正確な遺伝的能力の評価と集団の近交上昇の抑制に有効な方法となることが期待されている．

　異なる品種や系統を交雑した個体は，両親とは異なった，あるいは両親以上の能力を示すことがある．これは雑種強勢（heterosis）と呼ばれ，近交退化とは逆の現象といえる．雑種強勢は優性効果や遺伝子間の相互作用効果（epistasis）が要因になると考えられている．雑種強勢は，交配の組合せによる相性があり，強い雑種強勢を示す場合もあれば，そうでない場合もある．ウシ，ブタ，ニワトリなどの肉用家畜種では，品種間交雑による雑種強勢の利用が現在に至るまでなされている．

3．繁　　殖

1）繁殖とホルモン

　繁殖現象は，家畜が子孫を残すための重要な活動である．精子形成，卵子形成，排卵，性行動，受精，着床，妊娠，分娩，泌乳などの繁殖現象に関わるホルモンは，脳（視床下部，下垂体，松果体），性腺（生殖腺），副性腺（子宮，精嚢腺など）や胎盤などの組織および器官から分泌される．そして，そのホルモンの多くは化学構造的に分類される2種が特に重要な役割を果たす．ペプチド・タンパクホルモンとステロイドホルモンである．ペプチド・タンパクホルモンは，主に視床下部と下垂体から，また性腺からも分泌される．ステロイドホルモンは性腺から産生および分泌されるものを性ステロイドホルモンと

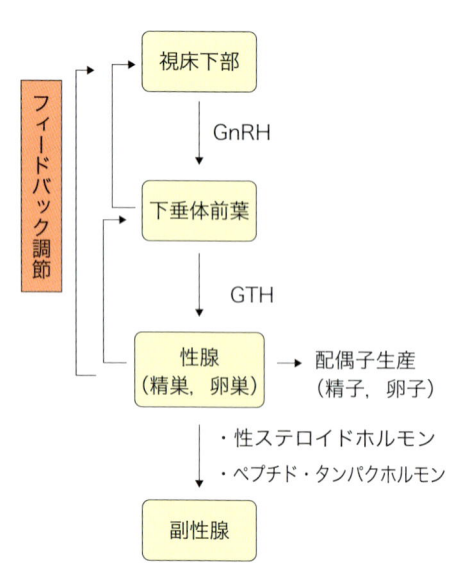

図6-8　視床下部－下垂体－性腺軸

呼び，配偶子の生産や副性腺の働きに重要である．繁殖機能の内分泌制御系では，視床下部－下垂体－性腺軸と呼ばれるホルモン系が重要である．性腺の働きは下垂体前葉からの性腺刺激ホルモンの調節を受ける．下垂体前葉の性腺刺激ホルモンの産生および分泌は，視床下部からの性腺刺激ホルモン放出ホルモンにより制御されている（図6-8）．この系は上位から下位への関係だけでなく，下位から上位へのフィードバック機構により調節されている．

(1) 脳のホルモン

繁殖活動において，家畜が環境から刺激を受ける重要な中枢器官として脳がある．家畜が飼育されている中で，日長や温度，異性からのにおいなどが視覚，嗅覚，聴覚，触覚を通じて脳に伝わる．繁殖現象に関わる脳のホルモンとして，視床下部，下垂体および松果体からのホルモンについて取りあげる（図6-9）．

①**視床下部ホルモン**…視床下部－下垂体－性腺軸に関わるものとして，視床下部で産生される性腺刺激ホルモン放出ホルモン（GnRH）がある．産生されたホルモンは神経細胞の軸索内を運ばれ，下垂体に分布する血管系の入り口である下垂体門脈に分泌され，下垂体へ移動する．GnRHは10個のアミノ酸からなるペプチドホルモン，分子量は約1,000である．下垂体における性腺刺激ホルモン（GTH）の産生や放出を促す．GnRHはキスペプチン（メタスチン）と名付けられたペプチドにより調節されていて，パルス状に分泌される．しかし，排卵時には一過性に大量に放出される．その他の視床下部ホルモンとしては，甲状腺刺激ホルモン放出ホルモン，成長ホルモン放出ホルモン，副腎皮質刺激ホルモン放出ホルモン，ドーパミンなどがあげられる．オキシトシンやバソプレシンは視床下部で作られ，下垂体後葉に蓄えられて分泌される．

②**下垂体前葉ホルモン**…下垂体前葉から分泌されるホルモンのうち性腺刺激ホルモン（GTH）と呼ばれる卵胞刺激ホルモン（FSH）と黄体形成ホルモン（LH）は，分子量約30,000の糖タンパク質であり，αとβサブユニットと呼ばれるペ

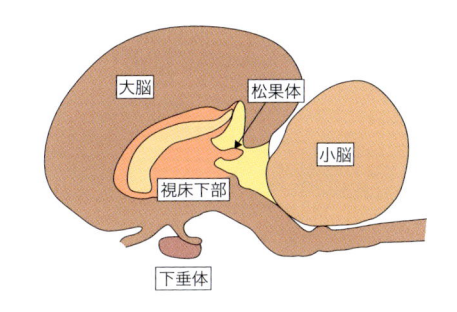

図6-9 脳の模式図

プチド鎖から構成されている．FSH と LH の α サブユニットは共通の構造をしているので，作用の違いは β サブユニットによる．これらのホルモンは同じ細胞から産生される．その他，プロラクチン（PRL）も分泌され，分子量約 22,000 の単純タンパク質である．妊娠や泌乳などに関連した機能を持ち，げっ歯類では黄体の機能を維持するのに重要である．乳腺においては，その発育や乳腺細胞での乳汁生産を促す．PRL の働きは多様である．鳥類では育雛に関連して，そ嚢のミルク（クロップミルク）や抱卵に適した腹部の皮膚の露出（抱卵パッチ）を出現させる．

③**下垂体後葉ホルモン**…オキシトシン（OT）は視床下部で生産され，下垂体後葉に蓄えられる．OT は 9 個のアミノ酸から構成されるペプチドである．機能としては，分娩に際して子宮収縮作用により分娩を誘起し，泌乳期では筋上皮細胞を収縮させ，乳汁を射出する．バソプレシンも OT と同様に視床下部で生産され，下垂体後葉から血中に分泌される．

④**松果体ホルモン**…メラトニンは松果体で産生されるホルモンで，分子量 232 のモノアミンである．この合成には日周リズムが見られ，暗期に合成が高まる．季節繁殖動物においてはメラトニンが性腺の調節に関与する．

（2）性腺ホルモン

性腺の生産するホルモンは，性ステロイドホルモンとペプチド・タンパクホルモンに分けられる．

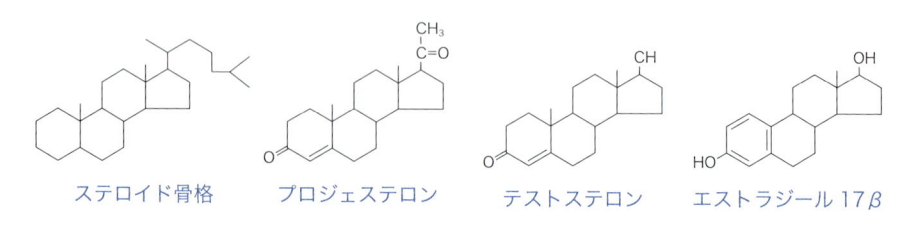

a．性ステロイドホルモン

ステロイドホルモンは卵巣と精巣の性腺だけでなく，副腎皮質や胎盤からも分泌される．性腺が産生することから，性ステロイドホルモンともいわれる．そ

図6-10　ステロイドホルモン骨格の種類

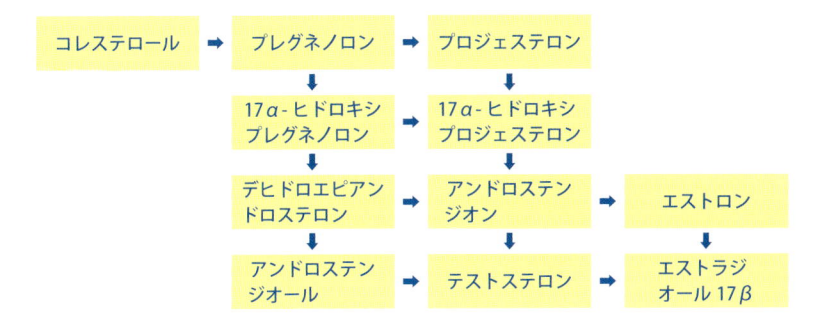

図 6-11　性ステロイドホルモンの合成経路

の基本となる分子構造はステロイド核から構成される．3つに分類され分子量は約300である（図6-10）．ジェスタージェン類（プロジェステロンなど），アンドロジェン類（テストステロンなど），エストロジェン類（エストラジオール17βなど）がある．性ステロイドホルモンは以下の経路により合成される（図6-11）．コレステロールからプレグネノロンになり，プロジェステロンか17α-ヒドロキシプレグネノロンとなる．プロジェステロンから17α-ヒドロキシプロジェステロンとアンドロステンジオンを経てテストステロンが合成される．もう1つは，プレグネノロンから17α-ヒドロキシプレグネノロンを経由する経路であり，デヒドロエピアンドロステロンとアンドロステンジオールを経てテストステロンになる．芳香化酵素（アロマターゼ）がテストステロンに作用することによりエストラジオール17β（E2）がつくられ，アンドロステンジオンへ作用するとエストロンとなる．性ステロイドホルモンを産生する細胞として，哺乳動物ではアンドロジェンは精巣のライディッヒ細胞や卵巣の卵胞膜細胞があり，エストロジェンは卵巣の顆粒層細胞で産生される．プロジェステロンは黄体細胞や卵胞膜細胞で産生される（☞図6-15）．一方，鳥類ではアンドロジェンは内卵胞膜細胞で産生され，外卵胞膜細胞ではエストロジェン，そしてプロジェステロンは顆粒層細胞で産生される．

①**性ステロイドホルモンの生理作用**…ステロイドホルモンは産生されると，タンパク質と結合して血中を移動する．標的細胞では結合タンパク質から遊離し，細胞内に入り込んで作用する．細胞質内では受容体と結合し，細胞核内に入り，DNA上の特定の位置で結合して遺伝子を働かせて機能する．

②**アンドロジェンの生理作用**…主要なアンドロジェンはテストステロン（T）である．主に精巣のライディッヒ細胞（間質細胞）から産生される．ライディッヒ細胞は下垂体からのLHによりその働きが調節されている．Tは精巣においては，精細管内に存在するセルトリ細胞に働きかけ，精子の分化および成熟に関与する．アンドロジェンは雄の2次性徴や性行動の発現に促進的に関与する．家畜の発育に伴い副性腺（前立腺，精嚢腺，凝固腺，尿道球腺）が発達，維持され，精液中の精漿部分を産生して，精巣から出た精子の成熟や生存性を高める．

③**エストロジェンの生理作用**…主要なエストロジェンはエストラジオール-17β（E2）であり，その他にはエストロンやエストリオールがある．雌の副性腺の発育と機能維持に関与し，2次性徴を発現する．性行動を誘起するとともに発情兆候を発現する．卵巣においては卵胞の細胞におけるFSHやLH受容体を発現させ，ステロイド合成を促進する．発情前期に大量に分泌されるエストロジェンは下垂体からのLHの大量放出（LHサージ）を引き起こし，卵巣における排卵を誘起する．

④**ジェスタージェンの生理作用**…主要なジェスタージェンはプロジェステロン（P4）である．P4はステロイドホルモンの合成経路上にあり（図6-11），アンドロジェンやエストロジェンの前駆体として，排卵後の卵胞で形成される黄体において産生される．雌の副性腺の機能を高めるが，これはエストロジェンが先に作用していることが重要である．妊娠の維持に必須のホルモンであり，多くの動物で妊娠中は高い血中濃度を示す．妊娠期には黄体の他，胎盤からも産生され，平滑筋収縮を抑制してオキシトシンに対する感受性を低下させる．乳腺に対してはエストロジェンやプロラクチンとともに働いて発育を促進する．

b．ペプチド・タンパクホルモン

性腺の産生するペプチド・タンパクホルモンとして，インヒビン，アクチビン，リラキシン，オキシトシンがある．インヒビンとアクチビンは糖タンパクであり，α鎖とβ鎖からなる．インヒビンは精巣のセルトリ細胞および卵巣の顆粒層細胞で産生および分泌され，下垂体前葉からのFSH分泌を抑制する．一方，アクチビンはFSH分泌を刺激し，卵胞の発育を促進する．リラキシンはA鎖とB鎖からなるポリペプチドで，分子量は約6,000である．妊娠中の黄体，子宮，胎盤から分泌され，機能としては子宮筋の収縮を弱め，分娩期には子宮頸管の拡張，

恥骨靱帯の弛緩を起こす．雄では精嚢腺上皮細胞で産生され，精子の運動性を高める．オキシトシンは下垂体後葉とともに卵巣の黄体でも産生され，子宮からのプロスタグランジン分泌を高めることにより黄体期を終了させる．

(3) 副性腺，胎盤のホルモン

副性腺（雌の子宮，雄の精嚢腺など）で産生および分泌されるホルモンとして，プロスタグランジンがある．また，妊娠期にだけ形成される胎盤からもホルモンが分泌される．

①**プロスタグランジン（PG）**…細胞内のアラキドン酸から合成され，分子構造上から数種類が区別される．雌では $PGF_{2\alpha}$ は子宮から分泌され，黄体機能を低下させることにより性周期中の黄体期を終了させる．妊娠末期には産生が増加し，PGE_2 とともに子宮平滑筋を収縮する．雄ではPGは精嚢腺から分泌され，精漿中に含まれる．雌性生殖道内で精子が上行するのを助ける働きを持つ．

②**胎盤性性腺刺激ホルモン**…性腺に働くホルモンは下垂体前葉からだけでなく，胎盤からも産生および分泌される．馬では妊娠中の血清中に，妊馬血清性性腺刺激ホルモン（PMSG）が存在する．胎子の絨毛細胞から産生されることから，ウマ絨毛性性腺刺激ホルモンともいわれる．糖タンパク質で α と β サブユニットからなり，分子量は53,000で，ウマではLH作用を示す．ウマ以外の動物に投与するとFSH作用を示し，過剰排卵誘起処理に用いられる．

2）性現象の生理

家畜は生殖活動により子孫を残す．性現象の発現（性成熟）は家畜個体の成長や栄養状態だけでなく，環境要因により影響される．動物は成長後，一定期間の生殖活動期から生殖老化を経て，生殖非活動期になる．しかし，家畜の場合には生殖老化になる以前に繁殖に使用（供用）されなくなる．雌では生殖活動期は周期性を示し，妊娠が成立して子を出産した場合と，交尾をしない場合で異なる様相を示す．

(1) 性　成　熟
家畜は，ある年齢（月齢）に達すると性腺の発育が完成し，生殖可能な生理状

態となる．生殖機能の完成を性成熟といい，性成熟の開始を春機発動として区別する場合がある．性成熟の開始は，品種，系統，栄養状態だけでなく，光，季節，温度などの環境条件により影響される．よい栄養状態や環境下で飼育され発育が良好であれば，性成熟が早まる．性成熟に達すると，雄では受精可能な精子を射出することができるようになる．雌では初回排卵を春機発動とし，その後安定して性周期を回帰し，交尾，妊娠，分娩，泌乳の繁殖現象が可能となる．

(2) 繁殖季節

繁殖季節とは繁殖行動が活発になる季節であり，これを示す動物を季節繁殖動物といい，繁殖季節が明確でない動物は周年繁殖動物という．季節繁殖動物には，日長時間が長い季節（春から夏）に繁殖活動が活発な長日繁殖動物（ウマやロバ），または短くなる季節（秋から冬）に活動が活発な短日繁殖動物（ヒツジやヤギ）がいる．一方，周年繁殖動物としてはウシやブタがあげられる．

(3) 完全生殖周期

哺乳動物の雌が妊娠および出産した場合の周期を完全生殖周期という．卵巣では卵胞が発育し，排卵する．交尾により妊娠して分娩をすると，子に対して泌乳（哺乳）する．子の離乳により1つの周期が終了する（図6-12）．雌では生殖活動期を通して，この周期が繰り返される．

(4) 不完全生殖周期

雌の妊娠が成立しない場合の周期を不完全生殖周期という．不妊周期，排卵周期，性（発情）周期の用語も使用される．この周期には3つの様相がある（図6-12）．完全性周期は卵胞期と黄体期があるもので，卵胞の発育と排卵，その後の黄体の活動により3〜4週間の長さとなる．ウシ，ウマ，ブタなどがこれを示す．不完全性周期では黄体期を欠くため，4〜5日程度の短い期間となる．ラットやマウスなどのげっ歯類に見られる．もう1つの型は卵胞性性周期である．卵胞は発育するが，排卵とその後の黄体期を欠く．ネコやウサギがこれを示す．以上の3型は交尾がない場合の周期であり，交尾をしたが妊娠に至らなかった場合は，不完全性周期と卵胞性性周期では黄体期（偽妊娠）が出現する．黄体が機能状態

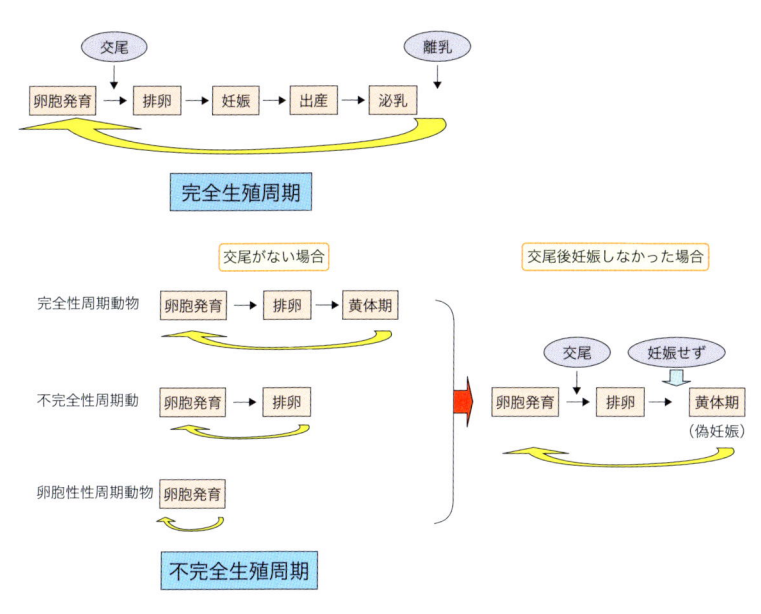

図6-12 完全生殖周期と不完全生殖周期

となるためであり，交尾刺激により下垂体からのプロラクチン分泌が誘起されることによる．卵胞性性周期では交尾刺激により排卵が誘起され，これを交尾排卵という．

a．性周期（発情周期）

　繁殖可能な性成熟期に達した雌では，交尾がなければ不完全生殖周期を繰り返す．この周期を性周期という．家畜の場合は雌が雄を迎え入れる状態や行動が明確であり，この時期を発情と呼ぶことから，発情周期ともいう．性周期は周年繁殖動物では1年を通じて，季節繁殖動物では繁殖季節にだけこの周期を繰り返す．この周期は発情を中心に，発情前期，発情期，発情後期，発情休止期の4期に分けられる．視床下部－下垂体－性腺軸を中心とする内分泌系とその影響を受ける卵巣，子宮や腟の形態と機能は周期的な変化を示す．発情前期には，卵巣では卵胞が発育し，排卵に備える．子宮では内膜上皮細胞の機能が活発となる．発情期となると雌の運動が活発となり，乗駕や被乗駕（乗駕許容）を行うなどの行動上の特徴が現れ，外陰部が充血し，粘液の漏出などの変化が顕著となり，交尾が行われる．このとき，卵巣から産生および分泌されるエストロジェンの量が上昇

し，下垂体からのLHの一過性の放出により，卵巣からの排卵が誘起される．排卵は交尾のあとに起こる．完全性周期の動物では，排卵後の卵胞は黄体となり，2週間程度の黄体期となる．一方，不完全性周期動物では，発情期に交尾があると，この刺激により黄体期が出現する．しかし，妊娠が成立していない場合には黄体は機能を失い，プロジェステロン分泌の低下が起こる．このときの黄体期は偽妊娠とも呼ばれる．妊娠が成立しない場合には，完全性周期動物，不完全性周期動物にかかわらず周期を繰り返す．

(5) 繁殖供用期間

家畜を繁殖に使う（供用）ことができるのは性成熟後になるが，性成熟直後の雄では性行動や精液性状が成熟個体と比べて安定していない．雌では繁殖供用が早すぎると母体および産子の発育に障害をきたすことがある．これらの理由により，性成熟から一定期間を経てから繁殖に供用することが重要である．一方，供用できる期間は生産性の面から考えなければならない．繁殖能力は年齢とともに低下してくる．雄の場合は精液性状や精子の受精能力の低下が起こり，雌では乳牛の場合は泌乳量や乳質が低下する．

3）生殖細胞とその生理

(1) 生殖細胞

動物の体は体細胞と生殖細胞からなる．生殖細胞は雄では精子，雌では卵子であり，それぞれの性腺（精巣と卵巣）で生産される．受精後，一部の細胞が始原生殖細胞に分化して性腺へ移動したのち，体細胞の影響を受けて生殖細胞（精子と卵子）になる．生殖細胞は減数分裂により染色体の数を半減し，受精により染色体数を復元し，次世代の個体を生み出す．

①**精子**…雄の性腺である精巣で発育する．精子形成は春期発動期を迎えると精細管内で始まる．精祖（精原）細胞は活発に有糸分裂を開始し，増殖する．有糸分裂により生じた一次精母細胞が，減数分裂により二次精母細胞となり，さらに精子細胞となる（図6-13）．これまでの過程を精子発生という．円形の細胞である精子細胞は，細胞質を失いながら，尾部を持った精子に変態する．この過程を精子完成という．精細管で形成された精子は，精巣上体を通過するとき，変化を

起こして成熟する．

②**卵子（卵）**…雌の性腺である卵巣で発育する．始原生殖細胞が有糸分裂を繰り返して卵祖（卵原）細胞になる（図6-14）．卵祖細胞が減数分裂を開始すると，卵母細胞となる．第一減数分裂を開始すると一次卵母細胞，第二減数分裂に入ると二次卵母細胞となり，この過程を卵子形成という．胎子期や新生子期に第一減数分裂を開始した一次卵母細胞は，その分裂の途中で止まる．性成熟後に，下垂体からの性腺刺激ホルモンであるLHが多量に放出されると，一次卵母細胞の第一減数分裂が再開される．このとき，一次卵母細胞の核（卵核胞という）が崩壊するように見えるので卵核胞崩壊と呼ばれる．第一極体は一次卵母細胞から透明帯との間に放出され，第一減数分裂が終了する．このときに一次卵母細胞は二次卵母細胞となり，排卵により卵巣から出る．

卵胞は生殖細胞とその周囲の体細胞の細胞層からなる．原始卵胞は扁平で1層の卵胞上皮細胞群から形成されている．性成熟に達すると，卵胞上皮細胞は分

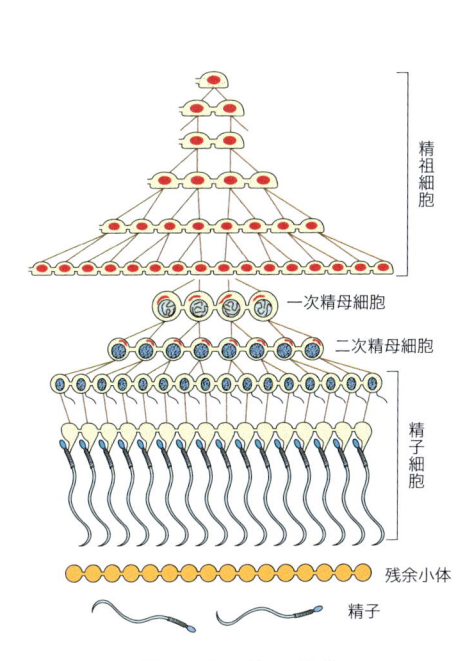

図6-13 精子形成
(Bloom, W. and Fawcett, D. W., 1975 を改変)

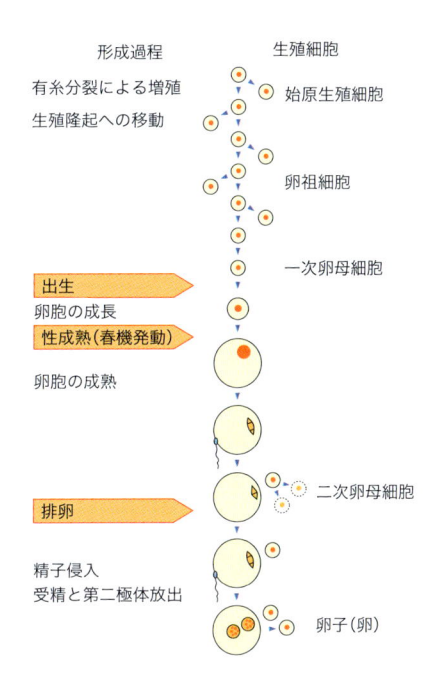

図6-14 卵子形成
(Baker, T. G., 1982 を改変)

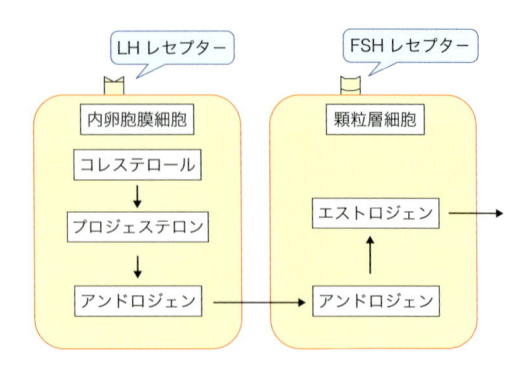

図6-15 哺乳類卵胞におけるステロイドホルモン合成

裂と増殖を繰り返し，多層の細胞層になる．この層を構成する細胞は顆粒層細胞であり，このような卵胞を一次卵胞という．顆粒層細胞の多層化により二次卵胞へと発育し，この過程で一次卵母細胞を取り囲む透明帯が形成される．卵胞がさらに発育すると，顆粒層に間隙ができ，ここに卵胞液がたまり卵胞腔を形成する．このような腔を持つ卵胞を三次卵胞（胞状卵胞）という．特に，排卵前の大きな卵胞をグラーフ卵胞ともいう．卵胞を構成する細胞層は，顆粒層と基底膜を隔ててその外側に卵胞膜層があり，卵胞が発育するにつれて内卵胞膜層と外卵胞膜層が区別されるようになる．顆粒層細胞はステロイドホルモンやタンパク質ホルモンを産生，分泌して，生殖細胞の分化や成熟を制御している．顆粒層細胞で産生される E2 は，内卵胞膜細胞と共同して，コレステロールからプロジェステロン，T を経て合成される．産生された E2 は下垂体から放出される FSH とともに，卵胞の発育に重要である．

4）受精と着床

　生殖細胞である精子と卵子が雌雄の配偶子として接触し，両者の核が合体して接合子となるまでの過程を受精という．精子が侵入した時点では，卵子は減数分裂の途中の二次卵母細胞である．減数分裂が終了した時点の雌性配偶子を卵子というべきであるが，通常は広く卵子が使用される．

(1) 精子の輸送と受精能獲得

　交尾により雌の生殖道内に射出された精子は，卵管膨大部で卵子と受精するため移動する必要がある．精液の射出部位は動物により異なり，腟内，子宮頚管，あるいは子宮である．雌の発情は排卵より前に起こり，精子は排卵の前に雌の生殖道内に送り込まれることになる．射出された精子は，雌の生殖道内を通る間に数が減少する．子宮頚管や子宮卵管接合部がその場であり，卵管膨大部に到達する精子は数十から1,000個前後となる．精子の移動には精子自身の運動性だけでなく，雌の生殖道の活発な運動も関与する．

　受精のため，精子は卵子の周囲にある卵丘細胞層と透明帯を通り抜け，卵子の細胞膜に結合し，融合する．しかし，射出直後の精子はこれを行うことができず，卵管膨大部に達するまでにある種の変化を遂げなければならない．この過程を受精能獲得という．精子には精巣上体や副性腺の分泌液からの糖タンパク質などの受精能獲得抑制因子が付着していて，これらが除去されることにより受精能が獲得される．受精能獲得した精子は，激しい尾部のむち打ちと頭部の運動を示すようになる．これを超活性化運動という．

(2) 排卵と卵子の移動

　ほとんどの哺乳動物の卵子は，二次卵母細胞の減数分裂の第二分裂中期の状態で卵巣から排卵される．排卵直後の卵子は透明帯で包まれ，その外側を卵丘細胞群で囲まれている．排卵された卵子は卵管采で受け止められ，卵管内へ送り込まれる．

(3) 精子の先体反応と受精

　精子の先体は頭部を覆うもので，ヒアルロニダーゼやアクロシンなどの酵素を含んでいる．受精能獲得した精子は先体の外膜が胞状化して先体の内容物を放出する．これを先体反応という．放出されたヒアルロニダーゼは，卵子の周囲に存在するヒアルロン酸からなる卵丘細胞群の細胞間基質を分解する．卵丘細胞群を通過した精子は透明帯と結合する．この結合は精子細胞膜上のレセプターと透明帯により起こり，透明帯に含まれる糖タンパク質は動物種により異なるので，あ

る程度の種特異性が示される．先体反応により放出されたアクロシンなどの酵素による透明帯の分解と超活性化運動により透明帯を通過した精子は，囲卵腔に進入する．卵子の細胞膜直下には，酵素類を含む表層顆粒が存在し，精子の進入により表層顆粒は卵子の細胞膜と融合し，その性質を変化させる．その結果，あとからきた精子は，透明帯や卵細胞膜に融合することができなくなる．これらの反応は，透明帯反応や卵黄ブロック（遮断）と呼ばれ，複数の精子が卵子に進入して起こる多精受精を防ぐように働く．精子が卵子内に進入すると卵子の活性化を引き起こし，減数分裂の第二分裂が再開され，卵子の核は雌性前核となる．一方，卵子に進入した精子の頭部は膨化し，雄性前核となる．両前核ではDNAの複製が開始され，核膜が崩壊して融合する．これにより受精が完了する．

a．初期胚の発生

雌雄の前核の融合により受精は終了し，受精卵となる．受精後から着床するまでは初期胚と呼ばれ，受精卵が分割（卵割という）を開始し，割球の数から2，4，8，16細胞期胚となる．はじめ割球は球形で，相互の接着は緩やかであるが，卵割が進むと各割球は接着を強めて胚全体で球形となる．これをコンパクションといい，桑実胚で起こる．胚盤胞になると，将来の個体となる内部細胞塊と栄養外胚葉とに分かれ，胚の内部には腔が形成される．胚盤胞は透明帯を破って脱出し，これをふ化という．その後，子宮に着床する．初期胚は受精の場である卵管膨大部から峡部を経て子宮へ進入するが，その時期と胚の発育程度は動物により異なる．多くの動物では，桑実胚までに卵管から子宮へ移動する．透明帯から脱出した初期胚は着床するまでに形を変化させ，ウシやブタでは栄養膜が大きく伸長する．着床前の胚に対する栄養は，子宮からの分泌液である子宮乳から得られる．

5）妊娠と分娩

(1) 妊　　娠

妊娠は，胚が子宮で着床したのち胎盤が形成され，胎子が子宮内で発育し，新生子として出生するまでの期間である．

a．着　　床

着床は，子宮に降りてきた胚がふ化後に子宮上皮細胞と接着したときに始まる．

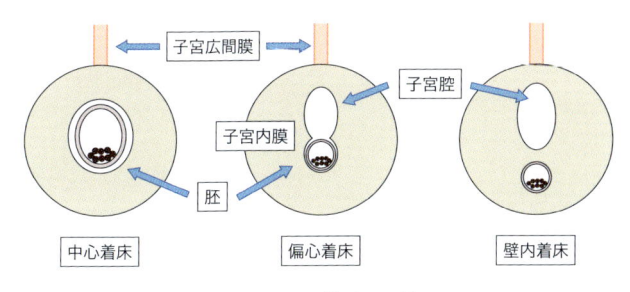

図6-16 着床の型
(丹羽晧二, 1994を改変)

着床の様子は，動物種により異なる（図6-16）．中心着床では，胚の栄養膜が伸長し，子宮内膜と広範囲にわたり接着する（ウシ，ブタ）．栄養膜が子宮内膜の内部に侵入しないので，表面着床ともいわれる．拡張しない胚では，子宮内膜のポケット状の窪みに入り込む偏心着床（げっ歯類），子宮内膜上皮を突き抜けて粘膜下の結合織まで達する壁内着床に区分される（ヒト，サル）．

b. 胎　　盤

胎子が発育するのに必要な栄養を摂取するための器官として，また母体との物質交換の機能を有する器官として胎盤がある．胎盤は胎子側と母体側の組織から形成される．胎子胎盤は絨毛膜からなり，母体胎盤は子宮内膜の固有層からなる．胎盤は絨毛膜の分布様式により分類される．散在性胎盤では絨毛は絨毛膜の全面に散在し，宮阜性胎盤では絨毛が子宮小丘の部位だけ発達する．帯状胎盤では絨毛は絨毛嚢の赤道面を帯状に発達し，その部位で子宮内膜と付着する．盤状胎盤では絨毛膜絨毛は胎包の一部に限定され，円盤状で子宮内膜に付着する（図6-17）．妊娠維持に重要なプロジェステロンは，黄体からだけでなく胎盤においても産生され，また絨毛性性腺刺激ホルモンや胎盤性ラクトジェンも産生され，胎盤は内分泌器

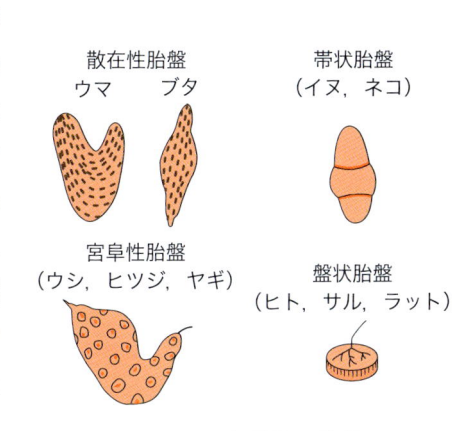

図6-17 各動物の胎盤
(Hafez, B. and Hafez, E. S. E., 2000を改変)

官として機能する．胎盤は免疫的にも重要な働きを持つ．すなわち，雄の遺伝子を有する胎子は，免疫学的には母体に同種移植されたのと同様である．しかし，胎子は母体から排除されずに，妊娠期間を無事に経過する．胎盤が産生するホルモンやサイトカインが胎子とともに母体の免疫機能に関与し，母体に留まるように働いているためである．

c．胎子の発育

初期胚である胚盤胞の内部細胞塊は，3胚葉（外胚葉，中胚葉，内胚葉）に分化し，組織や器官が形成される．胚が器官分化を終えると胎子となる．胚や胎子の日齢は交配日から算出されるが，不明の場合は発育段階から日齢を推定する．

d．妊娠生理

妊娠の維持には，内分泌系では視床下部－下垂体－性腺軸の働きが重要である．妊娠の初期には下垂体や卵巣が必要であり，これらの除去は流産を引き起こす．下垂体からの性腺刺激ホルモンや卵巣の黄体からのプロジェステロンが妊娠の維持に必要なためである．しかし，妊娠が進むと，胎盤においてホルモン産生および分泌を行う動物では下垂体や卵巣の役割は小さくなる．

①**プロジェステロン**…妊娠期間中はプロジェステロンの血中濃度が高く保たれている．プロジェステロンは，妊娠の初期には卵巣の黄体細胞から供給されている．妊娠の全期間を通じて卵巣が必要な動物や，妊娠の途中で卵巣を除去しても流産することのない動物がいる．この動物では，胎盤からプロジェステロンが産生および分泌されるためである．

②**エストロジェン**…妊娠中のエストロジェンの働きとしては，妊娠初期では受精卵の着床に必要である．妊娠末期には血中濃度が上昇し，分娩の開始に関わっている．また，乳腺の発達に対しても重要な働きをする．

e．妊娠期間

妊娠の開始は，胚が子宮内膜に着床した時点である．しかし，これを判定することができないので，家畜では交配日または授精日を妊娠の開始とし，妊娠期間を算定している．妊娠の終了は，胎子と胎子付属物の排出としている．妊娠期間は動物種により異なる（表

表6-7 各種動物の平均妊娠期間

ウ　シ	
ホルスタイン	280（日）
黒毛和種	285
ウ　マ	338
ブ　タ	115
ヒツジ	150
ヤ　ギ	154

6-7).

(2) 分　　娩

　胎子は子宮内で成長し，外部で十分に生存できるようになると母体から出る．母体においては，妊娠後期になるとそれまで優位であったプロジェステロンの血中濃度が低下し，エストロジェンの濃度が上昇するなどのホルモン変化が生じ，母体自身が胎子を娩出する準備を整えている．一方，胎子からのシグナル，すなわち胎子からの副腎皮質ホルモン刺激ホルモン（ACTH）－副腎皮質ホルモン系が分娩の引き金になることがウシ，ヒツジやブタで知られている．分娩に向かう母体の変化は，子宮や産道に現れる．妊娠中は子宮の収縮は抑えられているが，エストロジェンの増加と P4 の減少により，収縮が起こりやすくなる．子宮の収縮は平滑筋の収縮に起因し，$PGF_{2\alpha}$ やオキシトシンが関与している．リラキシンは胎盤や黄体からの産生されるペプチドホルモンであり，恥骨靱帯の弛緩や子宮頸管の軟化などの作用を持つ．このようなホルモンの相互作用により，分娩の準備が整えられ，乳房の腫大や外陰部の充血と腫脹が明瞭となる．

　分娩の経過は 3 期（開口期，娩出期，後産期）に分けられる．第 1 期（開口期）は産道の形成と娩出のための準備期間で，子宮頸管の拡張と陣痛がある．陣痛の間隔が短くなり，持続時間が長くなる．第 2 期（娩出期）は胎子が娩出されるまでの期間で，尿膜の破裂による 1 次破水と羊膜の破裂による 2 次破水が起こり，液が流れ出る．このとき，胎子の前肢と頭部が現れ，胎子が娩出される．第 3 期（後産期）は，胎子が娩出されて，後産が排出されるまでの期間である．後産では，胎子側の胎盤と胎膜が排出される．

4．家畜の改良技術

　家畜とはヒトがある目的を持って飼育している動物で，遺伝学的，繁殖学的，その他必要な改良が野生動物からなされたものである．これには産業家畜（食料，使役），社会家畜（伴侶，娯楽，観賞）および科学家畜（実験動物）がある．家畜化や育種および改良は有史以前から脈々と行われてきた．科学的な育種は，質的形質に加えて量的形質を集団遺伝学や統計遺伝学の理論を駆使することにより実

施されている．その家畜の遺伝的な能力を測定および評価して，育種や改良の目標を定めて，繁殖を人為的に制御して効率よく行うことが重要である．精液を凍結する技術の確立と人工授精の普及が科学的育種繁殖に大きく貢献し，さらに生殖細胞や初期胚を採取して操作を加えたりする技術に発展した．

1）人工授精

人工授精（artificial insemination, AI）とは，精液を人為的に雌の生殖器に注入して妊娠させることである．家畜の繁殖を人為的に支配すると，育種および改良や生産が効率化できる．哺乳動物では1780年にイヌで初めて人工授精により産子が得られた．20世紀初頭には精液取扱いの技術開発が進み，ウマ，ウシ，ヒツジ，ブタなどにも適用されている．現在は畜産や養殖漁業などの他にヒトの生殖医療（不妊治療）などの目的で行われている．人工授精は，精液の採取，検査，希釈，凍結，保存，輸送，注入の各技術から成り立っている．

現在，日本でのウシの繁殖はほとんどが人工授精で行われているが，以下のような利点がある．①精液の希釈や凍結により多数の雌の半永久的な受胎．②優秀な雄の遺伝形質の急速かつ広範囲な伝搬．③短期間に多数の雌に交配できるので，雄の能力の早期発見．④自然交配の不可能な家畜への応用．⑤家畜の移動ではなく精液のみの遠距離輸送が可能．⑥雄の飼養に要する経費の削減．⑦交尾をしないで伝染病疾病の予防．⑧希少動物や受精卵などの遺伝資源の保存．⑨X精子とY精子の分離による雌雄産分け．

しかし，以下のような欠点もある．①高度な技術と設備が必要で1回の種付けに時間がかかる．ただし，精液購入の場合は自然交配よりも手間がかからない．②遺伝的多様性の減少や，雄の遺伝的不良形質や伝染病の病原がある場合は自然交配よりも被害が拡大しやすい．③技術の未熟さ，不注意などによる生殖器伝染病の蔓延や生殖器病などを起こす可能性．④精液の誤処

図 6-18 擬牝台（自走式）
種雄牛が自然に近い状態で乗駕し射精する．
（写真提供：富士平工業社）

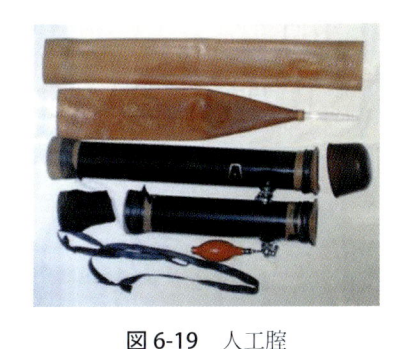

図6-19 人工腟
内側から先端に精液管を装着した三角形のゴム内筒，長方形のゴム内筒，樹脂製の外筒をセットする．外筒の内側に 40 〜 45℃のお湯を注入して圧迫感と温感を与える．（畜産技術協会：牛の人工授精マニュアル p.40）

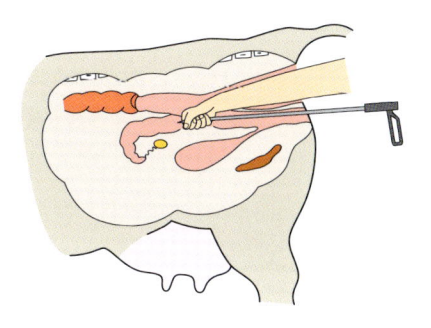

図6-20 直腸腟法によるウシの人工授精
注入器を腟内に挿入保持し，他方の手を直腸内に入れて子宮頚を固定し，注入器の先端を外子宮口に導き，さらに，深部へと誘導し，頚管深部または子宮体に注入する．（金川弘司，1995）

理や誤注入，あるいは不正の可能性．

ウシをはじめ多くの家畜の精液採取は，雄を擬雌台（図 6-18）や雌に乗駕させ人工腟（図 6-19）で精液を採取するのが一般的である．他に，強制的に射精させる電気刺激法（交尾不能や交尾欲に乏しい種畜），陰茎のらせん部分を強く握る手圧法（ブタ），腹部マッサージ法（ニワトリ）などがある．

人工授精を行えるのは，獣医師または人工授精師に限られる．人工授精用精液の採取と処理ができる施設は国と都道府県の専用施設および家畜人工授精所に限られる．ただし，学術研究または自ら飼養する雄からの採取と処理や，精液を購入して自ら飼養する雌への注入は家畜改良増殖法に合法である．人工授精の方法は直腸腟法（図 6-20）が一般的である．

ブタおよびニワトリの人工授精は，ほとんど液状精液が用いられている．凍結精液による受胎率の向上が望まれている．

2）胚 移 植

胚移植（embryo transfer, ET）とは，体外にある着床前の受精卵や初期胚を雌の生殖器に移して，着床，妊娠，分娩させることで，受精卵移植とも呼ばれる．ドナー（供卵）雌とレシピエント（受卵）雌の選定，過剰排卵誘起処理，胚の採取，検査，保存，移植，妊娠診断，分娩と多くの段階により成り立つ．また，体

外受精，核移植（クローン），雌雄産分けなどの新しい技術を応用する際の基礎技術でもある．

胚移植には以下のような多くの関連技術が関与する．

①**適切なドナーの選定**…経済性や遺伝的能力に優れ，繁殖機能が正常であることが重要．

②**適切なレシピエントの選定**…繁殖機能が正常かつ妊娠分娩に支障のない体格で，正常な発情の確認が重要．携帯型超音波診断装置が選定に有用．

③**過剰排卵処理**…ドナーに各種性ホルモン剤を投与後人工授精をして，多数の受精卵を生産する．バルーンカテーテルを用いて，子宮洗浄により後期桑実期から胚盤胞期の胚を効率よく回収する．

④**胚の鑑別**…良質な形態の胚を選別する．品質評価は国際受精卵移植学会の基準に従い，エクセレント（excellent），グッド（good），フェアー（fair），プアー（poor），死滅または変性（dead or degenerating）に分類するのが一般的．

⑤**凍結保存**…胚をよく洗浄して粘液，細菌，ウイルスなどを除去後，液体窒素タンク内で胚を凍結保存する．この技術開発により，胚の長距離輸送や半永久保存が可能になり，凍結胚での遺伝子資源保存により疾病や遺伝的汚染の防御および動物飼育経費節減ができる．また，ドナーとレシピエントの性周期の同期化が不要となる．

⑥**移植**…発情発現あるいは排卵の時期がドナーに近いレシピエント，あるいは各種ホルモン剤投与により人為的に発情周期や排卵周期を制御したレシピエントに移植する．

⑦**雌雄産分け**…Y染色体だけにある雄特異的DNA配列をPCR（polymerase chain reaction）を利用して胚の雌雄を判別し，特定性別の産子を生産する．

3）体外受精

雌の体外で人為的に受精させることで，1959年にウサギで初めて産子が得られた．実験動物で研究が進展し，ヒトでもほとんどの家畜でも産子が得られている．日本のウシの受胎率は新鮮胚，凍結胚ともに約40％であり，黒毛和牛の胚を乳牛に受胎させることが多い．体外受精（*in vitro* fertilization，IVF）は卵胞卵子の成熟培養，精子の体外での受精能獲得，成熟卵子の体外受精，体外受精卵の

培養や生産の一連の過程から成り立つ．卵子の採取は，食肉処理場から得た新鮮卵巣からの未成熟卵子採集と，超音波診断装置を用いて生体卵巣の成熟卵胞からの卵子採集がある．未成熟卵子はホルモン添加した培地で培養して成熟させる．射出直後や凍結融解したウシ精子を培養下で受精能獲得を誘起させてから成熟卵子とともに培養（媒精）する．また，顕微鏡下で卵子の細胞内や囲卵腔に精子を注入して受精させる（intracytoplasmic sperm injection，ICSI）こともできる．

4）胚　操　作

家畜で胚そのものに顕微鏡下でさまざまな処置を施し，遺伝組成や遺伝子の改変をする以下のような技術が開発されている．

①**クローン**…遺伝的に同一である個体や細胞のこと．除核した成熟卵の細胞質に，他の有核細胞を融合させたり，核だけを移植し，同一優良表現型の受精卵を生産する．現在では，成熟したヒツジやウシの体細胞核由来のクローンが産出されたことから注目されている．

②**胚の切断および分離**…胚細胞を分離して別の卵子の透明体に入れ直すことで，多数の一卵性双子が作出できる．

③**キメラ**…キメラとは，2つ以上の胚に由来する細胞集団から発生した個体のこと．透明体を除去した初期胚同士を接着させて集合させる方法と，レシピエントの胚にいろいろな細胞種に分化することができるドナーの胚細胞，ES細胞（embryonic stem cells）などの未分化細胞を注入する方法がある．

④**雌雄産分け**…X精子とY精子のDNA量の差異を検出して，それぞれを分取して媒精する．

5）発情周期の同期化

発情周期（性周期）を人為的に制御して同期化することにより，繁殖業務管理の省力化，発情発見率や繁殖効率の向上，計画的生産，胚移植への応用など利点が多い．ホルモン処理により排卵時期を制御する．季節繁殖動物では，性腺機能の年周リズムの人為的調節による季節外繁殖も可能である．

6）選抜淘汰

　個体，家系，血統のレベルで望ましい形質の選抜や，望ましくない形質の淘汰により，望ましい遺伝子の頻度が高まる．後代検定により，より正確な遺伝的評価が可能となる．量的形質の近傍にある遺伝子を探索して，正確かつ能率的に選抜するマーカーアシスト選抜も実用化研究が進められている．

　家畜の血統，能力または体型について審査を行い，一定の基準に適合するものを登録すること（家畜登録制度）は，不良形質の淘汰，優良家畜の選抜，近親交配の防止など，家畜の改良増殖に果たす役割がきわめて大きく，かつ公共性が強いことから，家畜改良増殖法（第32条の2）で所要な規定を設けている．

第7章

安全な畜産物の生産

1. 畜産衛生

1）生産と動物衛生

　健康とは，生体の器官がうまく調和して正常な機能を営み，周囲の環境とよく適応している状態を指し，疾病とは，生体の生理機能が何らかの原因により正常に働くことができなくなった状態を指す．

　家畜生産のためには，家畜を健康に保つことが最も重要である．従来は，健康維持は，生産性の向上（生産量を増やす）を主たる目的としてきたが，現在は，生産物の品質の向上（安全で高品質の食品の生産）および家畜が生きている間は質の高い生活を過ごす権利があるという観点（動物福祉）からも重視されている．

　健康の維持のためには，栄養や飼養方法，畜舎環境などの管理と並んで，疾病の防除が重要となる．

（1）防疫と消毒

　外部からの病原体の侵入を防ぐことを防疫と呼ぶ．防疫は，個体レベルから農場，地域，国，世界レベルまで存在する．いずれのレベルにおいても，動物と病原体を接触させないことが原則となる．

　個体レベルの防疫としては，①病原体に感染した動物，②病原体に汚染された飼料や敷料，③病原体を伝搬する野生動物や昆虫との接触を避けることが基本である．

　農場レベルの防疫は，原則は個体レベルと同様であるが，①部外者の立入りを禁止する，②来訪する車両などを消毒する，③農場の作業者が病原体を持ち込ま

ない，④外部からの生物の侵入を防ぐなどの対策がとられる．特に，養鶏場や養豚場では厳しい防疫対策が講じられる場合が多く，SPF（specific pathogen free, 特定の病原体が存在しない状態）農場では，作業者および来訪者が，家畜飼養施設内に入る場合には，シャワーで全身を洗浄し，農場備付けの靴下，下着，作業服に着がえて，外部で病原体に汚染された可能性があるものは一切持ち込まないルールを作っている（図 7-1）．また，他の農場を訪れた場合や，特定の病原体に汚染されている可能性がある国を訪れた場合，3 日から 1 週間程度の期間を設けて，農場内への立入りを禁止している場合もある．

　地域および国レベルでの防疫は，汚染された地域や国からの病原体の流入を防止することが中心となる．家畜伝染病予防法（家伝法）の下で家畜の伝染性疾病の発生予防措置が行われる．特に，この法律で悪性の疾病として指定された家畜伝染病（法定伝染病）の蔓延防止に関しては厳しい規定が設けられている．また，現在わが国に存在しない家畜伝染病で，国内侵入時，畜産および国民の社会生活上に重大な影響を及ぼす恐れの強い悪性伝染病を海外悪性伝染病と呼ぶが，これに対しては，輸入時の検疫や，汚染国からの家畜や畜産製品の輸入禁止により対応している．国内で法定伝染病が発生した場合は，家畜伝染病予防法に基づき，主として殺処分方式により感染源を根絶して常在化を防ぐ防疫対策が実施される（☞ コラム「92 年ぶりのわが国での口蹄疫の発生」）．

図 7-1 SPF 農場のシャワーおよび更衣室
豚舎に入る前に全身を洗い，洗いたての靴下，下着，作業着にすべて着がえて，病原体の外部からの持込みを防止する．

防疫は，病原体の侵入を物理的に遮断することが原則であるが，ワクチンなどによって，免疫を付与することによって動物を感染から守ることも重要な手段である．

病原体の侵入防止および器具や畜舎に存在する病原体の殺滅のために，消毒が行われる．消毒剤としては，一般的に次亜塩素酸ナトリウム，石灰，ホルムアルデヒド，逆性石けん製剤，両性石けん製剤，アルコール製剤，ハロゲン塩製剤，トライキルなどの複合製剤，オゾン水などが用いられる．車両の場合，消毒槽に

コラム 「92年ぶりの口蹄疫の発生」

口蹄疫（foot-and-mouth disease）は，鼻・口部の粘膜，蹄周縁部の皮膚などに重篤な水疱性病変を生ずる急性ウイルス病で，ウシ，スイギュウ，ブタ，メンヨウ，ヤギ，ラクダ，ゾウなどの偶蹄類が感染する．死亡率は低いが伝染力は非常に強く，集団的な大流行を引き起こし，乳肉の生産を著しく阻害する．

2000年（平成12年）3月12日に宮崎県の肉牛肥育農家の1頭が発症し，3月21日，獣医師は口蹄疫を疑って，宮崎家畜保健衛生所に通報した．同日，農林水産省畜産局衛生課は，動物の隔離，施設の消毒などの措置と同省家畜衛生試験場に病性鑑定材料を送付することを指示した．23日，家畜衛生試験場は，血清検査により，抗体陽性の結果を得て，「口蹄疫」の疑似患畜と診断した．ウイルスに感染することによって，特異的な抗体が動物体内で作られるため，抗体陽性は，すでに感染したことを示す．わが国では，口蹄疫に対するワクチン接種は行われていないため，「抗体陽性＝感染」である．

直ちに，家畜伝染病予防法に基づき，①発生農場において，飼養牛全頭を殺処分，畜舎の消毒，汚染物品の焼却，②発生農場の周囲に移動制限地域を設定し，当該地域内の家畜の移動禁止，家畜市場の閉鎖など，③周辺農場および関連農場の立入検査などの措置がとられた．

わが国における口蹄疫の発生は，1908年以来，実に92年ぶりであった．

その後，周辺地域において，3月25日・10頭患畜，4月3日・9頭疑似患畜，4月9日・患畜10頭，疑似患畜6頭が検出された．宮崎県の14,308戸をはじめ，全国で10万戸以上の乳牛および肉牛飼育農家，6千戸近い養豚農家の立入検査などが実施され，全国から5万近い検体が家畜衛生試験場に送付され，24時間体制での血清検査が行われた．

宮崎県からの感染拡大は食い止められたと思われたが，5月11日，北海道の肥育牛農家の2頭に感染が確認され，この農家で飼育されていた全705頭を殺処分とした．

これら迅速な対応により，その後，わが国における発生は見られず，同年9月26日，パリで開催された国際獣疫事務局（OIE）の「口蹄疫その他疾病委員会会議」で，わが国の口蹄疫清浄国への復帰が承認された．

口蹄疫の感染経路に関しては明確な結論は得られていないが，分離されたウイルスは東アジアで流行している遺伝子型を持つことから，農場で給与されていた中国産ムギワラに付着して持ち込まれた可能性が指摘されている．（中井　裕）

よるタイヤ，消毒液散布によるボディーの消毒が行われる（☞ 図7-5）．畜舎の出入り口には踏込み槽を設置し，長靴の消毒を行う．踏込み槽の場合，消毒液は靴に付着した糞便などの有機物やアンモニアによって汚染されるため，次亜塩素酸ナトリウムやオゾン水では，消毒効果が大幅に減じられることがある．消毒薬の種類や消毒液の交換頻度などに留意する必要がある．

消毒剤を用いずに，洗浄を兼ねてスチームクリーナーなどの高温の水または水蒸気を用いて消毒を行う場合もある．スチームクリーナーの場合，ノズルから離れるに従って大幅に温度が低下するため，単に病原体を吹き飛ばすだけの水洗いと同程度の効果しか得られないこともあり，水蒸気温度を確認してから，使用すべきである．

(2) 飼い方と衛生

飼養規模，飼養密度，素畜(もとちく)の導入方法，畜舎の利用方法などにより，衛生状態は影響を受ける．

病原体の伝播は飼養規模に影響され，病原体の伝播の可能性（N）と集団の頭羽数（n）の関係は，$N = n^2 - n$ である．すなわち，10頭を飼養している場合，$N = 90$ であるが，100頭飼養では $N = 9,900$ となり，10羽のときの110倍伝播の可能性が高まる．したがって，大規模飼育で，特に飼育密度が高い場合は，感染症が蔓延する危険性が高く，注意する必要がある．

素畜を外部から導入する場合には，導入前の健康状態の確認も重要であるが，導入後，群にすぐに混ぜずに，単飼して，観察期間を設ける必要がある．

畜舎の利用方法としてはオールイン・オールアウトが理想である．すなわち，畜舎を完全に空にして，十分に清掃して消毒したあとに新規の一群を導入し，飼育期間は他の個体を導入することなしに飼養する．全頭の出荷が終了したあとに畜舎を清掃および消毒し，次の群の導入を行う．この方法はブロイラー生産では一般的である．オールイン・オールアウトをとらない場合，畜舎が病原体に常に汚染された状態となることもある．衛生状態が悪い養豚場では，マイコプラズマなどの病原体が蔓延し，肺炎が常在化して，ブタの咳が常に聞こえることも少なくない．

畜舎の環境条件は疾病の発生に大きく影響する．夏季の高温などでストレスが

図 7-2　セミウインドウレス鶏舎
鶏舎の一端には換気および温度制御のためのファンが設置され（左上），内部には陣笠様の加温用のヒーターが天井から下げられている（右上）．飼養時には床にはおがくずが敷かれる．給餌は外部の餌タンクから自動で給与される（左下）．
（写真提供：井上孝秀氏）

増大することにより，養鶏場で重篤なコクシジウム症が発生して，一晩にして群の大半が死亡することもある．通風の悪化などによって，畜舎内のアンモニア濃度が上昇すると，ブタなどでは呼吸器系の疾病が蔓延しやすくなる（図 7-2）．

　家畜は常に高い生産性を求められており，栄養の「入」と生産の「出」の間の不均衡が原因となって代謝障害が起こりやすい．放牧牛の低マグネシウム血症や乳牛の乳房炎などがあげられる．その多くは生産に結び付いた疾病であるので，生産病と呼ばれる．生産病により，代謝障害，繁殖障害や泌乳障害などが起こるが，その原因は多岐であり，複雑である．

2）感染症とその予防

　疾病の原因は，生物的因子（病原体の感染），化学的因子（農薬，有毒植物，亜硝酸塩，飼料中のかび毒などによる中毒），物理的因子（放射能，感電など）に分けられる．疾病はいずれかの因子が存在すれば必ず発生するわけではなく，病原因子の質および量，動物の状態，環境の 3 者の相互関係によって発生の有無および程度が決定される．

　病原体が侵入および増殖することを感染，感染の結果，動物が何らかの異常を

きたした状態を発病と呼ぶ．病原体感染により成立する疾病が感染症である．病原体は，皮膚，呼吸器，消化管，生殖器などを通過して体内に侵入する．体内に侵入した病原体は，組織内を連続的に伝播していくものや，リンパ管や血管を通じて伝播して広がっていく．全身性に伝播するものもあるが，局所に留まるもの，特定の臓器に指向性を持つ病原体も多い．

感染症は，敗血症，持続感染，混合感染などに型別される．敗血症は，局所感染した病原体が，血液中に流入し，重篤な全身症状を引き起こす．持続感染は，潜在感染，慢性感染，遅発性感染などに分けられる．混合感染では，何らかの病原体が初感染し，他の病原体が二次感染を起こすことにより症状が悪化する場合が多い．感染症により，①発熱，②体液の障害（脱水症，電解質不均衡，酸塩基平衡障害（アシドーシスとアルカローシス）），③栄養状態の悪化などの全身症状が現れる．

病原体は，①垂直伝播（胎盤感染，産道感染，母子感染（母乳および接触），介卵感染など）や，②水平伝播（接触，汚染飼料，土壌，空気，媒介動物）によって伝播する．

感染症は，①感染源（保有体，キャリアー，汚染土壌），②伝播経路（水系伝播，空気伝播，風伝播，ベクター（機械的，生物的伝播）），③感受性動物（個体および集団の中で免疫が不十分で病原体に対する感受性を持つもの），④環境（病原体が伝播しやすい環境，動物に対するストレス）の存在によって成立する（図7-3）．感染症は，これらの因子を制御することによって予防できる．これらの因子の制御が十分にできない場合は，予防薬の投与を行う．感染源および伝播経路を断つためには，生産現場の衛生が最も重要である．これを目的として，農場の

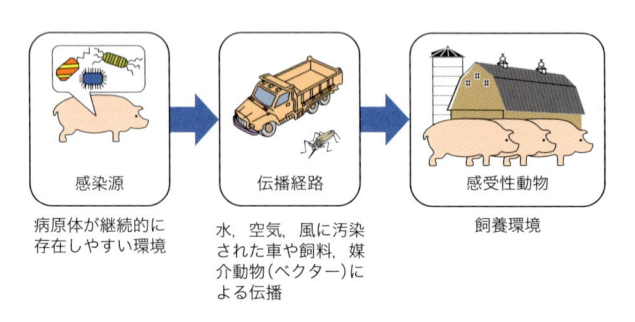

図7-3 感染症が成立するための因子

SPF 化が行われる．

　感受性動物を減らすことを目的として，ワクチン接種が行われる．ワクチンには，病原性が弱い生きた病原体を用いる生ワクチン，病原体を殺滅したものを用いる不活化ワクチン，病原体の一部のタンパク質などを遺伝子組換え法により作成するリコンビナントワクチンなどがある．

3）衛 生 管 理

　衛生管理は，①感染源の遮断，②オールイン・オールアウト，③ワクチン接種，④予防薬投与，⑤診断，⑥治療薬投与，⑦感染個体の排除，⑧消毒清浄化などによって行われる．

　飼料は原料調達および製造の段階で，衛生管理が徹底されており，特にかび汚染原料の排除やネズミが媒介するサルモネラ菌の混入には十分な配慮がなされている．飼料搬入用のトラックは飼養場内に入る際に消毒槽を通過してタイヤを消毒し，上部からの消毒液によって車体全体が消毒される場合もある．飼養場には野生動物や野鳥などの侵入がないように配慮されている．また，来訪者は制限されており，一般の見学は認められない．

　疾病の制御は，これまでは主に，飼料に添加して与えられる予防剤などによって行われてきた．しかし，薬剤耐性病原体が出現し，野外での薬効が大幅に低減した薬剤も少なくない．新規の薬剤開発は容易ではないため，ローテーションプログラムやシャトルプログラムと呼ばれる方法で，現存の薬剤の種類をかえながら飼養群に投与して，薬剤耐性株の出現を防ぐことも行われている．予防薬の飼料への添加は畜産業では広く行われてきたが，薬剤の残留性や家畜病原体の薬剤耐性遺伝子がヒトに感染性を持つ細菌に伝播する危険性などから，近年は畜産現場での薬剤の使用は避ける方向にある．疾病の予防にはワクチンも用いられている．

　ウイルスでは，遺伝子組換え法により，ウイルスのタンパク質などの一部を大腸菌などで生産して，感染の危険性が全くないリコンビナントワクチンが実用化されている．

4）家畜衛生と法規制

　家畜衛生は，農家や農場が自ら行うのが基本であるが，疾病の予防助言や疾病発生への対応は，地域の獣医師や家畜診療所の獣医師によって行われる．国は農業災害対策として保険の仕組みによる農業災害補償制度を定めているが，その1つに家畜共済事業があり，農業共済組合（市町村が行う場合もある），農業共済組合連合会，政府（農業共済再保険特別会計）の3段階制で運営されている．家畜診療所は組合または連合会によって設けられる．

　家畜衛生の向上，家畜の伝染病の発生予防および蔓延防止を担当する機関として家畜保健衛生所がある．これは，家畜保健衛生所法に基づいて都道府県により設置されるもので，地方における家畜衛生の向上を図り，もって畜産の振興に資することを目的としている．伝染病発生現場での初期診断および蔓延防止に中心的な役割を果たす．

　疾病の確定診断を行う公的機関として動物衛生研究所がある．これは，独立行政法人農業・食品産業技術総合研究機構に属し，農林水産省家畜衛生試験場を前身とする．

　家畜の伝染性疾病に網羅的に関わる法律として，家畜伝染病予防法（家伝法）がある．この法律は1951年（昭和26年）に制定されたもので，第1章：目的，基本的用語の定義，第2章：家畜の伝染性疾病の発生予防，第3章：家畜伝染病（法定伝染病）の蔓延防止に関する規定，第4章：輸出入検疫，第5章：上記の規定以外の家畜の伝染性疾病の発生・蔓延防止，第6章：罰則，で構成されている．

　この法律により，①家畜伝染病（法定伝染病），②家畜伝染病以外の省令で定められた伝染性疾病（届出伝染病），③既知の疾病と病状・治療結果が明らかに異なる疾病（新疾病）に関して，獣医師に届出の義務を課している．ここでいう家畜伝染病は一般的な意味ではなく，この法律で定められたものを指す．また，家畜伝染病と届出伝染病を合わせて監視伝染病と呼ぶ．届出伝染病は，家畜伝染病予防法4条1項の委任を受けて，家畜伝染病施行規則2条で定められている．

　これらの疾病には逐次追加や名称変更などが行われている．家伝法では，ウシ，ウマ，ヒツジ，ヤギ，ブタ，ニワトリ，アヒル，ウズラ，ミツバチが対象家畜に定められており，さらに政令で，スイギュウ，シカ，イノシシ，シチメンチョウ，

キジ，ダチョウ，ホロホロドリが追加されている．届出伝染病では，これらに加え，ウサギおよびイヌが対象家畜となっている．法律上の家畜にはミツバチなどが加えられており，一般的な家畜の定義と異なる点に注意する必要がある．

　2009年11月時点での家畜伝染病は，①牛疫：牛，めん羊，山羊，豚，②牛肺疫：牛，③口蹄疫：牛，めん羊，山羊，豚，④流行性脳炎：牛，馬，めん羊，山羊，豚，⑤狂犬病：牛，馬，めん羊，山羊，豚，⑥水胞性口炎：牛，馬，豚，⑦リフトバレー熱：牛，めん羊，山羊，⑧炭疽：牛，馬，めん羊，山羊，豚，⑨出血性敗血症：牛，めん羊，山羊，豚，⑩ブルセラ病：牛，めん羊，山羊，豚，⑪結核病：牛，山羊，⑫ヨーネ病：牛，めん羊，山羊，⑬ピロプラズマ病：（省令指定病原体に限る）牛，馬，⑭アナプラズマ病：（省令指定病原体に限る）牛，⑮伝染性海綿状脳症：牛，めん羊，山羊，⑯鼻疽：馬，⑰馬伝染性貧血：馬，⑱アフリカ馬疫：馬，⑲豚コレラ：豚，⑳アフリカ豚コレラ：豚，㉑豚水胞病：豚，㉒家きんコレラ：鶏，あひる，うずら，㉓高病原性鳥インフルエンザ（家きんペストから名称変更）：鶏，あひる，うずら，㉔ニューカッスル病：鶏，あひる，うずら，㉕家きんサルモネラ感染症：（省令で定める病原体によるものに限る）鶏，あひる，うずら，㉖腐蛆病：みつばち，の26疾病である．

　届出伝染病は，1995年には15種であったが，2012年2月時点では71種と増加しており，最新のものは動物衛生研究所のウェブページを参照いただきたい．

　この他に，家畜衛生に関わる法律として，飼料の安全性の確保及び品質の改善に関する法律，薬事法，家畜改良増殖法，牛海綿状脳症対策特別措置法，獣医師法，獣医療法などがある．

2．畜産食品の衛生と管理

1）生産製造過程における危害

　美味しく，見た目も良好な畜産物を生産しても，その畜産物の衛生状態が悪いと何の価値も産まれない．この衛生状態を低下させる要因には，3つの視点から見た危害（ハザード）がある．1つ目は生物的危害，2つ目は化学的危害，そして3つ目が物理的危害である（表7-1）．

表7-1 食品衛生上の危害

生物的危害	病原細菌（腸管出血性大腸菌やサルモネラ，キャンピロバクターなど），腐敗細菌，ウイルス，寄生虫など
化学的危害	農薬，殺虫剤，抗生物質，動物用薬品，生物由来物質（ふぐ毒，カビ毒，ヒスタミン）など
物理的危害	注射針，骨，散弾破片，機器施設由来物質（金属，木片，プラスチック，紙）など

　これらの危害への対策は，直接利益を生み出すわけでもなく，費用や労力がかかるので疎かにされることも多かった．しかし，いったん病原細菌や化学物質の混入により，食中毒を発生させた場合や，混入した異物により消費者の口腔内などに怪我を負わせてしまった場合には，信用低下による買い控えや補償金の支払いなど，大きな打撃を受けてしまう．また，牛海綿状脳症（BSE）や高病原性鳥インフルエンザ（HPAI）の発生などに伴う風評被害による消費低迷は，経済的な打撃も大きく，これらの防止の観点からも畜産食品の衛生管理が重要となる．

　畜産食品の衛生管理には，農場から食卓に届けるまでの一貫した取組みが重要である．基本は，①ヒトや動物などの外部からアクセスを制限し，②清浄な環境に，清浄で正常な動物を導入し，③清浄な飼料を給与し，④専用の清浄な機械器具を使用し，⑤決められた温度なり時間で生産，もしくは処理する，さらに⑥使用後の機械器具，飼養設備，畜舎の洗浄消毒の徹底である．また，使用する薬品類の管理や，従事者教育も重要で，これらの記録（検査結果や測定記録，実施記録など）を残しておくことである．毎日決めた通りに管理を実施していても，記録がないと何の主張も弁明もできない．日頃から記録付けを日常の作業に取り入れる工夫と教育が重要である．今後，国内の畜産が，国内の競争だけでなく海外との競争にも勝っていくためにも重要な取組みである．

　食品衛生の管理手法には，HACCPやISO9001，ISO22000，SQF2000などのシステムが開発された．また，起きた被害の原因を究明し，被害の拡大を防止できる生産履歴管理システムも発達してきた．次に，日本の法律にも採用されている生産履歴管理とHACCPに関して説明をする．

(1) 生産履歴管理システム

　生産履歴管理（トレーサビリティ）システムとは，生産，もしくは出生から製

品ができあがるまでの,加工や処理,流通,販売までのフードチェーンの各段階で,食品の情報がわかるようにするシステムである．具体的には，誰が，何を，いつ，どこからどこへ，どれだけ，どのように，移動（入荷，または出荷）させたかを記録に残し，次の段階に伝達し，追求するシステムである．よく，食の安全管理システムと間違われるが，あくまでも食品の移動を把握するシステムである．しかし，最終製品で不具合が発見された場合や，工程中のモニタリング検査で異常が発見された場合には，その発生個所を速やかに特定し，同じ条件で製造（飼養）した製品の流通ルートを特定し，出荷した製品を迅速に回収することができるので，消費者への被害の拡大を最小限に防ぎ，生産者，もしくは流通業者の回収や賠償にかかる費用負担も抑えることができる有効なシステムである．

　このシステムでは，管理する製造単位（ロット）の考え方が重要で，1ロットの範囲を必要以上に狭めると毎日の生産管理に多大な労力がかかるので問題である．継続が可能で効果的な範囲のロットで管理を行うことが好ましいといえる．例えば，「この商品は，何月何日生まれのA号舎を使用した商品」とA号に限定してもよいが，「この商品は，何月何日と何月何日生まれのA号舎とC号舎を使用した商品」という範囲特定でも履歴管理といえる．また，受け入れた製品の仕入先や生産者にさかのぼることを「川上への遡及性」といい，逆に生産から製品の流れに沿って，加工・販売先を特定することを「川下への追跡」といい，どちらもトレーサビリティである．

　と畜場や食鳥処理場で連続処理される豚肉や鶏肉，鶏卵などの場合は，肉や卵が前後のロットと混ざらないように，番号による管理や，ロットの最後の肉に目印を付けたり，ロットとロットの間の作業間隔をあけるといった工夫がなされている．市販の鶏卵では，パックのラベルに数字などでロット番号を印字したり，二次元バーコード（QRコード）を活用して携帯電話で生産履歴を確認できるようにした商品もある．また，管理をより容易にするために，財団法人食品流通構造改善機構の「食肉標準物流バーコード」や京都鶏卵鶏肉安全推進協議会の「京都方式鶏肉トレーサビリティシステム」なども考案されている．なお,日本では,「ウシ」と「米」に関して，トレーサビリティが法制化されている．

①**牛トレーサビリティ法**…ウシの生産履歴管理は，「牛の固体識別のための情報管理および伝達に関する特別措置法（2003年施行2004年一部改正）」で規

定されている．この法律は，牛海綿状脳症（BSE）の発生（2001年国内初発生）に伴い，BSEの防止と，低下した牛肉への信頼回復と消費の向上を目的にして施行された．この法律では，国内で生まれたすべてのウシ（肉用，乳用供に）の出生時，生体で輸入されたウシは輸入されたときに，10桁の固体識別番号が与えられ（独立行政法人家畜改良センターが管理），生産者からと畜段階，枝肉，部分肉，精肉（ひき肉や小間肉，タン，ホルモン，加工製品などは除く）などの加工，そして販売する段階まで番号の伝達が求められている．この制度により，牛肉は，スーパーの店頭やパックに表示された番号から，ウシの性別や黒毛和種といった種別，出生年月日，飼養地からと畜場までの経路などの情報を知ることができる．なお，飲食店に関しては，特定料理（焼肉，しゃぶしゃぶ，すき焼き，ステーキをいう）を提供する店に，個体識別番号の表示が義務付けられている．

(2) HACCP

HACCP（Hazard Analysis and Critical Control Point, 危害分析および重要管理点）は，一般にエイチエーシーシーピー，ハサップ，ハセップ，ハシップと呼ばれる．HACCPが考案される前は，最終製品の抜取り検査で品質管理を行っていたが，製品の出荷時に検査の結果が出ておらず，その品質の良し悪しを経験と勘に頼ることが多かった．そこで，すべての製品の品質を保証する手法として，1960年代に米国航空宇宙局（NASA）が，宇宙空間での食の安全を確保することを目的としてHACCPを開発した．

HACCPは，HA（危害分析）とCCP（重要管理点）の2つの部分から構成されている．HACCPシステムの構築には，まず危害分析を行う．原材料から完成までの全工程（畜産でいうと素畜の導入，飼料搬入，薬剤投与，ネズミ駆除，畜舎洗浄，と畜，解体，従業員教育など）を対象として，各工程で発生が予測される危害（素畜の異常，食中毒菌の付着，飼料や飲水汚染，薬品の残留，洗浄不良など）をリストアップし，その危害が最終製品に及ぼす影響度合いを危害評価し，本当に管理する必要のある重要管理点を抽出する．この危害を防止する方法（消毒薬の指定と濃度や洗浄方法のマニュアル化や，殺菌温度や冷却温度と時間の明確化など）を科学的データに基づいて決め，その方法を管理する基準（温度，時間，濃度など）を作り，基準の測定方法（モニタリング方法）と測定頻度を決め

る．また，基準から外れた場合の対処方法（改善措置）も具体的に誰がどのようにするのかを決めておく．そして，重要なのは，モニタリング結果などを記録に残しておくことである．第三者が記録を見れば，何時でも製品の安全性を確認することができる．

わが国では，1995年に食品衛生法が改正され，厚生労働大臣がHACCPシステムで衛生管理を行っている施設を承認する，任意の制度「総合衛生管理製造過程承認制度（「マル総」とも呼ばれる）」も開始されている．現在，①乳，乳製品，②清涼飲料水，③食肉製品，④魚肉練製品，⑤容器包装詰加圧加熱殺菌（レトルト）食品の5種類の食品製造業が対象である．

(3) 卵の衛生管理

農場で生産された卵は，洗卵選別を行う格付包装施設（GPセンター，grading and packing center）で，卵殻表面を洗浄殺菌し，外観検査やひび割れ検査，血液混入卵の検査などを行い，サイズを測り，市販品はパックに，業務用はトレーに詰めてダンボールで出荷される（図7-4）．

鶏卵の最大の危害は，サルモネラ汚染である．サルモネラの汚染は，卵殻表面の汚染（オンエッグ）と鶏卵内の汚染（インエッグ）に大別できる．

オンエッグ汚染の原因は，鶏糞中のサルモネラや，鶏卵が接触する機器からの汚染なので，鶏糞が付いた卵をセンター内に搬入しないことや，機器類で2次汚染しないことが重要である．卵殻表面はGPセンターで150ppmの次亜塩素酸ナトリウム水溶液（もしくはオゾン水など同等の殺菌力を持つ方法）で洗浄殺菌されるので，殺菌液の濃度管理と洗浄水の温度管理（菌が卵殻表面の気孔から卵内に侵入するのを防ぐ）が重要である．また，洗浄殺菌後の再汚染防止のためには，センター内を，未洗浄の卵を扱うエリアの「汚染区域」と，洗

図7-4 GPセンターで洗卵選別される卵

浄殺菌後の卵を扱う「清浄区域」に明確に分け，ヒトや物の動き，空気の流れを管理する．

　一方，インエッグ汚染とは，体内で卵が形成される際に卵内に卵巣や卵管内のサルモネラを取り込んだものである．この対策は，食品衛生の3原則「菌をつけない，増やさない，菌を殺す」で可能である．「菌をつけない」は，農場に菌を持込まないことで，導入ヒナもしくはニワトリ，飼料，水，ヒトやトラックの移動，ネズミや衛生害虫，野鳥，鶏舎などに対して衛生管理を行う（図7-5）．「増やさない」は，菌数を増やさないことと，農場内で汚染区域を拡大させないことである．卵を農場段階から温度と時間の管理を行い，農場や鶏舎のゾーニング管理（農場や鶏舎の立入り制限と入場入室の際の着がえや手洗いなど）を行う．また，「菌を殺す」は，産卵を終えたニワトリを鶏舎から一度に搬出（オールアウト）し，その後の洗浄殺菌の徹底で行う．一般に，一度でも鶏舎や農場がサルモネラに汚染されると，その清浄化には多大な労力と費用を要する．また，2004年1月，日本国内で最初の高病原性鳥インフルエンザが発生した．この原因は未だ特定されていないが，重要なのは「菌（ウイルス）をつけない（入れない）」対策である．

　なお，強制換羽などのストレスは，サルモネラのインエッグの汚染率を高めることが知られているので，強制換羽を行わない生産者もいる．

　①**鶏卵の日付表示**…サルモネラの食中毒を防ぐために，生食用鶏卵への賞味期限の表示が1999年に食品衛生法で義務化された．この前年，鶏卵関係団体（日本養鶏協会，日本卵業協会，全国農業協同組合連合会など）は，鶏卵の賞味期限決定のために「鶏卵の日付等表示マニュアル（1998年制定2010年改定）」を策定した．概要は，鶏卵にインエッグ汚染したサルモネラが，食中毒を起こす菌数まで増殖しない保管温度と経過日数の関係（鶏卵業界ではハンフリーの法則と呼ぶ）を示しており，賞味期限は産卵日（毎日農場で集卵を行っている場合は，集卵日を産卵日とする）起点で，最長21日としている．また，食品衛生法では，

図7-5　防疫のため農場入口で消毒薬を噴霧し消毒されるトラック

生食用鶏卵の保存方法を，一般的な食品の「工場出荷から家庭までの保存方法」ではなく，「お買い上げ後の保存方法（家庭での冷蔵保存）」と定めている．販売側ではなくて家庭での冷蔵保存が義務付けられた理由は，既存の量販店のバックヤードに，卵専用の冷蔵設備を新たに設けるスペースがない点と，日本の家庭での冷蔵庫の普及率がほぼ100％だからである．なお，賞味期限は，一般に食品の品質が十分保たれている期限，すなわち美味しく賞味できる期間を意味する．鶏卵では「生で食べられる期限」を指している．

(4) 肉の衛生管理

　食肉には，畜肉（ウシ，ブタ，ウマ，メンヨウ，ヤギ）と，狩猟などで得られる獣肉（主にイノシシやシカ），そして，家禽肉（食鳥（ニワトリ，アヒル，シチメンチョウ，ウズラ，アイガモなど），野鳥肉（主にキジやカモ）などがあるが，ここでは国内の流通量が多い，ウシとブタ，ニワトリについて解説する．

　農場で飼養されたウシやブタは，主に農協のような生産者団体や市場を通してと畜場（食肉センターなど）へ搬入される．と畜場は，と畜場法で定められた施設の構造と機能を持ち，都道府県知事が許可した施設である．国内で販売されるすべての畜肉は，このと畜場の検査に合格しなければならない．

　と畜場に搬入された動物は，受入検査で疾病などの異常の有無，体表の汚れなどの検査を受ける．その後，食肉検査所あるいは保健所のと畜検査員（獣医師）による望診や触診によって生体検査で健康状態を確認し，と畜され，解体前検査に合格後，頭部の切断（ウシの場合は延髄を採取しBSE検査を実施），内臓検査（ウシの特定危険部位（動物実験で感染性が認められた部位の除去））が行われ，と体は背を2分割（背割）して枝肉になり，再度検査を受ける．これらのすべての検査に合格した枝肉は大型冷蔵庫内で十分冷却されたのち，卸売市場などを経て加工処理業者などに行き，「ロース」や「かた」，「ヒレ」といった部分肉に分け，調理しやすい精肉に処理され，スーパーなどに並ぶ．

　一連の工程の生物的危害は，と畜場に搬入される動物の状態（疾病，体表の汚れ），解体時の消化管内容物による汚染，特に腸管出血性大腸菌とサルモネラである．また，化学的危害は，抗生物質，動物用医薬品，農薬や殺虫剤などの残留であり，物理的危害は，筋肉内に残った折れた注射針や異物の混入である．

肉の内部は，基本的に無菌（肉の熟成に伴い表面の菌が内部へ侵入する場合や，ウシの肝臓内にはキャンピロバクターや腸管出血性大腸菌が存在）なので，と畜前の体表の汚れの除去と，解体工程での消化管内容物による汚染の防止，温度管理，時間管理が重要である．また，残留対策は，農場での動物用薬品などの用法用量を遵守した使用で管理し，針は農場での管理と製品の出荷前の金属探知機で防止する．その他の異物は従業員教育での対応となる．

ブロイラーなどの食鳥肉は，「食鳥処理の事業の規制及び食鳥検査に関する法律（食鳥検査法）」で定められた施設の構造と機能を持ち，都道府県知事が許可した食鳥処理場で解体処理される．処理場に搬入されたニワトリは，保健所の食鳥検査員（獣医師）により生体検査が行われ，疾病の有無が確認される．確認後，食鳥処理ラインのフック（シャックル）に1羽ずつ頭を下にして懸下され（図7-6），その体勢のままラインを流れ，と畜，放血し，羽を抜きやすくするために湯の槽の中を通過（湯漬）し，脱羽，そしてベントカッターやオープナーで総排せつ腔をカットし，中抜機により内臓が自動的に摘出される．この内臓ととと体（中抜き）は1羽ずつ食鳥検査員により検査され，検査後，と体は体腔内と体表を内外洗浄機で洗浄されシャックルから外されてチラー（冷却水を貯めた大きな水槽）内で冷却される．ここまでが食鳥検査法の対象となる工程である．

冷却された中抜きと体は，必要に応じて脱骨機や人手により1羽ずつ解体され，骨付もも肉や，もも肉，胸肉，手羽などに処理され，包装後出荷される．

食鳥処理工程での生物的危害は，ニューカッスル病のような人獣共通感染症や，黄色ブドウ球菌やキャンピロバクターといった食中毒菌である．また，化学的危害には，牛肉や豚肉と同じ，薬品類の残留で，物理的危害は，骨や異物の混入である．

食鳥処理は牛肉や豚肉の処理とは異なり，脱羽のための湯漬槽やチラー槽があり，この水槽をすべての鳥が通過するので，この水が汚染されると，通過するすべての鳥の品質に悪影響を与える．水槽

図7-6 解体のためラインに懸下されたブロイラー
（写真提供：品川邦汎氏）

の汚染防止には，農場出荷時に一定時間絶食させて腸管内容物を減らしておくことと，湯温や水温管理と換水量，チラーの場合は次亜塩素酸ナトリウムの濃度管理が重要である．また，ラインで連続処理するので，一度中抜機などの処理機器を消化管内容物で汚染すると，水槽と同様にその後通過すると体にも汚染が拡がってしまうので，作業中の継続的な洗浄殺菌の実施とラインを流れるニワトリの体の大きさに合わせた機器類の位置調整が不可欠である．また，もも肉の骨抜きなどは，まだまだ人の手で処理する部分が多く，作業中の定期的な刀やまな板の交換と殺菌，手指の洗浄殺菌が重要である．

2011年，焼肉チェーン店のウシ生肉（ユッケ）を原因とする，腸管出血性大腸菌O111の食中毒が発生した（患者数約180人，5人死亡）．この事件を契機に，同年「生食用食肉（牛肉）の規格基準」が施行され，規格基準に合わない加工処理，店舗などでのウシの生食用食肉の提供が禁止された．

2）給与飼料と畜産物の安全性

(1) 飼料と安全性
a．配合飼料

配合飼料の貯蔵〜配合〜出荷の製造工程は，ほぼ閉鎖されたラインを用いて行われることから，製造過程で，家畜の健康影響や，畜産物に移行してヒトへの健康影響を及ぼすと思われる有害物質混入の可能性は非常に少ない．したがって，配合飼料の安全性を確保することでは，配合飼料工場で受け入れる各種の飼料原料への有害物質の混入を未然に防止することに尽きる．

一般に，配合飼料原料として用いられる天然飼料原料の多くは，これまで長年にわたって使用経験があり，その栄養特性や安全性に影響がない配合率の上限などが経験的に知られているものが多い．しかし，トウモロコシやムギ類などでは，生育段階や貯蔵段階で使用される農薬の残留問題や，生育段階での長雨や旱魃，貯蔵段階の多湿などによるかび毒の発生などに注意が必要であるし，魚粉やリン酸カルシウムなどでは重金属汚染などの監視注意が必要となる．これらの有害物質については，家畜に給与した場合の健康影響や，畜産物への移行状況を農林水産省が調査し，その結果に基づく各飼料原料あるいは配合飼料中での許容基準の策定を行うとともに，常にモニタリングなどを行っているが，飼料原料の多くを

海外からの輸入に頼っているわが国では，産地での農薬の使用状況，病害虫や天候不順の発生状況などの情報について常に注意を払い，それらの情報を飼料原料の製造および輸入，配合飼料製造に関わる各業者が共有することが重要であり，このためのシステムの構築が進められている．

b．機能性飼料

家畜栄養学の進歩に伴って，免疫機能の増進など，家畜や家禽の生理機能に好影響を及ぼす，いわゆる機能性飼料の開発も活発に進められている．これらの原料の多くは，これまでに家畜および家禽への使用経験がないものが多いことから，これらを新たに利用する場合には，家畜への悪影響の有無などに関して，由来や製造方法などを含めた検討が必要になる．このため，農林水産省では，①わが国において対象家畜などに使用経験のない飼料原料，②天然物から抽出したもので，従来の製造方法を大幅に変更した飼料原料，③製造過程で飼料や食品の製造に使用されたことがない酵素，微生物，調整剤などを用いている飼料原料を製造，輸入または販売する際には，事前にその安全性を確認することを求めており，その際の試験方法（ニワトリヒナの成長試験，ブタおよびウシの飼養試験，鶏卵および魚卵のふ化試験，マウスの小核試験，重金属，かび毒，残留農薬などの分析など）を定めている．

c．エコフィード

近年の飼料原料価格の高騰や，消費者の食品リサイクルへの意識の高まりにより，食品製造副産物，余剰食品，調理残渣，食べ残しなどの食品残渣を原料とした食品残渣等利用飼料（エコフィード）の利用も活発に進められている．エコフィードの原料の多くは水分含量が比較的高く，原料の収集からエコフィードの製造までの間での変敗や腐敗，微生物汚染の懸念だけでなく，包装容器や割り箸，爪楊枝などの異物の混入など，エコフィード特有のリスクが考えられることから，これらを防止するためのガイドラインも策定されている．

（2）飼料添加物の安全性

飼料添加物は，①飼料の品質の低下の防止，②飼料の栄養成分その他の有効成分の補給，③飼料が含有している栄養成分の有効な利用の促進を目的として，有効なものを農林水産大臣が指定することになっており，2015年（平成27年）

12月現在で合計156種類が指定されている（表7-2）．また，これらの飼料添加物を指定する際には，家畜および家禽に適用した場合の効果の実証試験だけでなく，ラットやマウスなどの実験動物を用いた各種の毒性試験，誤って過剰に配合飼料に添加した場合の家畜および家禽への影響を確認する安全性試験（多量投与試験），畜産物への移行・残留試験などのさまざまな試験データを農林水産省に提出し，農林水産大臣に任命された農業資材審議会飼料分科会で審議が行われたのち，食品安全委員会の意見を聴いたうえで，その飼料添加物についての規格および基準が定められる．したがって，現在，飼料添加物として指定されているものについては，各成分の基準および規格に合致したものであれば安全性を懸念する必要はない．

なお，現在，発育促進を目的として，合成抗菌剤および抗生物質25種類・26成分が抗菌性飼料添加物として指定されているが，近年，これらを家畜および家禽に使用することによる薬剤耐性菌発現のリスクが懸念されていることから，現在，食品安全委員会により成分ごとにリスク評価が進められており，一部の成分についてはすでにリスク評価が終了し，「薬剤耐性菌発現のリスクは無視できる程度である」旨の報告が出されている．

(3) 安全な給与法

前述の通り，配合飼料では，使用される飼料原料や飼料添加物に関して，農林水産省による安全性確保のためのさまざまな規制が行われていることから，これらを主体にした経営を行っている場合には，家畜および家禽の養分要求量に合わせた給与を行うことで畜産物の安全性は十分担保できるものといえる．しかし，抗菌性飼料添加物を添加した配合飼料では，その使用用途（畜種やステージ）が決められており，使用が認められていないステージの家畜や家禽に目的外の配合飼料を給与した場合には畜産物に移行および残留する可能性があること，ウシ用の抗菌性飼料添加物として指定されているサリノマイシンナトリウムを添加した飼料を誤ってウマに給与した場合にはウマに重篤な影響を及ぼす可能性があることなどから，使用用途を確実に守ることが重要である．また，BSEの蔓延を防止するため，反芻動物（ウシ，メンヨウ，ヤギおよびシカ）に対して，哺乳動物由来のタンパク質を含む配合飼料の給与が禁止されている．

表7-2 飼料添加物リスト（157種）

類別	指定されている飼料添加物の種類
飼料の品質の低下の防止（17種）	
抗酸化剤	エトキシキン，ジブチルヒドロキシトルエン（BHT），ブチルヒドロキシアニソール（BHA）
防かび剤	プロピオン酸，プロピオン酸カルシウム，プロピオン酸ナトリウム
粘結剤	アルギン酸ナトリウム，カゼインナトリウム，カルボキシメチルセルロースナトリウム，プロピレングリコール，ポリアクリル酸ナトリウム
乳化剤	グリセリン脂肪酸エステル，ショ糖脂肪酸エステル，ソルビタン脂肪酸エステル，ポリオキシエチレンソルビタン脂肪酸エステル，ポリオキシエチレングリセリン脂肪酸エステル
調整剤	ギ酸
飼料の栄養成分その他の有効成分の補給（88種）	
アミノ酸など	アミノ酢酸，DL-アラニン，L-アルギニン，塩酸L-リジン，L-グルタミン酸ナトリウム，タウリン，2-デアミノ-2-ヒドロキシメチオニン，DL-トリプトファン，L-トリプトファン，L-トレオニン，L-バリン，DL-メチオニン，硫酸L-リジン
ビタミン	L-アスコルビン酸，L-アスコルビン酸カルシウム，L-アスコルビン酸ナトリウム，L-アスコルビン酸-2-リン酸エステルナトリウムカルシウム，L-アスコルビン酸-2-リン酸エステルマグネシウム，アセトメナフトン，イノシトール，塩酸ジベンゾイルチアミン，エルゴカルシフェロール，塩化コリン，塩酸チアミン，塩酸ピリドキシン，β-カロチン，コレカルシフェロール，酢酸dl-α-トコフェロール，シアノコバラミン，硝酸チアミン，ニコチン酸，ニコチン酸アミド，パラアミノ安息香酸，D-パントテン酸カルシウム，DL-パントテン酸カルシウム，d-ビオチン，ビタミンA粉末，ビタミンA油，ビタミンD粉末，ビタミンD_3油，ビタミンE粉末，25-ヒドロキシコレカルシフェロール，メナジオン亜硫酸水素ジメチルピリミジノール，メナジオン亜硫酸水素ナトリウム，葉酸，リボフラビン，リボフラビン酪酸エステル
ミネラル	塩化カリウム，クエン酸鉄，グルコン酸カルシウム，コハク酸クエン酸鉄ナトリウム，酸化マグネシウム，水酸化アルミニウム，炭酸亜鉛，炭酸コバルト，炭酸水素ナトリウム，炭酸マグネシウム，炭酸マンガン，DL-トレオニン鉄，乳カルシウム，フマル酸第一鉄，ペプチド亜鉛，ペプチド鉄，ペプチド銅，ペプチドマンガン，ヨウ化カリウム，ヨウ素酸カリウム，ヨウ素酸カルシウム，硫酸亜鉛（乾燥），硫酸亜鉛（結晶），硫酸亜鉛メチオニン，硫酸ナトリウム（乾燥），硫酸マグネシウム（乾燥），硫酸マグネシウム（結晶），硫酸コバルト（乾燥），硫酸コバルト（結晶），硫酸鉄（乾燥），硫酸銅（乾燥），硫酸銅（結晶），硫酸マンガン，リン酸一水素カリウム（乾燥），リン酸一水素ナトリウム（乾燥），リン酸二水素カリウム（乾燥），リン酸二水素ナトリウム（乾燥），リン酸二水素ナトリウム（結晶）
色素	アスタキサンチン，β-アポ-8'-カロチン酸エチルエステル，カンタキサンチン
飼料が含有している栄養成分の有効な利用の促進（52種）	
合成抗菌剤	アンプロリウム・エトパベート，アンプロリウム・エトパベート・スルファキノキサリン，クエン酸モランテル，デコキネート，ナイカルバジン，ハロフジノンポリスチレンスルホン酸カルシウム
抗生物質	亜鉛バシトラシン，アビラマイシン，アルキルトリメチルアンモニウムカルシウムオキシテトラサイクリン，エフロトマイシン，エンラマイシン，クロルテトラサイクリン，サリノマイシンナトリウム，センデュラマイシンナトリウム，ナラシン，ノシヘプタイド，バージニアマイシン，ビコザマイシン，フラボフォスフォリポール，モネンシンナトリウム，ラサロシドナトリウム，硫酸コリスチン，リン酸タイロシン

（次ページへ続く）

表 7-2 飼料添加物リスト（157 種）（続き）

類 別	指定されている飼料添加物の種類
着香料	着香料（エステル類，エーテル類，ケトン類，脂肪酸類，脂肪族高級アルコール類，脂肪族高級アルデヒド類，脂肪族高級炭化水素類，テルペン系炭化水素類，フェノールエーテル類，フェノール類，芳香族アルコール類，芳香族アルデヒド類およびラクトン類のうち，1種または2種以上を有効成分として含有し，着香の目的で使用されるものをいう）
呈味料	サッカリンナトリウム
酵 素	アミラーゼ，アルカリ性プロテアーゼ，キシラナーゼ，キシラナーゼ・ペクチナーゼ複合酵素，β-グルカナーゼ，酸性プロテアーゼ，セルラーゼ，セルラーゼ・プロテアーゼ・ペクチナーゼ複合酵素，中性プロテアーゼ，フィターゼ，ラクターゼ，リパーゼ
生菌剤	エンテロコッカス・フェカーリス，エンテロコッカス・フェシウム，クロストリジウム・ブチリカム，バチルス・コアグランス，バチルス・サブチルス，バチルス・セレウス，バチルス・バディウス，ビフィドバクテリウム・サーモフィラム，ビフィドバクテリウム・シュードロンガム，ラクトバチルス・アシドフィルス，ラクトバチルス・サリバリウス
その他	ギ酸カルシウム，グルコン酸ナトリウム，二ギ酸カリウム，フマル酸

　一方，配合飼料以外の自給飼料などを利用している場合，例えば，トウモロコシやイネを利用したホールクロップサイレージなどの自給粗飼料を用いた給与体系をとっている肉牛や乳牛飼育の場合のかび毒汚染への注意や，自身で収集した余剰食品，調理残渣，食べ残しなどの食品残渣を使用した給与体系をとっている肉豚飼育の場合の異物混入や栄養バランスの偏りなどに注意を払う必要がある．さらに，粗飼料の給与方法に関しては，基準値を超えるヒ素を含むイネワラが発見されたことから，肉牛および乳牛へのイネワラの給与量を飼料全体のおおむね20％以下に抑えること，エンドファイト毒素を含むライグラスやフェスク類のストローを使用する場合には，必ず他の乾牧草と併用するといった指導が行われている．

3）ポジティブリスト制度

　残留基準値が設定されていない農薬などの有害物質が一定量以上含まれている食品の流通を原則として禁止するため，厚生労働省が 2003 年（平成 15 年）5月に食品衛生法を改正した．この改正以前にも，農薬 250 成分，動物用医薬品など 33 成分について食品中での残留基準値が定められていたが，残留基準値が定められていない成分が残留している食品については，実質的に流通を規制する

ことができない状況にあった.

　この改正により,農薬,動物用医薬品,飼料添加物など799成分と特定農薬など65成分について新たに残留基準値が食品ごとに設定され(畜産物では,ウシ,ブタ,その他の陸生哺乳動物,ニワトリ,その他の家禽の筋肉,脂肪,肝臓,腎臓,その他の内臓,ニワトリ,その他の家禽の卵,卵黄,ウシ,その他の陸生動物の乳がリストにあげられている),この残留基準値を超える残留が認められた食品の流通が禁止されるとともに,残留基準値が設定されていない成分についても一定値(0.01ppm,一律基準と呼ばれている)以上含まれている場合には,その食品の流通が禁止されることになったが,これを一般に食品のポジティブリスト制度と呼んでいる.

　これら,農薬や動物用医薬品などの食品中での残留基準値は,ラットやマウスなどの実験動物を用いた試験により得られた,ヒトに対して健康影響を与えない最大無作用量(NOEL)に安全係数(通常1/100～1/200)をかけて,その物質の1日摂取許容量(ADI)を求めたのち,各食品の摂取状況を加味して,食品ごとに設定される.

コラム　「飼料および飼料原料におけるかび毒の規制」

　代表的なかび毒としては,トウモロコシやラッカセイを汚染し,自然界で最強の発がん物質といわれるアフラトキシン,マイロや麦類を汚染し,エストロジェン様の作用を示すゼアラレノン,トウモロコシやマイロ,麦類などを汚染し,消化器障害や皮膚炎などを引き起こすデオキシニバレノール(DON)があり,飼料中での上限値が以下のように定められている.
　　○アフラトキシンB_1:哺乳期の子牛,子豚および幼雛,ブロイラー前期用の飼料0.01ppm,その他の飼料0.02ppm
　　○ゼアラレノン:すべての飼料1ppm
　　○DON:生後3ヵ月以前の子牛用飼料1ppm,その他の飼料4ppm　　　(米持千里)

コラム　「飼料および飼料原料における重金属の規制」

　一般に比重が5.0以上の金属が重金属と定義され,鉛,カドミウム,水銀,ヒ素については,飼料中での上限値が以下のように定められている.
　　○鉛:配合飼料,乾牧草など3ppm,魚粉,肉粉,肉骨粉7.5ppm
　　○カドミウム:配合飼料,乾牧草など1ppm,魚粉,肉粉,肉骨粉3ppm
　　○水銀:配合飼料,乾牧草など0.4ppm,魚粉,肉粉,肉骨粉1ppm
　　○ヒ素:配合飼料,イネワラを除く乾牧草など2ppm,魚粉,肉粉,肉骨粉,イネワラ7ppm,魚粉15ppm　　　　　　　　　　　　　　　　　　　　(米持千里)

食品のポジティブリスト制度への移行を受けて，農林水産省でも，飼料を経由して畜産物に移行する農薬などの量が前記の残留基準値や一律基準を超えることがないように，配合飼料や，飼料原料などにおける基準値の見直しを行った結果，現在，農薬については配合飼料で8成分，飼料原料（イネワラおよびイネ発酵粗飼料を除く）で61成分，イネワラおよびイネ発酵粗飼料で46成分の基準値が定められている．また，この他の有害物質として重金属（鉛，カドミウム，水銀およびヒ素，対象：配合飼料，魚粉，肉骨粉および乾牧草），かび毒（アフラトキシン B_1，ゼアラレノン，デオキシニバレノール，対象：配合飼料）の基準値が定められている．

　これら飼料中での基準値は，農薬，動物用医薬品，飼料添加物を実際に家畜に給与して得られた各種畜産物への移行残留状況から，その飼料を摂取した家畜が生産した畜産物への移行量が，ポジティブリスト制度における畜産物中の残留基準値を超えない量を導いたうえで設定される．

3．畜産物の流通管理と安全性の担保

　農家で生産された畜産物のうち，ウシ，ブタおよびブロイラーはと畜場や食鳥センターでと畜されたのち，枝肉あるいは精肉として量販店や小売店に出荷され，殻付鶏卵の多くはGPセンターに，飲用牛乳の大部分は加工工場に集約されたのち，パック詰めなどをされて量販店や小売店に出荷されている．これらの流通経路で，畜産物の安全性に影響を及ぼす可能性がある要因としては病原性微生物による汚染があげられ，畜産物を取扱う作業員や器具などの清掃や消毒，流通過程での温度コントロール，輸送時間の短縮化などを含めた微生物学的な衛生管理が最も重要であり，HACCP（危害要因分析・必須管理点）の考え方を取り入れた衛生管理手法の採用が進んでいる．しかし，鶏卵の場合には，欧米諸国のほとんどでは冷蔵のショーケースなどの中で店頭販売されているのに対して，わが国では生食の割合が比較的高いにもかかわらず，一般的に室温条件下で店頭販売されることが多く，流通方法などに関して今後の改善が望まれる．

第8章

畜産経営と畜産物の流通

1．世界の中の日本畜産

1）世界の家畜飼養頭羽数

　世界ではウシ14億頭，ブタ9億頭，メンヨウ11億頭，ニワトリ180億羽が飼養されているが，すべての家畜でアジアが最も高い割合を占めている（表8-1）．すなわち，ウシ32％，ブタ59％，メンヨウ42％，ニワトリ53％と，特にブタ，ニワトリは過半数を占めている．この他に約9億頭のヤギの過半もアジアで飼われている．特に中国はブタの47％，ニワトリの25％を1国で占める家畜大国である．一方，日本は，世界の中での飼養頭数比率は0～1.5％とごく小さいものに過ぎない．

　各大陸の家畜飼養の特徴を明確にするため，家畜単位を使って各家畜の特化係数を求めた（表8-2）．これによると，アジアはブタ，ニワトリの係数がやや

表8-1　世界の種類別家畜頭羽数（2016年）

	ウシ（千頭）	ブタ（千頭）	メンヨウ（千頭）	ヤギ（千頭）	ウマ（千頭）	ニワトリ（百万羽）
世　界	1,474,888	981,797	1,173,354	1,002,810	59,048	22,705
アジア	470,224	573,649	511,711	556,020	15,123	12,831
北アメリカ	162,879	109,963	17,824	15,680	19,962	3,148
南アメリカ	359,126	69,128	66,026	22,187	11,724	2,457
ヨーロッパ	121,934	186,995	131,059	16,966	5,527	2,240
アフリカ	324,845	36,625	351,579	387,667	6,311	1,904
オセアニア	35,880	5,436	95,154	4,291	402	127
USA	91,918	71,500	5,300	2,620	10,526	1,972
日　本	3,824	9,313	14	16	15	310
中　国	84,523	456,773	162,063	149,091	5,911	5,156

FAOSTATより作成．北アメリカには，中米，カリブ諸島を含む．

表 8-2　家畜単位による特化係数

	ウシ	ブタ	メンヨウ	ニワトリ
世界	1.0	1.0	1.0	1.0
アジア	0.7	1.3	0.9	1.2
北アメリカ	0.9	0.8	0.1	1.2
南アメリカ	1.5	0.4	0.4	0.7
ヨーロッパ	0.9	1.9	1.2	1.0
アフリカ	1.6	0.2	2.1	0.6
オセアニア	1.6	0.3	5.7	0.4
USA	0.8	0.8	―	1.2
日本	0.3	1.0	0.0	1.5
中国	0.3	2.6	0.7	1.3
オーストラリア	2.0	―	7.1	―

家畜単位：ウシ＝5×ブタ，10×メンヨウ，100×ニワトリ．

高いものの，4畜種ともほぼ1に近い値になっている．これに対して，北アメリカはメンヨウの係数が0.1と極端に低く，南アメリカはウシが1.5，ヨーロッパはブタが1.9，アフリカはメンヨウ（2.1），ウシ（1.6）がそれぞれ高い．オセアニアはメンヨウが5.7と非常に高い一方，ブタ，ニワトリはそれぞれ0.3，0.4と極端に低い構成となっている．これに対し，日本は逆にメンヨウは0.0であるが，ニワトリ1.5，ブタ1.0など中小家畜の係数が高い．

2）世界の畜産物消費

1人当たりの年間食肉消費（供給）量は，北アメリカ119.9kg，オセアニア113.1kgに対し，アフリカ14.0kg，アジア27.8kgなど大きな差が見られる（表8-3）．日本の消費量は46.0kgで，世界平均の39.2kgと比べ若干多い水準である．一般的に食肉など畜産物の摂取量は，1人当たり国民所得と正の相関を見せるが，日本を典型としてアジア諸国では所得の向上の割には畜産物の摂取量は西欧などのトレンドのようには増加を見せない．このことは，西欧のトレンドとは異なったアジア独自のトレンドが存在することを示唆している．魚介類消費の多さはその一因だろうが，米飯を主体とする伝統的食生活の影響と考えられる．

中国の食肉消費量は日本よりも多い52.4kgだが，豚肉の消費割合が62.9％と極端に多くなっている．日本も豚肉の割合が43.6％と家禽肉37.3％，牛肉18.7％に比べ多い．豚肉の構成割合が高い大陸は，アジアの50.5％に次いでヨーロッパの47.5％となっている．一方，牛肉の比率が高いのは，南アメリカ

表8-3 1人当たり供給量（2013年）

	牛肉	豚肉	山羊・羊肉	家禽肉	肉計	卵	飲用乳	バター	チーズ
世界	9.3	16.0	1.9	15.0	42.2	9.2	—	1.4	—
アジア	4.4	15.8	1.9	9.8	32.0	9.4	—	1.3	—
北アメリカ	35.7	27.2	0.5	48.7	112.0	14.4	95.9	2.2	15.4
南アメリカ	32.0	11.4	0.8	37.0	81.1	9.3	105.0	0.5	2.8
ヨーロッパ	14.9	34.6	1.9	23.4	74.8	13.0	82.9	3.4	13.8
アフリカ	6.3	1.5	2.8	6.7	17.3	2.7	34.4	0.4	1.0
オセアニア	30.3	22.7	10.6	42.7	106.3	8.4	104.8	4.4	9.2
日本	9.2	20.6	0.1	19.4	49.3	19.2	46.1	0.6	2.9
アメリカ	36.2	27.6	0.4	50.0	114.3	14.6	104.2	2.1	15.8
中国	5.2	38.6	3.1	13.7	60.7	18.7	29.6	0.1	0.2
オーストラリア	33.9	24.1	9.9	46.1	114.0	8.5	123.8	3.7	10.2
EU（27ヵ国）	14.9	39.0	2.1	22.5	78.5	12.0	72.3	3.7	17.2

単位：kg/年/人．FAOSTATより算出．北アメリカは，中米，カリブ諸島を除く．

(44.8％), アフリカ(41.8％), 家禽肉は北アメリカ(41.2％), 南アメリカ(40.0％), 山羊・羊肉はアフリカの17.8％である．畜種別の消費割合は生産における特化係数とほぼパラレルだが，オセアニアはメンヨウやウシで特化係数が高いにもかかわらず，消費割合はさほど多くない．この違いは，オセアニア，特にオーストラリア，ニュージーランドでの輸出割合の高さで説明できる．

　食肉以外の畜産物について見ると，卵の消費量では北アメリカ（14.0kg），ヨーロッパ（12.8kg）が多いが，日本は19.6kgと上回っている．加工型畜産の典型である養鶏経営は，海外からの飼料穀物による大規模飼養によって低価格での卵供給を行ってきたことも，卵の食材としての利便性とともに消費量が増大した要因となっている．一方，牛乳・乳製品については,飲用乳で北アメリカ（119.3kg），南アメリカ（99.7kg），オセアニア（99.5kg），ヨーロッパ（92.9kg）などが多く，アフリカ（28.3kg），アジア（35.2kg）などと大きな格差がある．日本は48.4kgとアジアの中では多いが，世界ではほぼ平均水準となっている．乳製品の中で伸びを見せているチーズはほぼ世界平均の2.7kgにまで達して，アジア平均の約5倍となっているが，北アメリカ（14.7kg）やヨーロッパ（13.2kg）の1/5程度でしかない．

3）日本畜産の発展と停滞

　日本の畜産は戦後急速に生産量を増加させたが，1980から90年代にかけて

相次いでピークを迎え，現在は飼養頭羽数，生産量ともに縮小傾向にある．本節では戦後畜産が急速に増加した要因とともに，縮小をたどっている要因を需要と供給の両面から整理しつつ，日本畜産の今後の展望について考えてみたい．

(1) 畜産物の消費量と消費動向

畜産物需要は，戦後経済の復興および発展による所得向上と食生活の洋風化の中で，急速に増加した．肉類全体では1960年の1人当たり年平均5.2kg（供給量ベース）から2006年には28.0kgまで6倍近くにまで増加した．特に1960年代は，高度経済成長期にあって，肉類の消費は毎年10％以上の伸びを見せている．この時期は特に鶏肉（25.5％）や豚肉（14.9％）の大幅な増加に支えられた（表8-4）．また，60年代には40％前後を占めていた牛・豚・鶏肉以外の食肉（鯨肉，馬肉など）が急速に減少し，80年代にはほぼ3種類の肉のみが食べられるようになったことも特筆される．

食肉消費の増加率は70年代に入って徐々に低下し，21世紀に入ってからは減少に転じた．畜種別に見ると，鶏肉や豚肉の増加率が著しく低下する一方，牛肉が相対的に高い増加率を維持している．これは，1988年の牛肉輸入自由化決定による輸入枠の大幅拡大と，それに続く91年の自由化によって安価な輸入牛肉が大量に市場に出回ったことが，大きな要因となったと考えられる．

しかし，その後は，腸管出血性大腸菌（O157，1996年）や，牛海綿状脳症（BSE，日本2001年，アメリカ2003年），口蹄疫（2010年）などの疾病によって，牛肉消費はそのたびに減少を繰り返し，さらに東京電力福島第一原子力発電所事故による放射能汚染（2011年）によって大きく低下している．また，鶏肉も鳥インフルエンザ，豚肉は口蹄疫など，やはり疾病の影響や，飽食感，生活習慣病へ

表8-4 1人当たり肉類供給量の伸び率（年代別年平均，％）

	肉類	牛肉	豚肉	鶏肉	鶏卵	牛乳，乳製品
1960年代	10.3	5.9	14.9	25.5	10.3	9.4
1970年代	6.3	6.2	8.5	8.8	9.0	3.2
1980年代	1.4	4.1	0.8	2.4	6.3	2.3
1990年代	1.0	4.0	0.2	0.6	5.1	1.5
2000年代	−0.2	−3.7	1.2	0.6	−0.3	−0.1
全体	4.0	3.7	5.4	8.0	2.7	3.5

農水省：食料需給表 各年版より作成．

表 8-5 肉類の消費意欲の変化

	1984	1988	1990	1994	1996	1998	2002	2004	2009
牛　肉	120	127	116	99	63	97	62	64	80
豚　肉	112	99	85	92	91	107	94	97	91
鶏　肉	118	120	100	102	92	109	96	95	91
鶏　卵	125	124	109	120	107	111	116	109	93
牛　乳	134	140	127	139	113	118	115	113	94
ヨーグルト	119	122	113	121	114	125	118	112	94
魚	134	141	134	150	132	130	146	137	107
野　菜	163	154	142	164	138	136	151	146	110

消費者態度指数＝今後の消費意欲，増加−減少＋100．日本大学畜産経営学研究室各年調査結果より．

の恐れなどから畜産物消費は停滞から低下基調にある．肉類以外の，鶏卵や牛乳・乳製品も 2000 年代に入ってマイナスに転じている．

　消費者の消費意欲は，消費者調査による消費者態度指数（今後増加したいとする割合−減少したいとする割合＋100）の推移を見ると，より明確になる（表 8-5）．消費意欲が高いとみなされる 120 を超えたのは，牛肉では 1988 年の 127 であった．この年は，牛肉の輸入自由化が決定された年だが，皮肉にも自由化決定以降消費意欲は著しく減退しており，特に O157 の年や BSE 直後には 60 台までに低下した．ここまでの低下は一過的なものだが，消費意欲の低下傾向には歯止めがかかっておらず，2009 年ではついに 80 にまでなってしまった．健康志向の流れの中で，畜産物の中では相対的に高い指数を維持してきたヨーグルトでさえも，100 を割ってしまっている．さらに，消費意欲の高かった野菜や魚なども，実際の消費量の推移と同様に消費意欲が大幅に低下している．飽食感の中で少子・高齢化が進行し，食べ物全般への消費意欲の低下の時代に入ったと見られる．

(2) 家畜飼養頭羽数の推移と畜産経営の動向

　飼養戸数は，畜産物需要の高まりを背景とした農業基本法（1961 年）による選択的拡大政策によるバックアップもあり，急速に増加した（表 8-6）．戦後間もなくは飼養戸数の増加に伴って飼養頭羽数が増加したが，高度経済成長期の総兼業化の流れの中で，畜産農家は専業化の方向が強まり，戸数が大幅に減少する中で規模拡大を行う専業的経営に支えられて，飼養頭羽数はなお増加を続けた．

表 8-6 飼養戸数，頭数の推移

		1960	1981	2001	2011	2018	ピーク年頭羽数 頭羽数	ピーク年
頭羽数	乳用牛	824	2,104	1,725	1,467	1,323	2,111	1985
	肉用牛	2,340	2,281	2,806	2,763	2,499	2,971	1994
	ブタ	1,918	10,065	9,788	9,768	9,346	11,866	1989
	採卵鶏	54,627	164,716	186,202	178,546	178,900	198,443	1993
	ブロイラー	21,920	131,252	142,740	131,624	134,923	155,788	1986
飼養戸数	乳用牛	410.4	106.0	32.2	21.0	16.4		
	肉用牛	2,031.5	352.8	110.1	69.6	50.1		
	ブタ	799.1	126.7	10.8	6.0	4.7		
	採卵鶏	3,838.6	187.6	5.2	3.0	2.4		
	ブロイラー	19.2	8.3	5.1	2.4	2.3		
1戸当たり頭数	乳用牛	2.0	19.8	53.6	69.9	80.7		
	肉用牛	1.2	6.5	25.5	39.7	49.9		
	ブタ	2.4	79.4	906.3	1,625.3	2,001.3		
	採卵鶏	14.2	878.0	35,808.1	59,515.3	73,319.7		
	ブロイラー	1,144.1	15,796.4	28,098.4	54,390.1	58,408.2		
1戸当たり頭数指数	乳用牛	1.0	9.9	26.7	34.8	40.2		
	肉用牛	1.0	5.6	22.1	34.5	43.3		
	ブタ	1.0	33.1	377.6	677.1	833.8		
	採卵鶏	1.0	61.7	2,516.2	4,182.1	5,152.1		
	ブロイラー	1.0	13.8	24.6	47.5	51.1		

単位：千頭・千羽，千戸，頭・羽／戸．畜産統計より作成．

注）①各年2月1日現在の数値．②1991～1997年までの数字は成鶏めす300羽未満の飼養者は除く．③1998年以降の数字は成鶏めす1,000羽未満の飼養者は除く．④ブロイラーの1960年は1966年の，また2011年は2013年の数値．⑤2018年のブロイラーの飼養戸数には，ブロイラーの出荷羽数年間3,000羽未満の飼養者を含めていない．

1戸当たり飼養頭羽数は，1960年に比較し2007年では乳用牛，肉用牛では約30倍，ブタでは540倍，採卵鶏に至っては3,780倍にまで達している．

短期間での急速な規模拡大の要因は，収益構造図から理解できる（図 8-1）．このケースは酪農経営であるが，経営の目的である収益（家族経営にあっては総所得）を増加させるためには，単位当たり売上げ（例えば経産牛1頭当たりなど）を増加させ，同費用を低下させ，さらに規模（飼養頭数あるいは生乳出荷量など）を増加させることである．このうち売上増加や費用低下は個別経営では非常に限られた範囲でしか行うことができない．例えば，1頭当たり売上げを増加することは，1頭当たり乳量を

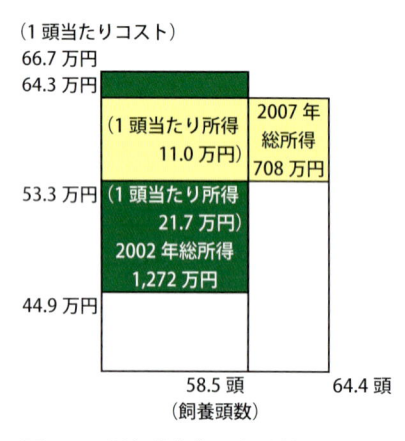

図 8-1 北海道酪農の収益構造の変化
農水省：牛乳生産費統計より作成．

増加させることか，乳価をあげることで達成できる．しかし，乳価は個々の酪農家が決定することはできない外在的な要素である．農家にできることは，乳質を向上することでプレミア乳価を得る程度である．また，費用の低下もさまざまな工夫を行う余地はないとはいえないが，費用のうちで大きな割合を占める飼料費は，飼料価格によって規定される側面が大きく，やはり農家にとって与件である．このため，総所得を増加する方向としては，規模拡大が相対的に「容易」な方法であった．1頭当たり乳量の増加も出荷乳量増加という点で，頭数増加と同じ規模拡大と考えられる．

規模拡大が稲作農家の場合には，さほど進展しなかったが，畜産は農地の拡大によらず頭数規模を拡大できた．つまり，日本畜産の大きな特徴である輸入飼料に基づいた畜産の発展である．しかし，同時に自給飼料に基づかない「加工型畜産」が広く展開することになり，そのことによる畜産公害や輸入穀物価格に大きく左右される経営体質などの問題も現出してきた．実際に，戦後の畜産経営の収益構造は，一般的に規模拡大の中で，売上げがあまり伸びずに，コストが増大する中で，薄利多売型になってきている．このため，売上げ単価の下落や飼料価格の高騰などが起こると，赤字に転落しやすい経営体質になっている．2008年，2009年の輸入穀物高騰時に多くの畜産経営が赤字に転落したことは記憶に新しい．当時の酪農家の1時間当たり所得は，飲食店のアルバイト代の925円よりもはるかに低い766円に過ぎなかった．

今後も輸入自由化の進展や途上国の穀物需要増大などによって，畜産経営を取り巻く経営はさらに厳しさを増すと予想される．こうしたことから，国内飼料生産により依拠した足腰の強い畜産経営の展開が望まれるとともに，そうした畜産経営を支える政策的なセーフティネットの整備が喫緊の課題となっている．

(3) 飼料生産の重要性

わが国の畜産経営は，安価な輸入飼料に支えられて急速に発展してきたが，飼料自給率は25％（2009年度）と非常に低い水準である．純国産濃厚飼料割合（TDNベース）は，わずか10％未満でしかない（表8-7）．特に，国産濃厚飼料の約60％はそうこう類で，残りは魚粉や骨粉などで占められている．つまり，国産濃厚飼料は米麦の副産物からなっており，飼料穀物として耕地で栽培された

表 8-7 飼料供給構造の変化

		供給量（TDN千t）			構成比（％）		
		1987	1997	2008	1987	1997	2008
輸 入	濃厚飼料	20,498	18,583	17,303	71.4	70.1	69.4
	粗飼料	655	1,243	1,180	2.3	4.7	4.7
国 産	濃厚飼料	2,241	2,152	2,090	7.8	8.1	8.4
	粗飼料	5,313	4,518	4,356	18.5	17.1	17.5
合 計		28,707	26,496	24,929	100.0	100.0	100.0

食料需給表 各年版より作成.

割合はほぼ無視できる程度でしかない．濃厚飼料自給率の低さは，水田も含めた飼料穀物生産の可能性を追求せず，飼料穀物を安価に輸入する途を戦前も含めて政策的にも選択してきた結果である．これは，承認工場制度と呼ばれる，国内のデンプン生産に影響を与えないように，飼料向けに限って無税化する制度である．

こうした施策により，畜産農家は農地面積に制限されず飼料を入手することができたため規模拡大を進め，中小家畜では大規模企業経営も珍しくなくなっている．農地と切り離された畜産にとっての隘路である「糞尿処理」問題は，「家畜排せつ物処理法」でも，ヨーロッパのように農地面積と家畜頭数を関連付けられることなく，堆肥舎での堆肥化処理によって「解決」している．

輸入飼料穀物に依存することの危険性は，これまでもしばしば指摘されてきた．1970年代の食料危機-石油ショック時にも，アメリカがダイズを禁輸したことから，輸入元の多角化が模索された．しかし，現実には，ますますアメリカへの依存度が高まっている．2008年，2009年の輸入穀物高騰の要因は，飼料穀物生産国の自然災害などもあったが，バイオ燃料利用などの多用途対応による需要増加，および新興途上国の飼料穀物需要急増といった構造的な面があり，今後も価格高騰や急激な価格変動が危惧される．

こうしたことから，飼料自給率向上の必要性が論じられてきた．「食料・農業・農村基本計画」（2000年）では，2010年に飼料作付面積を110万haとする旨の生産努力目標が掲げられた．2005年の見直しでも，2015年の目標値を同じにしている．しかし,実際の作付面積の推移を見ると,1991年の104.7haをピークに減り続けており，2010年では91.1万haにまで減少している．

飼料自給率目標を達成できない中で，近年急速に増加しているのが，イネ発酵粗飼料と飼料米である．民主党政権によって開始された戸別所得補償対策の中で

位置付けられたことにより，2010年度はそれぞれ15,939ha，14,883haにまで増加し，特に飼料米は対前年度1万haの急増であった．水田における飼料作を本格的に位置付けた点で画期的といえるが，伸び率は非常に大きいものの，飼料作付面積の目標から見れば絶対値は小さいことや，10a当たり8万円という破格な補助金に支えられているため，持続的な生産とはならないとの批判もある．水田においても，主食用と飼料用の穀物生産が経営合理性の観点から選択できる環境を政策的に作り出すことが必要となっている．

4) 日本畜産の発展方向

(1) 畜産の重要性と課題

日本の畜産には，①重要な食料の提供，②地域の農地や環境の守り手，③雇用の創出，④食と命の教育など，多様な社会的意義がある．

a．重要な食料の供給源としての畜産

畜産物は人間の生存に重要なタンパク質の供給源であり，また，牛乳・乳製品のカルシウムや豚肉のビタミンB_1などの重要な栄養素を豊富に含んでいる．近年ややもすると「畜産物は生活習慣病などの原因」とする負のイメージが定着した感があるが，例えば乳タンパク質は，抗高血圧症，免疫調節，抗菌，抗血栓，抗ウイルス，抗腫瘍，抗酸化作用，鉄吸収などの第3次機能を持つとして注目を集めている．食料自給率（供給熱量ベース）は1965年の73％から2009年には40％にまで低下しているが，ここまで低下した要因は，①国民の消費が米麦中心から，畜産物に象徴される洋風化をたどったこと，②その一方で，農業生産は米中心から抜け切れず，米の過剰生産が恒常化する中で，畜産物は輸入が増加する中で生産も増大したが，それは輸入飼料への依存によるものであったことがあげられる．つまり，消費と生産のミスマッチである．1965年度の1人1日当たり供給熱量2,459kcal中，米は1,090kcal（44.3％），畜産物は157kcal（6.4％）だったが，2009年度では2,436kcal中それぞれ571kcal（23.4％），385kcal（15.8％）に大きく変化した．一方，品目別自給率は米がほぼ100％を維持しているが，畜産物は47％から17％へと大きく低下した．消費が増加した食品の自給率が低下し，自給率が高い米の消費がほぼ半減したことが，食料自給率低下の大きな要因となっている．ただし，畜産物自給率の算定の際には，飼料自給率が

加味されている.例えば,鶏卵の2009年度の自給率は96％だが,飼料自給率が10％であるため鶏卵の供給熱量ベースの自給率が約10％とされているなどである.しかし,前述したように,畜産物を熱量供給のみで捉えることは無意味であり,多様な栄養的な価値を評価する必要があるとともに,生産と消費のミスマッチを解消する取組みが重要な課題としてある.

b. 地域の農地や環境の守り手としての畜産

　畜産は飼料生産や放牧を通して,農地の有効活用,耕作放棄地の解消などに貢献している.また,食品廃棄物の飼料としての活用（エコフィード）も行っており,地域の農地や環境の守り手として重要な役割を果たしている.前述したように飼料作付面積は減少傾向にあるが,それでも全農地面積約460万haの20％を占めている.また,酪農家1戸当たり飼料作物作付面積は増加を続けており,全国平均で1971年の2.0haから2009年には24.7haへと10倍以上になった.水稲農家が2ha足らずなのに比べれば,酪農家の農地集積は進んでいる.

　近年,農作物の収益性低下や農業者の高齢化,野生鳥獣害の増加などにより,中山間地域を中心として耕作放棄地が増加の一途をたどっている.その面積は埼玉県の総農地面積に匹敵する.耕作放棄地の増加は食料安全保障の観点のみでなく,国土保全の点でも大きな問題である.山林を含めた農地の荒廃は農山村の衰退に拍車をかけることになり,自然災害への対応力を著しく弱め,結果として都市部にもその影響が及ぶことになる.耕作放棄地の解消は農村部のみの問題ではなく国民的な課題であるが,耕作放棄地を含めた農地の利活用に,畜産は大きな役割を果たしており,また今後さらにいっそう果たす可能性を秘めている.農地での畜産的利用とは,水田放牧を含む家畜の放牧や,水田における飼料用イネ（ホールクロップサイレージ）,飼料用米の栽培を含む飼料生産のことである.

　問題は農地の畜産的な利用を促進する経営環境が整っていないことである.自由化の進展などによる畜産経営の収益性低下や穀物飼料に対する輸入制度以外にも,水稲作を優先する農業政策によっても,農地の畜産的利用にブレーキがかけられている.例えば,中山間地域等直接支払制度では,地目による支払い単価に大幅な格差がある.また,戸別農家所得補償制度でも酪農は除外されており,飼料米や飼料用イネには80,000円/10aの助成金があるが,トウモロコシなどの飼料作物は35,000円と大きな差が付けられている.農家が安心して積極的に畜

産的利用をできる仕組み作りが望まれる．

c．地域経済における畜産の重要性

畜産農家戸数は1960年時700万戸を数えたが，2009年現在では約11万3,000戸にまで減少している．しかし，畜産物の総産出額は2兆5,096億円（2009年）で，農業部門では最も多く，全体の31.2％を占める．ちなみに，米は22.3％である．畜産部門の中では，乳用牛10.0％，肉用牛5.5％，ブタ6.3％，鶏卵5.1％，肉鶏3.6％となっている．さらに，畜産経営の家族従事者と雇用従事者を含めた就業者数に加え，畜産物製造・加工業や，飼肥料など生産財の生産・流通業などの関連産業を含めれば，今なお重要な雇用先である．ちなみに，畜産食料品製造業は2009年現在2,569社存在するが，従業員総数は146,780人，現金給与総額4,411億円，原材料使用額3兆7,377億円，製造品出荷額5兆2,318億円に達している（表8-8）．また，生産財関連では飼料製造業だけでもそれぞれ458社，10,835人，463億円，1兆40億円，1兆2,030億円であり，機械や施設，その他の資材関連，さらに小売り，卸売りや外食産業などのサービス業を加えれば，非常に大きな産業部門を形成しているといえる．

さらに，畜産業は地方に分散しており，その衰退は地域経済に大きな打撃を与える．実際に都道府県において畜産の産出額が農業部門中上位3位までにランクされていないのは東京，大阪，愛知など8都府県のみであり，北海道，宮崎，鹿児島，長崎の4道県は1位を生乳あるいは肉用牛が占めるなど，重要な部門

表8-8　畜産関連製造業の従業員数，出荷額など（2009年）

産業分類	事業所数	従業員数（人）	現金給与総額（百万円）	原材料使用額など（百万円）	製造品出荷額など（百万円）
部分肉・冷凍肉製造業	804	37,936	104,574	1,140,728	1,389,044
肉加工品製造業	406	29,773	82,377	418,976	672,676
処理牛乳・乳飲料製造業	326	20,358	80,627	875,373	1,203,828
乳製品製造業（処理牛乳，乳飲料を除く）	281	20,722	82,326	743,885	1,171,456
その他の畜産食料品製造業	752	37,991	91,237	558,759	794,845
合計	2,569	146,780	441,141	3,737,721	5,231,849
配合飼料製造業	311	8,494	36,590	934,967	1,103,036
単体飼料製造業	147	2,341	9,788	69,043	99,979
合計	458	10,835	46,378	1,004,010	1,203,015

経済産業省：工業統計表より作成．

である．昨今の飼料価格高騰による経営悪化は，畜産農家戸数の急減と畜産生産の減少を招いており，地域経済にとって大きな危惧となっている．

d．「食農教育」，「命の教育」のための畜産の重要性

　食育基本法制定や栄養教諭制度の創設などに見られるように，行政も学校教育において食育を積極的に推進する姿勢を見せている．また，先進国中最低の食料自給率の中で，食生活の問題を食と農の乖離の問題として捉えた食農教育としての取組みも活発化している．そうした中で，農業側からの取組みとして注目されるのが酪農教育ファームである．2001年からは「認証制度」が設定され，2009年3月現在全国で257の酪農場と401人のファシリテーターが認証され，年間利用者数も約70万人に達している．酪農教育ファームも，食と農に関する学習，「いのち」の学習という意味では，他の食農教育とかわるところはない．しかし，人間に近い生き物である家畜を素材とすることで，食やいのちについて，より具体的に，あるいは根源的に学べる可能性を持つ．

　さらに近年，O157，BSE，鳥インフルエンザなど家畜を媒介とする疾病の発生や，牛乳集団食中毒事件，牛肉偽装事件など畜産物に関わる問題，あるいは畜産物の脂肪などの栄養分に対する否定的な情報の氾濫など，畜産への風当たりは強い．動物や畜産物に関する正確な知識や，動物とふれあう体験の欠如が，過度な対応を生む温床となっていると考えられる．そうした意味でも，日常的には接することの少ない家畜に直に触れることで，動物との接し方を学ぶ意義も小さくない．こうした多面的な意義を持つ酪農を中心とする教育ファーム活動を，学校牛乳制度の拡大とともに学校教育の中にきちんと位置付ける必要がある．

(2) 畜産経営の将来展望

　わが国の畜産は，重要な社会的意義を持っているが，経営的には輸入自由化の進展，飼料など生産財価格の高騰および変動，WTOなどの影響による国内農業保護政策の後退などによって，厳しい状況に置かれている．畜産経営の安定化には，国境措置や所得補償制度などが必要だが，個別経営としての収益性向上取組み策として，6次産業化が注目を集めている．6次産業化とは，農業者が農畜産物の生産（第1次産業）だけでなく，2次（製造加工業）や3次（小売り販売や外食など）も併せて（1＋2＋3＝6）行うことにより，収益の向上を達成し

ようとするものである．6次産業化はすべての経営が採用可能な経営戦略ではないが，地域全体で生産，加工，販売を担うことによる地域経済活性化や農家が消費者と直接接点を持つことによるやりがいや達成感の向上といった意味合いも持つ．

また，松阪牛や前沢牛に代表される「銘柄化」を進めることによって，差別化による高付加価値化を目指す取組みも行われている．しかし，(財)日本食肉消費総合センターの調べ（2011 年）によると，牛肉 229，豚肉 255 もの銘柄肉が存在しており，すべてが当初の目的を達成できているとは言い難い．

さらに，原発事故による放射能汚染禍でクローズアップされている農畜産物の安全性については，BSE 問題を契機に，規制や指導のリスク管理を行う厚生労働省や農林水産省から独立して，科学的知見に基づきリスク評価を行う「食品安全委員会」が 2003 年に設置されるとともに，法制化されたウシ個体識別システムによるトレーサビリティが実施されるようになった．個体識別制度は，ウシの生時からと畜までの移動データなどを登録することで，問題が起きたときに素早く原因を追及できるシステムだが，同時にこの制度を利用して，給餌飼料や投与動物薬などが明示された生産情報公表 JAS 規格もスタートしている．

東日本大震災は食品の安全性のみではなく，食料の安定供給の問題である食料安全保障の問題もクローズアップさせた．つまり，効率性を優先するあまり，食料の生産加工基地を地域的に集中化することの危険性への警鐘である．災害発生時のリスクを軽減するために，畜産の生産加工拠点についても，地域的分散化が必要である．今回の震災とそれに続く原発事故によって，被災地域を中心とする畜産基盤は大きく傷付けられており，今後畜産からの離脱農家が増加することが危惧される中で，畜産生産の持続的な発展を支える体制作りが望まれている．

2．生産の形態と経営

わが国の畜産経営の形態は，大別すると 家族経営（family farm）と企業経営（business enterprise）の2つのタイプがある．

家族経営は，主として家族労働力に依存する経営で，経営体数で見ると家族経営が畜産のほとんどを占めている．この形態は経営主が土地，労働力，資本の生

産の3要素を提供し，家計と生産を一体として営んで，経営目標としては所得（income）の確保を目指している．他方，企業経営は主に雇用労働力により成立している経営で，資本と労働の分離が前提となっており，経営目標としては利潤（profit）の確保を目指している．

この両者の中間に企業的経営というものがあるが，これは家族経営から企業経営へ脱皮しつつある経営体である．実体としては家族経営であるが，①青色申告などで家計と経営を分離して計算する，②家族労働費を専従者控除として計上し賃金として支払う，③個人経営であっても会社法人化する，④複式簿記の導入により企業経営の管理手法を実践し，生産コストの把握を行っている経営である．

ここでは，こうした畜産経営の生産形態に着目し，土地利用型畜産（草地畜産）と施設型畜産（舎飼い畜産）の2つのタイプについて述べる．

1）土地利用型畜産（草地畜産）

わが国において土地利用型畜産は，大家畜（酪農と肉用牛）を中心として展開している．代表的なのは北海道の道東を中心として展開している草地酪農や，沖縄県の離島で展開されている肉用繁殖牛の周年放牧などである．

(1) 放　　牧

放牧とは，家畜を放牧地などに放し飼いにすることである．さまざまなバリエーションがあり，海外には牧草を求めて移動しながら放牧する粗放的な放牧もあるが，わが国では北海道を中心に行われている集約放牧が代表的である．

a．集 約 放 牧

集約放牧とは，乳牛の飼養管理の「基本が放牧」にあり，放牧地で十分に採食させ，牛舎内では搾乳のみというように，放牧を経営の中心に置き，かつ高泌乳をあげている放牧方式である．これは放牧地の維持管理，乳牛の放牧地での飼養管理，放牧施設への投資（電気牧柵，牛道，給水施設）といった放牧技術が，バランスよく組み合って総合化された放牧方式である．最大の特徴は牧区を区切って草地を痛めないように1日程度で輪換しながら，栄養価の高い，丈の短い牧草を乳牛に採食させることである．

北海道などでの従来型の放牧方式は，飼養管理の「基本が舎飼い」にあって，

放牧は部分的であり，省力化およびストレス解消など放牧による生産性の向上を第1の目的としていない放牧方式である．具体的には夏場だけの夏季放牧や時間放牧などがある．

b．集約放牧と従来型放牧の技術構造

そこで，集約放牧と従来型放牧の技術構造の違いを整理してみよう．集約放牧は乳牛の飼養管理では放牧向き種雄牛の選定，放牧向き育成牛への早期教育，放牧草の季節生産性に合わせた繁殖管理，計画的淘汰があげられる．また，草地管理では放牧期間延長のため草種の選択，放牧草の質および量の安定確保のための土地の配置と施肥管理がされている．全体を通して見た場合，集約放牧は「放牧」を最大限に活用できるように，草地管理，栄養管理，繁殖管理，育成牛管理など部分的な放牧技術が，バランスよく組み合って「総合化された技術」になっている．

これに対して従来型放牧では，放牧地の維持管理，放牧草の給与方法，乳牛の

表8-9 集約放牧と従来型放牧の技術の違い

	集約放牧	従来型放牧
草地利用		
草地面積（割合）	放牧地利用割合が高い（兼用地を含む）	採草地利用割合が高い
草地配置	放牧地に条件のよい圃場を配置	採草地に条件のよい圃場を配置
草地管理（放牧地）		
草種（主体草種）	高栄養価で放牧に適した草種を主体的に利用している	適用草種は放牧地の一部での導入に留まる
施肥管理	土壌診断に基づく適切な管理（毎年，各圃場数ヵ所）	適切な管理がされていない（更新時，数年）
貯蔵粗飼料生産	貯蔵量が少なくて済むため，収穫日数が短く，品質が安定している	貯蔵量が多く必要であり，収穫日数も長く，品質が不安定である
栄養管理		
飼料給与	放牧草主体で，サイレージは無給与である	通年でサイレージを給与する
飼料給与方法	群管理	個体管理
繁殖管理		
育種改良	乳成分，体型を重視	乳量
淘汰基準	分換時期のずれなど，一部に計画的な淘汰が見られる	事故，疾病によるのが，主体である
繁殖管理	2～4月に集中している（季節分娩）	通年分娩である
育成牛飼養管理		
放牧方法	自家育成で早期放牧する	一部，公共牧場を利用
後継牛条件	初産分娩月が春のウシ	条件なし（必要分だけ）

「平成12・13年度 農業経営研究成績書」，北海道立根釧農業試験場研究部経営科，平成14年3月．

(山口正人，2002)

飼養管理など部分的な放牧技術の導入に留まっている．むしろ，従来型放牧では乳牛の飼養管理のベースは舎飼いが中心といえる（表8-9）．

このように，集約放牧と従来型放牧とでは同じ放牧という形態をとるが，全く異なる放牧形態ということができる．このため，単純に従来型放牧が放牧面積の拡大や放牧割合を高めたり，また部分的に放牧技術を高度化しても集約放牧に向けての展開はしていかないと考えられている．

c．集約放牧酪農の成立条件

集約放牧も従来型放牧も基本的には同じ草地管理，乳牛飼養管理をベースに技術が組み立てられている．しかし，重点を置く技術が異なるために，その展開の方向が違ってくる．

集約放牧が成立するための鍵となる要件は次の通りである．

①牛舎周辺への土地の集積が重要である…搾乳牛を放牧する場合，朝夕の搾乳のためにウシを牛舎へ誘導しなければならない．放牧地があまり遠いとウシにも管理者にも負担になる．育成牛や乾乳牛は遠くや飛び地でも差し支えないが，搾乳牛は牛舎周辺のある程度まとまった草地が必要である．放牧ではウシや草地の「観察」が重要な仕事となるので，土地の集積は最大の要件である．

②季節分娩の確立による合理的な飼養管理技術が重要である…放牧では高泌乳牛が飼えない要因として，放牧草が十分にないという草側の要因に加えて，ウシの個々の栄養管理が正確にできないことがあげられる．しかし，季節分娩を行うことで，個体管理ではなく牛群として飼養管理が可能となるので，舎飼よりもはるかに難しいと考えられる放牧管理で栄養管理，繁殖管理を綿密に行うことができる．さらに，群で飼うことにより省力管理が可能となる．

③適切な補助飼料の給与が重要である…放牧地の牧草は季節や管理・利用法によって，草量や草質が変動する．また，乳牛側から見れば，泌乳ステージによって必要な養分量は異なる．このため，放牧期間中，乳量や乳成分を安定的に維持するためには，各季節や乳量に応じて，放牧草に不足する栄養素を補助飼料として給与する必要がある．

④集約放牧は草とウシの観察が重要である（労働の質的な転換）…季節分娩により飼養管理が綿密にかつ省力化できるからといっても，季節別の草量，草質と乳期別の必要養分量は一致させる必要がある．このため，放牧地とウシを観察す

ることで，不足する栄養を適切に併給したりする「判断労働」が，集約放牧で最も重要な技術といえる．

d．集約放牧酪農の経営的利点

①生産費用の削減…集約放牧酪農では主として購入配合飼料費と家族労働費の節減によって，生乳生産費の削減が図られる．たとえ出荷乳量が若干減少しても，乳牛の疾病減少により個体販売収入が増大する．その場合，粗収入の減少を上回って生産経費が節減できるならば，酪農所得は増大する．すなわち，乳飼比の低下，所得率の増大によって，放牧酪農の経営収支の改善が実現することになる．

②経営の弾力性の確保…集約放牧によって乳牛の疾病が減少し，乳牛の経産回数を引き上げる余地が広がる．後継牛としてあらかじめ確保しなければならない乳牛の頭数が削減できれば，個体販売頭数が増える．こうした生乳販売以外の収入拡大が期待できることから経営リスクに対して，弾力的に対応しうる基盤を整えることになる．

③個性の発揮と生活のゆとり…集約放牧酪農が多様な生産要素の連鎖関係によって成り立っていることから，総合的な技術と呼んでいる．これは，酪農技術のマニュアル化を制約するものであり，経営上のリスクを生むものでもある．しかし，他方で酪農経営の評価基準の多様性を確保する要素にもなっている．

今1つは，生活の改革という評価であろう．「ゆとりのある酪農」，「マイペース酪農」という言葉の背景には，乳牛への給餌作業を省くことなどによって生じた自由時間そのものがもたらすゆとりや，牛舎が空になっている解放感，安心感などの醸成がある．また，自由時間を活用したオリジナル生活設計という自己実現が期待されているといえる．

④地域社会・経済への寄与…集約放牧酪農は，酪農メガファームのように閉鎖的な空間で生産を完結させるわけにはいかない．放牧地は地域の水，風，気温などの自然環境に左右されるが，逆に牧草地が地域の景観や植生などの自然環境に影響を与えている．つまり，放牧地は地域のオープンスペースといった役割を担っている．

放牧酪農が外部の社会との接点を取り結び，それを契機として広い意味で酪農と非農業者および消費者とのコミュニケーションが拡大することこそ，放牧酪農の多面的機能の根幹であるということである．放牧酪農が牧歌的な酪農への社会

イメージを維持していくことによって，酪農と消費者の距離は縮められるであろう．

(2) 移　　牧

　移牧の代表的なものは夏山冬里方式（rotated grazing）という放牧法で，季節ごとに決まった放牧地間を移動する放牧の1形態である．海外ではスイスのアルプス山岳地帯で広く行われており，夏季には標高の高い草地（アルプ）で放牧し，冬季には低地に移動して舎飼いで家畜を飼う形態である．わが国では，青森県，岩手県などの東北地方や岐阜県飛騨地方で伝統的に行われてきたが，近年は酪農家の規模拡大や日本短角牛の飼養頭数減少により伸び悩んでいる．

　近年注目されている移牧形態としては「山口型放牧」がある．耕作放棄された棚田水田を利用した放牧は，山口県下で1989年からスタートして「水田放牧モデル事業」に端を発し，その後山口県だけでなく全国各地に広がりつつある．点在する中山間地域の田や畑の耕作放棄地を電気牧柵で囲い繁殖和牛などを放牧し，生い茂った雑草をウシの「舌（下）草刈り」で食べさせて放棄地を蘇らせ，草がなくなりきれいになったら次の放棄地に電気牧柵ごと移動して放牧する方法である．ウシを所有していなくてもレンタル牛（カウ）が利用できるところもある．経営的には高齢者でも飼育ができ，飼料費削減，繁殖牛飼育の省力経営が可能になるだけでなく，景観や農地の保全など多面的な効用が魅力となっている．

(3) 牧場経営型

　西欧式の大規模な農地・草地基盤に立脚した本格的な牧場経営型の畜産経営は，わが国では片手の指で数えるくらいしかない．明治維新後，明治政府は西欧式牧場の導入を企て，官民によるさまざまな種畜の導入，官営牧場の創設，官有原野の払い下げ，資金や種畜の貸与などにより西欧式の牧場型経営の育成を図った．このことにより全国各地に次々と大牧場が誕生した．しかし，西欧式の畜産技術がそのまま日本に適用できなかったことや畜産物自体の消費水準が低かったことなどにより，明治20年代には衰退し，そのほとんどが姿を消してしまった．

　現存する牧場経営型の経営の代表例は，岩手県雫石町の小岩井農場である．同農場は総面積3,000ha，ウシ飼養頭数は約2,100頭であるが，養鶏事業，観光事業，

乳業事業，緑化造園事業なども展開しており，生産から加工販売，さらには観光牧場まで6次産業化した事業展開を行っているのが特徴である．他の牧場型経営も同様に，生産だけでなく加工販売や観光牧場を経営の柱としているところが多い．

2）施設型畜産（舎飼い畜産）

わが国の畜産は，もともと農家の農地所有面積が狭小であることから飼料などの栽培面積が少なかった．このため，古くから畜産は海外に飼料資源を求め輸入に依存してきた．いわゆる加工型畜産（施設型畜産や購入飼料依存型経営ともいわれる）と称されている．畜産の中でも特にその体質を強めて個別経営の急速な規模拡大を行ってきているのが，養豚経営や養鶏経営の施設型畜産である．

ニワトリやブタは単胃動物で，穀物主体の飼料が給与されているが，主原料であるトウモロコシはそのほとんどをアメリカに依存している．トウモロコシはアメリカから大型の穀物輸送船で日本に輸入され，グレインターミナルに一時保管後，各配合飼料メーカーに運ばれて破砕後，他の副原料と混合して配合飼料として畜産農家に運ばれ家畜に給与されている．

こうした物流体系の中では，物流コストをいかに引き下げるか，生産コストをいかに引き下げるかが経営の最大のポイントである．そのためには，施設型畜産により大規模化し，スケールメリットを発揮するのが最も合理的である．そのため，施設型畜産では飼養頭羽数の大規模化を進め，大量生産および大量流通を推し進めてきている．

他方，乳牛や肉牛は複胃動物で第一胃（ルーメン，rumen）という特異な消化器官を有しており，牧草などの粗飼料を大量に採取し，微生物で分解および消化して牛乳や肉に変換するという機能を持っている．この粗飼料は基本的には自給してきたが，近年は酪農経営や肉牛経営においても飼養頭数の規模拡大が進展し，これに伴って自給飼料生産が間に合わなくなり，輸入粗飼料に依存する経営が増えつつある．

（1）購入飼料依存型経営

わが国において，養豚，養鶏の中小家畜経営は前述したように，ほぼ全面的に

購入飼料依存型経営である．大家畜における購入飼料依存型経営の定義は，給与技術面と経営経済面の両面から規定されている．酪農の場合，給与技術面からは乳牛検定成績の平均濃厚飼料給与量である経産牛1頭当たり年間3,000kgを基準としている．経営経済面からは乳飼比30％以上を購入飼料依存型経営としている．酪農や肉牛の大家畜経営においても自給飼料の使用割合は年々減少傾向にあり，購入飼料依存型の経営が増えてきている．酪農経営では2010年において全国平均の購入飼料依存度は66.2％であるが，地域別に見ると都府県の購入飼料依存度は84.6％，北海道は48.5％で大きな格差がある（図8-2）．

肉牛経営では経営のタイプにより購入飼料依存度は大きな格差があり，乳雄肥育や肉専用種肥育ではほぼ100％が購入飼料に依存しているのに対し，繁殖経営では2010年で51.8％が購入飼料に依存で，半分近くは自給飼料で賄っている（図8-3）．

購入飼料依存型経営の最大の弱点は，海外の穀物市況高騰の影響を受けて経営が安定しないことである．また，2011年3月11日の東日本大震災により配

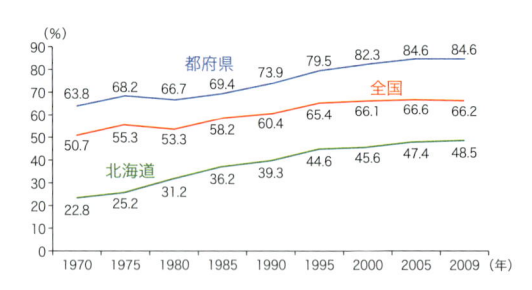

図8-2 酪農経営における購入飼料依存度の推移（TDNベース）

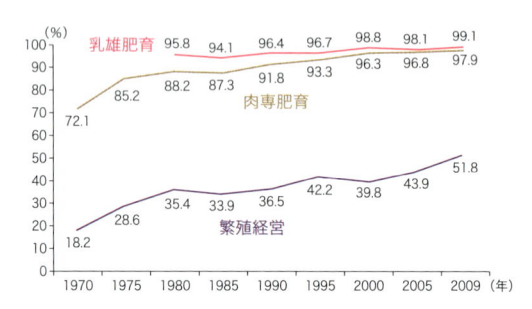

図8-3 肉牛経営内における購入飼料依存度の推移（TDNベース）

合飼料工場などが被災して飼料供給がストップし，家畜の餓死など大きな被害を被ったこともある．

(2) 自給飼料活用型経営

自給飼料を活用した経営は，北海道の大家畜を中心として展開されている．

大家畜1頭当たりの飼料作物作付面積は2010年の全国平均で20.8aあるが，北海道は40.0a，都府県は10.4aと約4倍の格差がある．これは土地条件の差によるものである．

近年の新しい動向としては，都府県を中心として水田を活用した自給飼料生産が急速に拡大してきていることである．具体的には2010年度から農業者戸別所得補償制度が本格的にスタートしたことから，飼料用米とイネ発酵粗飼料の作付面積が急速に拡大してきている（図8-4）．

飼料用米とイネ発酵粗飼料の作付面積が急速に拡大してきているのは，輸入飼料穀物価格の高騰による配合飼料価格の値上げと，水田活用の所得補償交付金として飼料用米やイネ発酵粗飼料に対しては10a当たり8万円の戦略作物助成があるためである．

飼料用米は，ウシ，ブタ，ニワトリなどあらゆる畜種に給与されているが，イネ発酵粗飼料はウシに対してのみ給与されている．飼料穀物原料として飼料用米を用いることは，中小家畜の経営についても自給飼料活用型経営の展望を切り開くものとして期待が高まっている．

(3) 地域資源活用型経営

配合飼料価格が高騰してきていることから，地域資源である食品工場の残渣を飼料原料として利用する経営も増えてきている．これは「エコフィード」と呼ばれているものであるが，主に食品残渣を飼料化して利

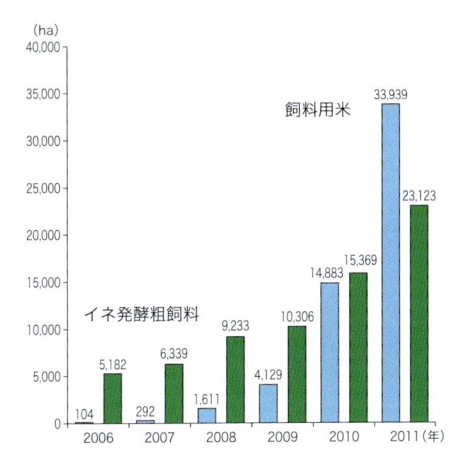

図8-4 飼料用米とイネ発酵粗飼料の作付面積の推移

用するものである．2007年度で食品産業から発生する食品残渣は1,134万tと推計されている．内訳は食品製造業が43％，外食産業が27％，食品小売業が23％，食品卸売業が6％である．このうち，60％が再生利用されているが，飼料として利用されているのは約21％である．

具体的に飼料化されている食品残渣は，パン屑，おから，菓子屑，ビール粕，醤油粕，製麺屑，米ぬかなどさまざまなものがある．外食産業から発生する調理屑や廃食用油，売れ残り弁当などもあるが，異物の混入や栄養成分のバラツキなどがあることから利用は限定的なものとなっている．

政府は食品残渣の飼料化を推進するため，2009年3月からエコフィード認証制度をスタートさせている．エコフィード認証の要件は，①「食品残渣等利用飼料等の安全性確保のためのガイドライン（18消安第6074号　農林水産省消費・安全局長通知）」が遵守されていること，②一定比率以上の食品循環資源を利用していること，③栄養成分等が把握されていること，である．2011年からは認証されたエコフィードを給与した畜産物を認証する「エコフィード利用畜産物認証制度」がスタートしている．

（4）小規模自給的畜産

昭和30年代には，わが国ではほとんどの農家が庭先でニワトリを飼い，ブタも数頭飼う，ウシも数頭規模で飼うという小規模な自給的畜産が広範に存在していた．しかし，現在では農家の庭先からは家畜は見られなくなっており，畜産専門の大規模経営が主流を占めている．小規模な自給的畜産が全くなくなったかというとそうではない．まだ，高齢者の生き甲斐としての小規模な自給的畜産は存在する．新規就農者なども新たに畜産を始める場合は，小規模な自給的畜産から始める人が多い．

（5）耕畜複合型経営

水田酪農（水田＋酪農）や畑作酪農（畑作＋酪農）など，耕種部門と畜産部門を結合させた経営が耕畜複合型経営である．畜産経営が規模拡大および専門化し，耕種部門を切り離してきたのがこれまでの経過である．しかし，最近は大型の畜産経営が自ら積極的に耕種部門に取り組む事例も出てきている．この要因は，畜

産経営だけであると，地域農業との接点が希薄となり孤立するからである．

　大量に発生する家畜の糞尿の土壌還元もままならないとなると，経営が行き詰まってしまう．耕種農業は高齢化が進み，耕作放棄地や遊休農地が増えてきていることから，こうした農地を借りて野菜生産や飼料用米の生産に取り組む経営も出てきている．

3）コンフォート畜産

　コンフォート畜産は「環境に優しい畜産（資源循環型畜産）」と「家畜に優しい畜産（家畜福祉，アニマルウェルフェア）」の両方を追求する畜産である．2007年に長野県松本家畜保健衛生所の獣医師が提唱し，「信州コンフォート畜産の基準値」を策定している．これは各家畜の管理項目と基準値を具体的に定めたものある．

　例えば乳牛では，①資源循環型畜産，②家畜福祉の2つに分けて作成されており，①では，対象を「食品残さ等利用飼料を活用した畜産，および地域内生産粗飼料を活用した畜産経営」としている．「食品残さ利用については搾乳牛では年間8ヵ月以上の給与期間，給与割合は濃厚飼料代替5％以上」としている．②では，国際的な共通認識となっている家畜福祉の5原則「5つの自由：餓え・渇きからの自由，痛み・病気・けがからの自由，物理的不快からの自由，恐怖・苦悩からの自由，正常行動を現す自由」を評価内容とし，「家畜の状態・反応，管理，手段」を評価項目として作成している．それらの評価内容や項目ごとに配点を決め，総合評価する．認定を受けるには，家畜ウェルフェア講習を受けなければならない，としている．

　コンフォートという用語は「安楽，気楽，快適にさせる」という意味であるが，コンフォート畜産という用語自体はまだ定着した段階にはない．

　むしろ，畜産のアニマルウェルフェアの方が欧米の動きに触発されて注目されている．わが国では畜産技術協会が2007〜2010年にかけて「アニマルウェルフェアの考え方に対応した家畜の飼養管理に関する検討会」を行い，①諸外国におけるアニマルウェルフェアに関する基準策定時の情報収集，②わが国の家畜の飼養管理に関する実態把握，③アニマルウェルフェアに関する国内外の科学的知見の整理，④アニマルウェルフェアに対応した家畜の飼養管理の検討およびその

試行，2011年にアニマルウェルフェアに対応した家畜別飼養管理指針の策定を行っている．

4）有機畜産

　有機畜産は西欧で生まれた考え方で，薬剤に頼らず，有機栽培された飼料を給与し，密飼いなどのストレスを与えないように，家畜の行動要求に十分に留意した飼育管理を行うものである．前述したような家畜の快適性に配慮した飼育方法，すなわちアニマルウェルフェアの考え方に基づいている．

　しかし，わが国では有機畜産はまだ少なくきわめて限られたものとなっている．制度的には有機農産物の表示制度（有機JAS制度）に次いで2005年から有機畜産物の表示制度がスタートしている．有機畜産物の表示ができるのは，①飼料は主に有機農産物（播種前の2年間以上，禁止されている農薬や化学肥料を使用していない田畑で生産されたもの）を給与していること，②屋外への放牧などストレスを与えない飼育方法であること，③抗生物質などを病気の予防目的で使用していないこと，④遺伝子組換え技術を使用しないこと，の要件を満たしたものである．これらの要件を満たした有機畜産物は登録認定機関の認定を受けて「有機JASマーク」を表示できる．これまでに有機畜産物の認定を受けたのは，牛乳および乳製品，牛肉，鶏卵，鶏肉であるが，有機畜産物の生産者も生産量もごくわずかである．

　その要因は国産の有機飼料穀物が生産されていないことに加え，飼料原料のほとんどを輸入に依存しているというわが国畜産の構造的な問題が背景にある．有機飼料穀物も輸入しているが，輸入量がきわめて少ないこと，有機配合飼料を製造できる工場が1ヵ所しかないため運送費がかさむことなどが大きな問題となっている．

　このため，有機畜産物の生産コストも高くなり，販売価格は相当割高となっており，販路の拡大が難しいという課題も抱えている．特にわが国の消費者は「家畜福祉，アニマルウェルフェア」の観点についての関心が薄いことから，この点での差別化が難しいという問題がある．

第9章

家畜飼育の実際

1. 養　　鶏

1) コマーシャルヒナ

　日本国内における鶏卵および鶏肉の生産量は，それぞれ約250万tと200万tである（2007年度）．この鶏卵あるいは鶏肉を生産するニワトリ（採卵鶏，ブロイラー）のヒナをコマーシャルヒナという．このヒナは種鶏が産んだ種卵を人工的にふ化させたものである．

(1) 一　　般

　日本で使用されている種鶏の90％以上は，ヨーロッパやアメリカの育種会社（ローマン社，ハイライン社，アビアジェン社など）が生産したものである．主な品種は白色レグホーン種であり，会社ごとに系統名が付けられている．卵用鶏では，ジュリア，ジュリア・ライト（ライト），シェーバー・EX（EX），ハイライン・マリア（マリア），ハイライン・ソニア（ソニア），ボリス・ブラウン（ボリス）など．肉用鶏では，アバーエーカー，ロス，コッブなど．

　1962年（昭和37）年にヒナの輸入が自由化され，国内の孵卵場の大部分は外国育種会社の代理店などになり，国産鶏の育種は大きな痛手を被った．現在では家畜改良センター岡崎牧場（卵用鶏）と兵庫牧場（肉用鶏）で改良事業とヒナの供給が行われている．種鶏の供給の大部分を外国に依存していくと，海外で高病原性鳥インフルエンザ感染が拡大したときに，種鶏を確保できなくなり，鶏卵肉の安定供給が困難になることが懸念される．

(2) ブランド鶏，地鶏系

鶏肉（ブロイラー肉）の供給量が増えるにつれ，ブロイラー肉の味に対する不満（水っぽい，柔らかいなど）が出てきた．また，嗜好の多様化も現れ，美味しいあるいは安全な鶏肉供給の要望が増えてきた．国産銘柄鶏は JAS 法（1999 年）で定義され，150 種類以上の地鶏と銘柄鶏と呼ばれるものがある．親鳥の血統や飼育方法（平飼いや密度など）により分類されている．廃鶏（種鶏や採卵鶏がその使命を終え，廃用したもの）を比内地鶏（地鶏の 1 つ）と偽って販売していた事件（2007 年）なども起こり，差別化した鶏卵肉への需要の過剰が社会的な問題になった．

2）ニワトリの栄養と飼料

(1) ニワトリの栄養の特徴

ニワトリは動物分類学上鳥類に属しており，羽毛を持つため，羽毛の形成に必要な含硫アミノ酸の要求量が高い．ブロイラーは孵化後出荷までの日数（約 50〜60 日）が他の家畜に比べ短く，成長速度が速いので，栄養素の供給不足は増体速度や生産性を低下させやすい．

ニワトリはタンパク質の最終代謝産物として主に肝臓で尿酸を形成し，腎臓から総排せつ腔に排出する．尿酸は核酸代謝産物であるが，ニワトリではグルタミン酸やアンモニアからグルタミンを形成し，アスパラギン酸やグリシンの窒素を取り込んで生成される．また，ニワトリでは尿素サイクルのカルバモイルリン酸シンテターゼの活性が低く，必要量のアルギニンをアンモニアから生成できない．したがって，ブタやラットでは必須アミノ酸ではないグリシンとアルギニンの要求量が多い．

ニワトリの消化器官における特徴の 1 つは，回腸末端部の両側に配置する盲腸である．成鶏では約 12 cm の長さを持ち，細菌による未消化炭水化物の揮発性脂肪酸への変換，水分の吸収，さらにタンパク質供給が少ない場合には総排せつ腔から逆流する尿窒素から生成されるアンモニアを吸収する．

(2) 給与飼料の種類と目的

ニワトリに給与する飼料は，孵化後の発育段階に応じて，採卵鶏では育成期用（0～4週齢，4～10週齢，10週齢以降）と産卵期用，ブロイラーでは前期（0～3週齢）と後期（3週齢以降）に分類されている．これらの飼料は各期に対応して必要な栄養素を十分含むように（日本飼養標準・家禽2004年版），主にトウモロコシ，大豆粕，動物性油脂，米ヌカなどを配合して調製される（表9-1）．過不足のない栄養成分の供給だけでなく，消費者から求められている安全な鶏卵肉を生産するために，「飼料の安全性の確保及び品質の改善に関する法律」（飼料安全法）に則り，適正な材料を用い，安全指針に沿った飼料調製が行われている．

飼料中の栄養素を効率的にニワトリが利用できるように，発育段階に応じて飼料の形態（形や堅さなど）をかえて給与する．飼料の形態はニワトリの飼料摂取量や増体だけでなく，鶏舎内の粉塵の多寡，衛生状態にも影響する．

ペレットは微粉末状の飼料に蒸気で加熱し，穴から押し出して乾燥した直径2～3mm，長さ5mm程度の円柱状のものである．クランブルはペレットを砕いたもの．マッシュは1mm以下の粉状である（図9-1）．

表9-1 配合飼料の原材料および配合割合（幼・中雛育成用）

穀類（トウモロコシ，マイロなど）	53%
植物性油粕類（大豆油粕，ナタネ油粕など）	35%
そうこう類（米ヌカ，トウモロコシジスチラーズグレインソリュブル）	5%
動物質性飼料（魚粉）	1%
その他（動物性油脂，リン酸カルシウム，食塩など）	6%

図9-1 飼料の形態
左：マッシュ，中：クランブル，右：ペレット．

飼料は養鶏産業に必須の資材であり，生産経費の60〜70％に達するので，有効利用が求められてきた．近年ではニワトリの排せつ物（飼料中未利用な物質，主に窒素やリン）による環境汚染を防止する点からも，さらなる有効利用が望まれている．そのような状況で，従来飼料タンパク質必要量は粗タンパク質に基づいて評価されていたが，必須アミノ酸の充足の程度が重要視されるようになってきた．すなわち，飼料の粗タンパク質含量を抑え，不足する必須アミノ酸を工業的に製造した製剤を配合して充足するようになった．これによって，未利用の窒素排せつが抑制できることも明らかにされている．また，飼料中のリンの約50％はフィチン態リンで，ニワトリはよく利用できずリン排せつが多く，改善が望まれていた．今では細菌由来のフィターゼを飼料に配合することにより，利用が向上し，排せつ量を抑えることができるようになった．飼料の難消化性炭水化物（セルロース，ヘミセルロース，β-グルカンなど）の消化および吸収を向上させることを目的として，フィターゼ以外の酵素製剤（セルラーゼ，グルカナーゼなど）を飼料に配合することもある．

3）飼育形態と施設および設備

第二次世界大戦を契機に，養鶏産業は効率的な生産を大きな目標として，施設や設備だけでなく飼料配合を改良してきた．戦後50年以上にわたり，より集約的な経営，すなわち多頭羽数をできるだけ小さなスペースで制御された環境下で飼育する飼養管理（バタリーケージ飼育とウインドウレス鶏舎）を実践してきた．しかし，20年ほど前（1980年代後半）から，まずEUで動物の福祉を重視した飼育形態（採卵養鶏におけるケージ飼育から平飼飼育などへの転換）が導入され，アメリカや日本にも波及しつつある．

(1) 平飼飼育とケージ飼育

平飼飼育は主にブロイラーの飼育に用いられる方式である．コンクリートの床面におがくずなどの敷料を置き，ヒナを導入し餌と水を与え，排せつ物は敷料に混ぜ込み，ヒナの出荷時に取り出す．

ケージ飼育はニワトリを金属製のケージ（間口約30，奥行き約45，高さ約45cm）を平面的に並べ立体的に積み重ね，これに1羽ないし複数羽を収容する

方式である．占有面積当たりの飼育羽数を増やすことができる．採卵鶏ヒナの育成や採卵鶏などの飼育に使われている．排せつ物はケージの下に落とし，卵は前方に移動させベルトで運搬できるようになっている．ケージを垂直に積み上げる直立型と前後方向にややずらして積み上げるひな段型がある．ケージ内に産卵の場所，止り木や砂浴び場などを備え，1羽当たりの面積を従来のものより広くした（450cm^2/羽以上）ものがエンリッチドケージであり，ある程度採卵鶏の習性に適合した飼養ができる．採卵養鶏場の90％はケージ飼育を採用している．

(2) ウインドウレス鶏舎

鶏舎は壁の構造によって2つに分けられる．1つは開放鶏舎といい，壁の一部が網などでできている．他の1つはウインドウレス鶏舎で窓などがなく，木材などで囲われている（図9-2）．後者は環境（温度と光）調節や衛生管理を集中的に行うことができるが，単位面積当たりの建設や維持に前者より経費がかかる．ブロイラー養鶏場では約1/4，採卵養鶏場では20％の農家で採用している．給餌と給水の自動化，給排気量と室温ならびに照明の自動制御ができるものが多く採用され，鶏糞水分含量の制御や塵埃や匂いの制御に有効である．なお，いずれの養鶏場でも約2/3は開放鶏舎を採用している．

図9-2　ウインドウレス鶏舎

4）飼　　育

(1) 種卵の採取と孵化
a．採　　取
①人工授精と自然交配（平飼）…種鶏はおよそ7カ月齢の雄，産卵重が53gに達した雌を用い，自然交配では雌10羽に対して雄を1羽程度になるよう配する．人工授精では雄の数は半分程度でよい．1日数回（午前3回，午後2回以上）種卵を回収する．夏季の高温および冬季の低温は孵化率を低下させるので，回数

を増やし，貯卵室に移す．種卵が病原菌などに汚染されないように，巣箱は清潔に管理する．種卵は清拭し，ガス薫蒸や消毒液浸漬したのち，温度10〜16℃，湿度75%前後の環境で貯蔵し，1週間以内に孵卵する．

b. 孵　　化

種卵を孵卵器に収容し，適切な温湿度に21日間置くとヒナがかえる．この過程を孵卵という．種卵を収容する前に，孵卵器を洗浄，消毒する．孵卵器は卵を暖める部屋（入卵室）と，ヒナがかえるときに卵を置く部屋（発生室）からなる．種卵の鈍端を上にして置き，転卵する．これは胚の浮き上がりと卵殻膜への付着，さらに卵黄の正常保存のために行われる．孵卵器内の温度は初めの1週間は39.0〜39.5℃，2〜3週間は39.0℃，18日目以降は38.0〜38.5℃に調節する．18〜19日目に発生室に移し，水平に置いてそこで孵化させる．孵化率は養鶏全体の生産性に大きな影響を及ぼす．孵化率に影響する要因のうち，種卵に由来するものは汚れ，ひび割れ，シワ，粒（盛上り）などがある．孵化率は孵卵中の温湿度，転卵，光，酸素と二酸化炭素濃度にも依存している．

孵卵中の種卵へのワクチン接種，尿漿液中ホルモン量による雌雄鑑別，アミノ酸などを注入して孵化率の改善や孵化時の体重増なども試みられている．

産卵するのは雌であるので，孵化時に雌雄を鑑別して雌ヒナのみを育成すると，ヒナの育成経費を節減できる．初生ヒナの雌雄鑑別技術は約70年前に日本で開発された指頭（または肛門）鑑別法が主要なものであるが，近年では伴性遺伝を利用して雌雄で羽毛の色や成長速度に差を生じる改良を行い，比較的簡易に鑑別ができるようになってきている．指頭鑑別法は，初生ヒナの肛門を反転させ，雄の退化交尾器（ペニス）の有無で鑑別するものである．

(2) ヒナの生理と育雛

ニワトリヒナは野鳥などのヒナに比べ早熟性で，孵化直後から餌を探して摂取できるが，体温調節能力の獲得は10日齢頃であり，孵化直後には環境温度を約30〜33℃に保つ必要がある．その後徐々に下げて，孵化数週間後に外気温とする．育雛器内のヒナが一様に広がって寝ている状態は適温であることを示す．

孵化直後には腹腔に卵黄が存在し，栄養素を供給しているので，餌付け（孵化後初めて餌を与えること）は孵化後48時間程度に行うことが勧められてきたが，

最近では孵化直後に餌付けをすることによって育成期の成長がよくなることも知られている．餌を食べ始める時期がヒナによってずれないように注意する．初期栄養の差はその後の成長に大きな影響をもたらし，産卵開始時期にバラツキが出る1つの要因になる．

　羽毛は3～4週齢で初生羽から若羽にかわり体表を覆うようになり，体温保持能力も向上してくる．その後も21週齢まで羽毛が生えかわる（換羽）．羽毛にはシスチンを多く含むタンパク質があるので，メチオニンやシスチンが不足しないように与えることが重要である．

　採卵鶏のヒナは孵化から4週齢（幼ヒナ），4～10週齢（中ヒナ），10週齢から初産まで（大ヒナ）の3期に分けて日本飼養標準・家禽（2004年版）に養分要求量が示されており，各生育段階に応じて必要な栄養素を供給し，環境管理，飼育密度などを調節することによって，優良な採卵鶏を得ることができる．3週齢頃から，羽や尻をつつく悪癖が見られる．これを防ぐには孵化後早期にくちばしを切ること（ビークトリミング）が有効とされているが，面積当たりの収容羽数を少なくしても防げる．

(3) 採卵鶏の生理と飼育技術

　ニワトリの雌は約150日齢で性成熟し，20～22週齢で産卵を開始する．産卵は28～30週齢で最大に達し（産卵率95％），60週齢で65％程度になる．雌の生殖器は卵巣と卵管からなり，腹腔の左側に位置する．卵管は右側のものは発達せず，左側のものだけが機能する．産卵開始前になると卵胞が急速に発達し，卵巣重量と卵管重量が数倍に増大する．卵細胞中に蓄積される卵黄物質は肝臓で生成され，卵巣に運ばれて取り込まれる．これらの変化は脳下垂体ホルモンによって調節されている．成熟卵胞から卵が卵管に排出され，卵管膨大部で卵白を，子宮部で卵殻を形成し腟を経て総排せつ腔から放卵される．卵は卵管を約25時間かけて通過する．

　採卵鶏はほぼ毎日約60gの卵を1個ずつ産み続ける．卵殻には約2gのカルシウムが含まれており，カルシウムの摂取，吸収と卵への沈着が活発に行われている．卵殻は夜間から早朝にかけて形成されるので，それに合わせてカルシウムの供給と卵殻腺での分泌を保証するために，カルシウムを多く含む飼料を夕刻に集

中的に与えることや粒の大きさをかえるなどの工夫が必要である．産卵を続けている雌鶏には骨髄骨というカルシウムの貯蔵と放出を行う組織が存在し，卵殻形成に貢献している．カルシウムの吸収には，飼料中のリンとの比率が1または2：1であることや，十分量のビタミンD_3の供給が重要である．一方，卵白の形成も活発に行われ，卵管膨大部におけるタンパク質合成速度は必須アミノ酸供給に応じて変動しやすいので，飼養管理上，十分考慮する必要がある．

　鳥類は発育段階で羽毛が生えかわる．成鶏では初産後一定の期間産卵を続けたあと，産卵を休止して換羽する．産卵を再開すると，産卵機能は一時的に回復する．これを利用して，日本やアメリカの多くの採卵養鶏場では，孵化後約2年（産卵開始後約1年半）経過した産卵鶏を絶食や絶水させ産卵中止と換羽を誘導し，産卵再開後に産卵率や卵重，卵殻強度を一時的に回復させる飼養管理を行っており，これを強制換羽という．この管理法は，ヒナの育成経費を節減し卵生産のコストを適正に維持することに役立つが，ニワトリにストレスを与え，免疫機能が弱まりサルモネラ菌に感染する恐れがあることや，動物福祉の面から見直しが迫られている．そこで，従来の絶食などによる方法と同等の効果を得ることを目指して，飼料中の粗タンパク質含量と代謝エネルギー価を下げた飼料（換羽誘導飼料）を不断給与する技術が普及しつつある．

(4) ニワトリの衛生と病気

　立体的に配置したケージやウインドウレス鶏舎を用いて集約的にニワトリを飼育する現代の養鶏では，少ない羽数のニワトリが感染性の病気にかかった場合，短期間に他のものに伝染する可能性が大きい．そこで，疾病の治療より病気にかからないように飼育管理することが重要である．日常的な管理においてニワトリの健康状態をよく観察し，行動や外観に異常（例えば，餌を食べる量が減る，糞の量や色がかわる，元気がない，卵を産まない，うずくまっている，羽を逆立てるなど）がないかを点検し，そのようなものは淘汰する．

　鶏舎内の空気の流れ，温度分布，単位面積当たりの収容羽数などを適切な状態に保つ．感染症にかかるのを防ぐためには，病原体が鶏舎に侵入することを防ぐことが効果的である．健康なヒナやニワトリを導入し，病原体に汚染されていない飼料を給与する．また，鶏舎周辺の環境を整備し，害虫の発生を予防し，ネズ

ミや野鳥の侵入を防止する．その他，ヒトや器材は消毒をする．

　感染症の予防にはワクチンの接種も効果的である．ニューカッスル病，マレック病，鶏痘，鶏伝染性気管支炎にはワクチンが開発され，使用されている．家きんコレラ，高病原性鳥インフルエンザ，ニューカッスル病，家きんサルモネラ感染症が家畜伝染病に指定されている．高病原性鳥インフルエンザは 2003 年以来アジアをはじめ世界中で発生し，病原ウイルスの変異によるヒトへの伝播が警戒されている．日本では 2003 から 2011 年までに発生があったが，外国からの侵入の予防と発生時の殺処分ならびにニワトリと鶏卵肉の移動制限により，現在は感染の拡大を防いでいる．症状は鶏冠，肉垂などの浮腫であるが，これらの症状が出る前に死亡することもある．

　非感染性疾病の代表的なものの 1 つは腹水症である．主に 5 〜 6 週齢以降の肉用鶏に発生する．死亡率は 30％に達する場合もある．心臓機能障害が原因で，腹腔に漿液が溜まり，腹部の膨張や鶏冠のうっ血が見られる．標高が 1,000m 以上の高地や，環境温度が 10℃を下回るような場所では発症率が高くなる．飼料摂取量の制限や断続照明（0.5 時間を明，2.5 時間を暗）などによって予防が試みられている．

　農林水産省では 2004 年（平成 16 年）から畜産物の安全性を向上させることを目的に，農場における衛生管理を向上させ，健康な家畜による安全な畜産物生産を目指し，飼養衛生管理基準などを公表している．

(5) 肉用鶏の生理と飼育技術

　鶏肉の消費は世界的に増えつつあり，牛肉や豚肉に比べると脂肪含量が低いこと（数％以下）や宗教上の禁忌がほとんどないこと，また比較的安価であることによって今後も需要が増えると見込まれている（2008 年，約 6,000 万 t）．現在，主に消費されている鶏肉は孵化後 8 週程度でと畜される若鶏（ブロイラー）の肉である．ブロイラーは発育速度と飼料摂取速度が採卵鶏に比べて大きい．3 週齢で体重は約 700 〜 800g，飼料摂取量は約 85g/ 日である．採卵鶏ヒナではそれぞれ，約 200g と約 24g である．肉用鶏の食肉はムネ肉（浅胸筋，深胸筋）とモモ肉（縫工筋など）に大きく分けられ，両者で総筋肉量の 90％を占める．ムネ肉の筋肉重量 / 体重比は孵化後 2 週週間で約 3 倍に増加し，それ以降

の増加は 1.2 倍程度である．体全体のタンパク質合成速度も 2 週齢時に最大になる．これらのことに基づいて，孵化後 3 週齢までを育成前期，3 週齢以降を後期または仕上げ期として飼養管理している．日本飼養標準・家禽（2004 年版）では，前期と後期の粗タンパク質含量（%）と代謝エネルギー含量（kcal/g）をそれぞれ，20，3.1，16，3.1 としている．腹腔内脂肪蓄積を抑えるためには，適切なカロリー：タンパク質比（1kg 当たりの代謝エネルギー kcal/ 粗タンパク質%，140 前後）になるようにタンパク質またはエネルギー含量を調節する．と畜前 7 日間は抗菌性物質と抗コクシジウム剤添加飼料を給与することが禁じられている．

　孵化後数週間で，孵化時体重の約 60 倍に成長するので，孵化時の体重および孵化直後の栄養素の供給は出荷時体重に大きな影響を与える．この時期の栄養供給を改善するためには，孵化直後のヒナへの栄養素供給が試みられている．孵化後 48 時間以内に餌と水を与えることによって，給餌および給水なしに比べて消化器の発達，免疫系の活性が促され，胸筋の衛星細胞の分化を早期に促進し，ブロイラー前期の成長成績（増体量や死亡率）が改善される．孵化直後に給与する飼料が開発されている．

　ほぼすべてが平飼いされており，温度は孵化時 30℃付近から徐々に下げ 4 週齢で 20℃程度に調整する（湿度 60 〜 70%）．照明は明期を 1 日 20 時間程度，照度は孵化後約 20 ルックスから 4 週齢以降には 2 ルックスに設定する．

2．養　　豚

1）ブタの銘柄（各地の銘柄豚作出法）

　銘柄豚とは，「他のものとはひと味違った豚肉」で銘柄取引を行っている豚肉のことをいう．品種，系統豚，ハイブリッド豚，給与する飼料や添加剤や水，衛生管理方式を素材とした銘柄豚が国内で作出されており，その数は，2005 年度には少なくとも 255 種にのぼり，販売戦略の 1 つとしても利用されている．

　銘柄豚において，第 1 に品種が重要なポイントとして指摘できる．ブタの品種の基本については，第 6 章において記載されているので割愛するが，かつてわが国では，体格が中型の中ヨークシャー種が昭和 40 年代まで主流であったが，

生産効率を追求する中で外国の大型品種およびその交雑種を利用するようになった．その結果，LWD 種（ランドレース種の雌に大ヨークシャー種を交配し，生産した一代交雑子豚のうちで優良な雌豚にデュロック種の雄を交配して生産）が主体になっているが，他の品種で一部組み換えた場合や，人気銘柄「黒豚肉」のように，純粋種での豚肉生産を行っている場合も認められる．給与飼料では，主体のトウモロコシであっても非遺伝子組換え作物にこだわる例，地場産業との兼合いの中で牛乳のホエーや乳酸菌，イモ，お茶，海草類などを用い，さらには食品残渣利用のエコフィードや，ハーブなどを給与して差別化商品として銘柄化している例も多く見られる．さらに，ブタ特有で生産性を阻害する疾病を排除した特定病原体不在豚（SPF 豚）や，放牧飼育した放牧豚などがある．

産地等銘柄表示基準については，（社）中央畜産会が示す「産地等表示食肉の生産・出荷等の適正化に関する指針」と「食肉販売店等における食肉の産地等表示販売に関する指針」が生産，流通，販売の分野で拠り所となっている．

2）飼養形態と施設および設備

現在のブタの飼養形態は，個体飼育（単飼）と群飼育（群飼），完全な舎飼い，運動場付き舎飼い，放牧などさまざまであるが，基本的には土地の制約により完全舎飼方式で，種雄豚はその性質上完全に単飼であり，種雌豚も基本的にはストールでの単飼が主体である．また，子豚や肥育豚などは群飼が圧倒的に多い．

養豚場の経営形態は，基本的には繁殖経営，肥育経営および一貫経営があるが，経営の安定性を求める中で，最近では一貫経営の養豚場が主流を占めている．また，以前は数頭から20〜30頭の母豚を飼育する規模であったが，スケールメリット追求などからその規模は拡大傾向にあり，家族経営でも 150 頭前後，従業員を雇用する場合には，200 頭程度から数千頭規模までの企業化養豚場も存在する．ブタの飼育施設については，一貫生産農場を基本に述べる．基本的な豚飼育施設としては繁殖豚舎，分娩豚舎，離乳育成豚舎，肥育豚舎があり，場合によっては導入豚をチェックする検疫・導入豚舎を有する場合もある．なお，SPF 豚農場であれば当然であるが，種豚および子豚の生産移動形態（ピッグフロー）は，基本的には一方通行とすべきであり，また，農場の出入りの際は病原体の出入りを防止するため，浴室などを設置し利用することも重要である（図 9-3）．

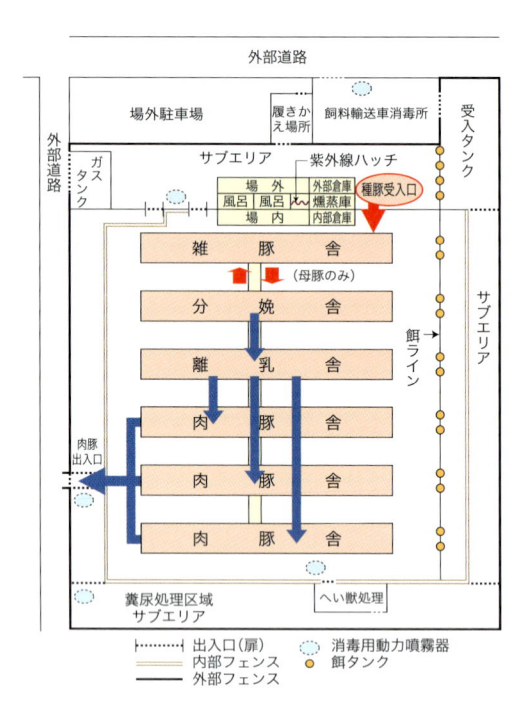

図9-3　清浄性を維持するための養豚場配置図とピッグフロー
SPF豚農場などでは特に，外部とは遮蔽された状態を確保し，衛生害虫なども極力抑制することが重要である．矢印は，ピッグフローを示し，分娩する種雌豚以外は必ず一方通行に移動することが重要である．また，豚舎のオールイン・オールアウト管理がきわめて重要である．

　繁殖豚舎は，かつては運動場併設の形態であったが，現在では完全閉鎖型農場が多いため，種豚はストールで個別に飼育する形態が主体である．種豚の暑熱対策用には，大型扇風機による送風やドロップクーリングシステム[注1]なども設置されている．

　分娩舎は，分娩ケージ（スノコ式，高床式など）が設置され，糞尿はスノコを介して床下ピットに落ちたあと，固液分離されて堆肥場に移動する．分娩ケージは無看護分娩対応型で圧死防止機能を有する場合が多く，子豚用の保温箱，保温器具が設置されている（図9-4）．

注1）暑熱対策の1つ．プログラムタイマーと配水管のシステムを設置し，ストール豚房を主としてブタの頭部や後躯に対し，水滴を滴下させて体表面の一部を湿潤な状態にして気化熱により豚体を冷却するシステム．

離乳育成舎は，温湿度管理された離乳舎で，1腹単位か数腹で群編成して飼育する．当然のことながら温湿度管理装置や換気装置を設置し，暑熱と寒冷対策を十分に行い，舎内環境を良好に保つようにする．場合によっては，子豚ハウスなどの利用により飼育する場合もある（図9-5）．

図9-4　分娩ケージと哺乳子豚
分娩ケージで授乳中の母豚．右隅は子豚用保温箱．ケージ床はロストル構造で糞尿は落下して終末処理へ移動．

　肥育舎は，自動給餌や給水システムおよび換気装置や暑熱対策用ファンの設置により，効率的に管理される．給餌システムは，ドライフィーディング[注2]よりウエットフィーディングシステム[注3]の普及が顕著であり，一部はリキッドフィーディング[注4]も設置されている場合がある．農場内の機械化が進むと，給餌もタンクから自動飼料搬送装置（配餌ライン）で行われる場合が多い．また，最近では広大な肥育豚房内にソーターシステムを設置し，自動的にブタの体重を

図9-5　子豚簡易ハウスにおける離乳育成状況
上：全景，下：個別内景．

注2）一般的な乾燥配合飼料などをフィーダーに入れて給餌する方式．飲水はフィーダーとは別に設置した給水器で行うシステム．
注3）給水器付きの給餌器でブタが飲水しながら乾燥飼料を採食し，結果的に練り餌給餌になる方式．
注4）液状飼料給与法のことで，パイプラインを用いて液状にした飼料をブタに給与する方法．

測定し，自動的に群編成するシステムを利用する農場も認められる．

豚舎の形態には，大別すると開放式豚舎とウインドウレス（無窓）豚舎があり，開放式は舎外の環境に大きく左右され，ウインドウレスは完全空調システムにより設定環境が斉一化できるが，より多くの経費を必要とする．また，停電時には緊急対応が必要であり，対応が遅れると被害は甚大となる場合がある．

3）ブタの栄養と飼料

（1）ブタの発育特性と栄養

ブタは約1.4kgで生まれ，肉豚であれば6ヵ月後には110～115kgに到達して出荷される．種豚候補豚は生後約8ヵ月で120kg程度に育成され，繁殖に供用される．いずれにしても，成熟体重が200kgを超す動物で，このように発育速度が高い動物はほとんど見当たらないことから，栄養管理もこのような特性を考慮し，栄養分の不足をきたさないように配慮する必要がある．

子豚の消化機能は日齢とともに高まるが，胃酸の分泌は生後3～4週齢まで緩やかに増加し，胃内の酸度が成豚に近付くのは生後8～10週齢のためペプシン活性は不十分な状態で，ダイズタンパク質など植物性のものは消化されにくい．一方，子豚は乳中の乳糖や脂質を効率よくエネルギー源として利用する．基本的に，生後2～3日目から人工乳に慣れさせ，十分に摂取できるようにすることが重要である．母乳以外に人工乳などを摂取させることは，子豚の消化機能を発達させることに有効であるのと，母豚の泌乳負担を軽減する効果も得られる．

哺乳期子豚の死亡率は比較的高く，その一因としてエネルギー不足が指摘されている．このことから最近では，即効性の高いエネルギー源として，中鎖脂肪酸トリグリセド（MCT）を活用することも検討されている．

育成期（10～30kg）の消化機能は，急激に哺乳子豚の状態から肥育期レベルに移行する時期であることから，飼料の切りかえを着実かつ確実に実施する．性急な飼料の切りかえは下痢の発生などを引き起こすため，十分注意する．

（2）給与飼料

飼料の原料はトウモロコシ，マイロ，ダイズ，ダイズ粕などの穀類であるが，穀類を全粒のままブタに給与すると，十分咀嚼されないまま消化管を通過するた

め，消化吸収性が悪い．そのため，ブタの日齢などに応じて適度に粉砕，破砕，圧ぺんして給与する．飼料を細粉するほど増体量，飼料要求率，消化率は向上するが，過剰粉砕では嗜好性の低下や胃潰瘍，呼吸器病の発生を招く．

　現在の養豚用飼料の形状は，基本的には粉餌（マッシュ）が主体であり，固形飼料（マッシュを短い円柱状に加圧成形したペレット，ペレットをさらに粗挽きしたクランブル，加熱加湿して扁平状にしたフレーク）も多く用いられている．

　飼料の給与法は，不断給餌法，制限給餌法，間欠給餌法に区分され，飼養目的（繁殖，肥育など），飼養形態，発育ステージ，飼料の形状などにより使い分ける必要がある．また，餌と水の給与形態は，基本的には給餌器で粉餌を給与し，水は別に給水器で与える分離給与法であったが，1988年頃から飼料と水を同時に摂取できる形態のフィーダー（給餌器）を用いたウエットフィーディングが急速に普及し，さらに飼料と水分をタンク内で混合し，コンピューター制御でパイプラインを介して液状飼料を給餌するリキッドフィーディングも開発されている．

　なお最近では，飼料中のかび毒（マイコトキシン）も問題になっている．

4）飼　　　育

(1) 子豚の生理と育成技術

　新生子豚は未熟な状態で娩出されるため，飼養環境と栄養面を十分に適正管理する必要がある．特に初乳摂取は，新生子豚への免疫賦与の点からきわめて重要である．ブタでは，分娩後36〜48時間頃まで分泌される母乳を初乳といい，新生子豚は初乳を24〜36時間以内に摂取して免疫グロブリンを吸収するといわれているが，新生子豚が初乳中抗体を吸収できる能力は生後0〜3時間では100％であるのに対し，3〜9時間では50％に低下し，9〜12時間後では5〜10％に低下するともいわれている．新生子豚は，娩出後すぐに自力で臍帯を引き切りながら母豚の乳頭に到達し，十分な量の初乳を飲むので通常は問題ない．ただし，虚弱子豚などは吸乳ができない場合もあるため，管理者が子豚を開口させて若干量でも初乳を摂取させると，子豚の活力が改善される場合がある．

　新生子豚は，被毛が薄く皮下脂肪も少ない．出生直後は羊水で濡れているため生後急激に体熱を奪われやすいので寒冷にきわめて弱く，長時間低温にさらされると体温が低下して斃死する可能性が高い．また，日齢が進んだ子豚では下痢が

発生する場合が多い．母豚の適正環境温度が約20℃程度であるのに対し，新生子豚は35℃程度，1週間程度経過しても28〜24℃程度必要であることと，すきま風の影響を受けやすいため，温湿度管理に十分注意する．そのために，保温箱，保温電球，ガスブルーダーなどの設置が一般的となっている（図9-4）．

さらに，子豚には初乳を飲み始めた際の生理的貧血と鉄欠乏性貧血があり，特に鉄欠乏性貧血は鉄剤などの処置を行わないと生育が阻害されることが多いため，誕生の処置として全頭に実施されている．

その他，0〜3日齢には犬歯の切断，断尾，去勢（雄のみ），耳刻処理など，個々の農場で必要な処置が施されている．

子豚の離乳時期は農場によりさまざまであり，以前は，生産効率を高めるためと衛生状態の改善を目的に，娩出直後に超早期離乳や分割早期離乳（SEW）などで授乳期間を短縮した時期もあったが，現状は約3週間の授乳期間が多くなっている．今後は，動物福祉の影響もあり，若干長期化していくことも予想される．

離乳に際しては，「離乳は子豚にとって最大のストレスである」ことを十分に認識することが重要であり，子豚に対して栄養や環境要因に関連したストレスをさらに上乗せしないように十分な配慮と準備を心がける必要がある．

離乳は基本的には一腹単位で行うが，飼養規模が大きく発育性の斉一化などを考慮し，数腹の同時期分娩子豚を群編成して飼育したり，雌雄で区分して一緒に飼育（性別管理）することも行われる．また最近では，離乳豚舎ではなく，簡易の子豚ハウスを利用する農場も多く認められる（図9-5）．

育成期には，離乳期同様に温度管理を適正に行い，さらに換気などに配慮する．

(2) 肉豚（肥育豚）の生理と飼育技術

ブタの産肉生理では，肥育前期は赤肉と骨の成長が主であり，後期は脂肪蓄積が顕著となる．基本的に飼料のアミノ酸供給とエネルギー量に配慮する．肥育前期（30〜70kg）に低タンパク・高エネルギーで飼育すると，赤肉割合が低下し，体脂肪は成長に伴い増加するため，脂肪付着の多い不良な枝肉を生産することになる．また，肥育後期（70〜115kg）には1日当たりの増体重が最大となり，脂肪付着量が増加する時期であることと，体重増加に伴う維持エネルギー量の増加により飼料効率が低下する時期であるため，枝肉の肉質を考慮すると増体量を

抑制する飼料給与法も必要となる．

　給与飼料によって肉質は大きな影響を受け，オオムギ，玄米，バレイショなどのデンプン質飼料を主体とすると飽和脂肪酸が多く，白くて堅い脂肪が生産され，イモ類では良質脂肪を生産するが，タンパク質がほとんど含まれないため補給が必要である．

　最近，環境問題対応からも注目されている，食品工場などの食品残渣を利用した「エコフィード」なども，原料の成分を十分把握したうえで適正な栄養バランス対策を施して使用すべきものである．

　なお，肥育豚舎で重要な基本的飼養管理としては，第1に飼育密度と飼育環境（換気，温度など）に配慮する必要がある．

(3) ブタの衛生と病気

　健全な養豚経営は，健康なブタの飼養から得られる．通常のブタ飼育施設では，たとえウインドウレス豚舎であってもさまざまな病原体に感染する可能性が高い．豚舎周囲を柵などでガードしても，渡り鳥の糞などが落下する場合や，衛生害虫であるネズミやゴキブリなども防除は困難であり，常に危険にさらされている．

　SPF養豚場であろうと慣行養豚場（コンベンショナル豚）であろうと，各種病原体を保有しながら発病しないで平穏に経過している状態を，通常の健康な状態と判断するしかない．

　これらのことから，予防衛生として大きな効果をもたらすワクチネーションが実施されている．また，感染が成立していても発症しない状態は日和見感染といわれる状態でもあり，この状態は，ブタが各種ストレス負荷により免疫力，抵抗力が低下した際に均衡状態が崩れ，病原体が増殖して発病する．したがって，予防衛生措置を施すこととともに，各種飼養場面においてストレス負荷を極力避けなければならない．

　ブタの感染症は単独で感染して発症する場合もあるが，多くの場合は複合感染しており，呼吸器病と消化器病が特に甚大な被害を与えている．またその病原は，ウイルス，細菌，マイコプラズマ，真菌，原虫，線虫など多岐にわたっており，ここで記述することは困難なため，その詳細は他の専門書を参照されたい．

なかでも，ブタの呼吸器複合感染症（PRDC）では，オーエスキー病（AD），豚繁殖・呼吸障害症候群（PRRS），豚サーコウイルス関連疾病（PCVAD），胸膜肺炎（App），マイコプラズマ性肺炎（MPS），グレーサー病などが関与し，甚大な被害を呈している．2008年3月からサーコウイルス2型（PCV2）のワクチンが接種可能となり，多くの農場では子豚の事故率が20～50％程度も発生する状態から脱却し，現在では10％前後まで低下してきたが，依然として課題は残されており，特にPRRS防除対策が大きな問題である．

生産現場に対応する獣医療が開発されるが，農場における基本的な飼養管理技術が衛生対策の推進上，大きな影響力を持っていることが明確となっており，その1つがオールイン・オールアウト（AI・AO）管理である．

AI・AO管理とは豚舎の利用方法の1つで，1棟の豚舎に同時に全頭を収容して飼育し，飼育終了時にすべてのブタを移動あるいは出荷し，その後豚房の徹底した洗浄消毒・空舎期間を確保する方式である．この確実な実践により，豚舎の清浄度を高め，かつ良好な状態に維持することが可能となる．

(4) ブタの繁殖

ブタはきわめて繁殖能力の高い動物である．一般に利用している種豚では，春季発動（性成熟）が6～8ヵ月齢で認められ，通常，繁殖供用の開始は種雌豚が8ヵ月齢頃であり，種雄豚は8～10ヵ月齢である．

a．発情周期

発情周期が平均21日であることはウシやウマなどとほぼ同じであるが，発情持続期間は長く，個体差もあるが平均約2日間であり，排卵は，発情期間全体の2/3が経過する後半に生起する．なお，発情とは雄豚を許容する状態をいう．

外部から確認できる発情徴候は外陰部の発赤，腫脹，粘液漏出が主徴である．卵胞が発育を開始する時期から子宮頸が腫脹および硬化を開始し，左右の卵巣にそれぞれ6～10個（合計12～20）の表面の硬い卵胞が発育し，排卵の数時間前には硬かった卵胞表面が軟化したのち，早々に排卵が始まる．最初の卵胞が排卵し始めてからすべての卵胞が排卵し終わるまでの時間は，2～6時間程度を要する．排卵後は速やかに黄体が発育し，4～5日後には充実して弾力に富む，円錐形から半円形の機能的黄体（開花期黄体）が形成される．不受胎の場合には，

この黄体は排卵後約2週間存続したのち，急激に縮小，硬化し始めて退行するが，受胎すると黄体は妊娠黄体と名前をかえて分娩時まで存続する．

b．交　　配

温度変化に弱いブタ精子は，ウシなどと比べて低温保存技術が進展しなかったため人工授精技術の確立が遅れたが，最近急速な進歩があり，当面は液状精液で利用されており，その普及率は50％程度，受胎（分娩）率は90％程度である．

c．妊娠と分娩

現在，一般に飼養されるブタの妊娠期間は，排卵日を0日として計算すると，平均115日である．妊娠期間中は，妊娠黄体から分泌される黄体ホルモンにより発情の発現は抑制され，分娩時には，子宮内膜から分泌される$PGF_{2\alpha}$の作用により黄体が急激に退行して分娩が開始され，12頭前後の子豚を娩出する．

d．授乳と離乳

通常は，3～4週間の授乳期間を経て離乳する．離乳後の母豚は，平均5日（3～7日）で発情が回帰して交配される．

e．生　産　性

前記の生産パターンで母豚は生産活動を継続するため，年間で2.5回分娩し，1回の生産活動で10～12頭の子豚を離乳することから，1年間で1母豚が20数頭の肉豚を出荷する．子豚は約6ヵ月で出荷されるため，場合によっては母豚1頭が1年で枝肉2,000kgを生産することになり，きわめて高い産肉性を発揮している．なお，母豚は繁殖性に問題がなければ6産以上を経たのち，繁殖成績の低下が確認された時点で計画的に廃用される．

3．酪　　農

1）酪農の経営形態と施設

(1) 自給飼料型酪農

草地型酪農と畑地型酪農に大別される．草地型酪農は，北海道の東部や北部の牧草以外の作物の栽培が困難な地域に発達した．冬期の粗飼料として乾草（hay）や牧草サイレージ（grass silage）を貯蔵するため，乾草舎やサイロが必要となる．

図 9-6　草地型酪農の放牧風景
（写真提供：河合紗織氏）

図 9-7　畑地型酪農のサイレージ用トウモロコシの収穫
（写真提供：泉　賢一氏）

多頭化に伴い，バンカーサイロ（bunker silo）などの水平サイロが利用されるようになった．また，牧草ロールをプラスチックフィルムでラップして，中・低水分サイレージを調製するようになった．貯蔵粗飼料による周年飼養が主体であるが，春から秋にかけて放牧を復活させる酪農家が増加している（図 9-6）．

畑地型酪農は，飼料畑において飼料作物を栽培し，貯蔵粗飼料とする．主な飼料作物には飼料用トウモロコシ（corn, maize）や飼料用ムギ類がある．畑作地域の専業酪農家も畑作農家との間で堆肥と畑作副産物を交換するなど，地域における物質循環も追求されている（図 9-7）．

規模拡大による労力不足や高価な大型機械の更新が困難になり，飼料生産，収穫作業，堆肥やスラリーなどの圃場への還元作業などを請け負う業者（コントラクター）が出現した．また，混合飼料（total mixed ration，TMR）を一元的に製造し，組合員の酪農家に毎日配布する TMR センターも増加しつつある．

(2) 耕畜連携型と購入飼料依存型

作物を栽培する耕種農業と酪農および畜産との複合経営を耕畜連携型という．稲作や畑作と酪農の複合経営である水田・畑作酪農では，水田や畑の裏作や転作田に粗飼料の生産基盤があり，家畜糞尿や副産物の利活用など補完的で合理的である．都市近郊型など，飼料生産基盤が乏しい場合，ほとんどの飼料を購入しなければならない．また，農場副産物，製造副産物，製糖副産物，発酵副産物，果

汁製造副産物などが有効利用されている．これらを混合して一種のTMRとして販売する業者も存在する．糞尿を還元すべき飼料畑がないので，完熟堆肥などを生産販売しなければならない．

2）栄養と飼料

(1) 乳牛の栄養

乳牛の生産物は子牛のための牛乳であり，肉生産に比較して栄養素の利用効率が高い．ルーメンに共生する微生物の助けを借りて，単胃動物による利用が困難な植物の茎葉や製造副産物などを発酵し，発酵産物を吸収，代謝する．ルーメンにおいて微生物タンパク質とビタミンB群が合成される．なお，離乳前の子牛は反芻胃が未発達であり，育成初期は単胃動物型から反芻動物型に消化・代謝機構を変化させる過程でもある．

乳牛の栄養要求量の算定基準となるのが飼養標準（feeding standard）である．泌乳量は分娩後4～6週目に最大となるが，乾物摂取量が最大になるのは8～10週目である．このため，高泌乳牛では泌乳初期に栄養不足に陥りがちなので，繁殖に支障がないように栄養管理すべきである．さらに，分娩前3週間（乾乳後期）の栄養管理が分娩前後（周産期）に多発する代謝疾患の予防に重要であるといわれる（図9-8）．

飼養頭数の増加に伴い，個体ごとの緻密な管理が困難になってきた．そこで，乳期を小区分し，それぞれに適する栄養濃度の飼料を設計，給与するフェーズ

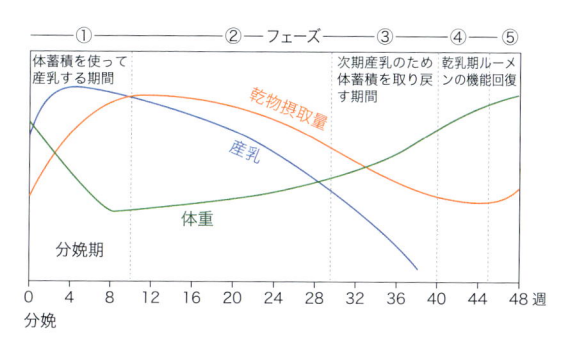

図9-8 分娩後日数と乾物摂取量，乳量，体重の推移（フェーズフィーディング）
（岡本全弘：新しい酪農技術の基礎と実際，2009より）

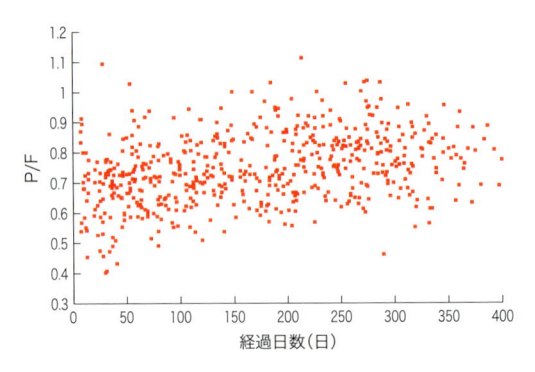

図9-9 分娩後日数と乳タンパク質率(P)と乳脂率(F)の比の推移
この牛群では,泌乳初期のほぼ半数の P/F が 0.7 未満で,エネルギー不足と判定される.(大塚一三)

フィーディングや牛群を乳量により小群に分けて飼養する方式が採用されるようになった.いずれも粗飼料,濃厚飼料などの構成飼料を分離給与する場合と混合飼料(TMR)として給与する場合がある.

　乳牛に期待する乳生産をさせ,疾病予防と健康を維持するために栄養状態の監視が必要で,飼料給与状況,ボディコンディションスコア(BCS),産乳成績(乳量,乳成分),代謝プロファイルテスト(metabolic profile test),繁殖成績,疾病発生状況などのデータが利用できる.BCS は体脂肪の蓄積状態の指標であるが,乳期内の変化は 0.5 以内に留めることを目標とする.牛乳成分は乳牛の栄養状態を反映して変化する.粗飼料が十分に給与されている場合には乳脂率が 3.5〜4.0% であるが,濃厚飼料を多給し,繊維が不足すると乳脂率が低下する.エネルギー不足の場合には乳タンパク質率が低下し,体脂肪の動員により乳脂率が異常に高くなることがある.乳タンパク質率と乳脂率の比(P/F)が 0.7 以下となる場合をエネルギー不足の指標とすることがある(図 9-9).代謝プロファイルテストに基づく牛群検診は,血液成分の動態から牛群のエネルギー代謝,タンパク質代謝,無機質代謝などの傾向を判定し,栄養管理の改善を図るものである.

(2) 給与飼料

　乳牛に毎日給与する飼料の構成と量を合理的に設計するためには,各飼料材料の種類と特徴を知る必要がある.乳牛の飼料は通常,粗飼料,濃厚飼料,特殊飼

料に分類される．粗飼料に分類されるのは，牧草とその加工・貯蔵品，青刈り飼料作物とそのサイレージ，ワラ類と穀類の外皮，根菜類である．ルーメン内での発酵速度が遅いが持続性があり，反芻を刺激して唾液の分泌を促す．粗飼料は反芻家畜の正常なルーメン発酵のためには不可欠な主食であり，日本飼養標準では飼料乾物の NDF（中性デタージェント繊維）含量は 35％以上必要とされている．濃厚飼料は繊維含量が少なく，可消化養分濃度が高い飼料である．例えば，穀実類，油粕類，ヌカ類，製造粕類，乾燥イモ類や，これらを飼料会社などで混合した配合飼料がある．ほとんどはルーメン内で急速に発酵するが，反芻や唾液分泌を刺激しない．特殊飼料とは，ミネラル，ビタミン，抗菌剤などの特殊効果を持つ添加剤やこれらの複合プレミックスなどである．

　牧草地は放牧地（pasture）と採草地（meadow）に分けられる．放牧地にはペレニアルライグラス，ラジノクローバーなどの放牧に適する牧草が栽培され，数区から 10 数区の牧区に区分され，牧草の残存量を見て転牧される．草丈 20cm 以下の栄養価の高い短草を多回数採食させる方式やストリップグレージング（strip grazing）などの集約的な放牧形態も普及してきた．貯蔵粗飼料の乾草は採食や反芻などの咀嚼行動を活発にし，唾液の分泌を促し，ルーメン発酵を安定化させる．サイレージは酸素を遮断して乳酸発酵させ，保存性を高めた飼料である．マメ科草では易発酵性炭水化物含量が少なく，牧草自体の緩衝作用も大きいので，pH が十分に低下しないことがある．また，原料草の水分含量が高いと乳酸濃度が低くなり，酪酸発酵することがある．

3）繁殖生理と交配および分娩

　雌牛の繁殖は発情の発現，交配，排卵，受精，着床，胎子と胎盤の発育，分娩を繰り返すことである．発情とは，雌牛が雄牛を受け入れる性行動を示し，交配されれば受胎する可能性のある生理状態をいう．ウシの発情は卵胞の成熟と黄体退行の周期により，おおむね 21 日周期で繰り返される．外陰部が充血および腫大し，透明な粘液が漏出するようになると，乗駕を受容するようになる．この状態をスタンディングという（図 9-10）．スタンディング開始後 6 〜 8 時間から終了後 6 時間までの間に人工授精すると受胎率が高い．

　ほとんどの乳牛では，直腸腟法（recto-vaginal method）により人工授精（AI）

図 9-10　スタンディング発情
（写真提供：堂地　修氏）

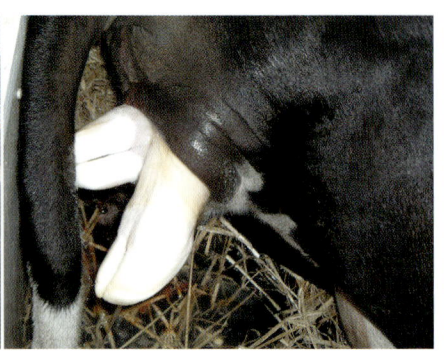

図 9-11　第二次破水し胎子の前脚が陰門から出る
（写真提供：堂地　修氏）

される．卵胞は発情終了後，およそ12時間で排卵する．排卵後4日目頃に黄体が形成される．

　卵管膨大部において卵子が受精すると，排卵後4日目頃に桑実胚となり子宮に達する．やがて，子宮内膜に着床し胎盤が形成される．胎子は妊娠5ヵ月目から妊娠末期にかけて急速に発育する．ホルスタイン種の妊娠期間は278〜282日である．

　分娩が近付くと，乳房と乳頭が腫大し，骨盤靱帯が弛緩して臀筋部が沈下し，腫大した外陰部から粘液が漏れ出す．骨盤靱帯の陥没から2〜3日以内に分娩する．子宮の収縮（陣痛）が始まると，胎子は背骨を上に向けた状態に回転し，両方の前肢を延ばしてその上に頭を乗せて産道に向かう．強い陣痛が頻発するようになると，胎胞が外陰部に現れ，やがて破れて胎水が流出する．その後1時間以内に外陰部から羊膜が現れ，胎子の脚先端部が透視できる．羊膜水の破水を第二次破水という（図9-11）．胎子の頭部が腟を通るときにさらに陣痛は激しくなり，娩出される．胎子の娩出から胎盤が排出されるまでを後産期といい，通常3〜6時間を要する．

4）飼　　　育

(1) 搾乳牛の飼育管理

　乳牛を管理するための作業時間の約50%は搾乳作業であり，飼料給与作業が

約 25％，敷料・除糞作業とその他の作業が 12～13％である．乳牛が必要とする養分量は，飼養標準に基づいて栄養要求量を充足するように飼料の種類と量および給与スケジュールを決定する．ルーメン発酵を安定化するために TMR の給与が普及している．分離給与の場合は，粗飼料を十分採食させたあとに濃厚飼料をできるだけ多回数に分けて給与する．搾乳直後は乳頭孔が閉じておらず，ディッピング液も乾燥していないので，飼料を給与して 15 分以上起立させておく必要がある．繋ぎ飼い牛舎では，牛床手入れや敷料の交換は搾乳後とする．フリーストール牛舎では，搾乳のために乳牛がミルキングパーラーに移動中に除糞と牛床手入れをする．

(2) 子牛および育成牛の飼育管理

新生子牛では，自発呼吸を確認し，臍帯の消毒を終え，体毛が乾燥したら，生後数時間以内に比重が 1.040 以上の初乳を 3kg 以上給与する．免疫グロブリンの吸収率は生後 12 時間以上経過すると低下するが，引き続き初乳を給与すると消化管内の病原微生物を不活化する．子牛に牛乳や代用乳などの液状飼料を給与すると，第二胃溝反射（reticular groove reflex）によって第三胃以降に到達し，ルーメン微生物の発酵を受けることなく，直接子牛の栄養源となる．代用乳液の給与量は 1 日当たり 4L とし，人工乳の摂取量が 1kg を超えた時点で離乳する．ルーメンには生後 24 時間以内に細菌が出現するが，偏性嫌気性の繊維分解菌は 1 週齢より増加し始め，2 週齢になるとプロトゾアも出現する．粗飼料を給与すると，この頃から反芻行動が開始される．離乳後は固形飼料の摂取量が増えるが，反芻胃はまだ発達途上にあり，数カ月間は粗飼料の利用性は十分ではない．

育成牛を生後 24 カ月以内に分娩させるには，13～15 カ月齢に受胎させる．受胎時の体高と体重の目安は，体高 125cm 以上，体重 350kg 前後である．

(3) 乳牛の衛生と病気

管理者は，乳牛の元気や活力，食欲，飲水，乳量，眼球と鼻，被毛と皮膚，浮腫，粘膜，歩様，反芻，体温，糞尿などの異常の有無を毎日確認する．管理者が対応できない異常を認めた場合は，速やかに獣医師に連絡する．

乳牛の代謝病は分娩直前から泌乳初期に集中する．泌乳初期にはエネルギー収

支が負となりやすく，体脂肪の大量動員による肝機能の低下とケトーシスの発症が懸念される．血中のカルシウムやマグネシウム濃度が低下すると乳熱やグラステタニーを発症し，起立不能，痙攣，過敏症状を起こす．濃厚飼料の多給と粗飼料不足により，第一胃食滞，蹄葉炎，第四胃変位などを起こす危険がある．

感染症対策の基本は，病原体を農場に「持ち込まない」，「拡げない」，「持ち出さない」ことである．病原体は，外部からの乳牛の導入，管理者やペット，家畜運搬車，獣医師と家畜人工授精師などを介して侵入するので，導入牛の数週間の隔離飼育と訪問者の立入り制限および履物，着衣，器具などの消毒を心がける．畜舎ごとにオルソ剤などの消毒薬を用いた踏込み消毒槽を設置する．

乳房炎には乳房に炎症を起こす臨床型乳房炎と，乳質にのみ異常を示す潜在性乳房炎がある．発症牛を隔離して原因菌を特定し，徹底的な治療が必要である．壊疽性乳房炎は重症となり死亡する例が多い．サルモネラ症は飼料，飲水，土壌などからのサルモネラ菌の感染により発症するが，子牛に多発し，下痢便から血便となる．ヨーネ病は慢性の感染症であり，分娩後数週間以内に突然乳量が減少し，持続的な下痢を見る．クリプトスポリジウム症は人獣共通の原虫により，下痢と脱水症状を示す．下痢便中に排出される大量のオーシスト（図9-12，9-13）は消毒薬に強い抵抗性を持ち，経口的に他の子牛や管理者に感染する．

これらの他にも多くの疾病があるが，病気と診断されたウシは獣医師の指示に従って看護する．

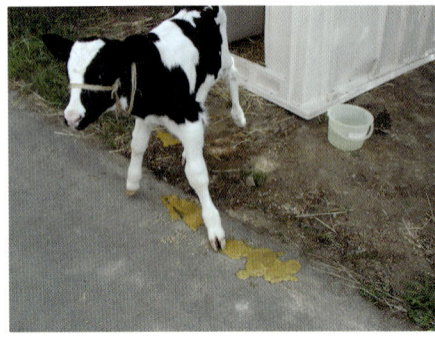

図9-12 クリプトスポリジウム症の子牛の下痢便
（写真提供：黒澤　隆氏）

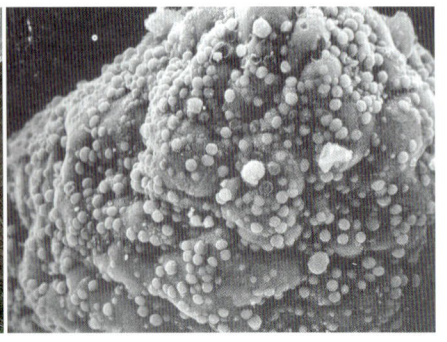

図9-13 クリプトスポリジウム罹患子牛の小腸粘膜の無数のオーシスト
（写真提供：黒澤　隆氏）

5）飼育環境と泌乳生理

(1) 飼育環境と泌乳

　乳牛で最も適温域の下限（下臨界温）が高いのは初生子牛であるが，その生産環境限界は－10℃，生存限界は－60℃とされている．つまり，厳寒地においてもカーフハッチ（calf hutch）に隔離飼育することで感染症の罹患を予防し，健康に育成できる（図9-14）．泌乳牛の場合は，乳生産のために代謝が活発であり，厳寒期でも飼料効率がやや悪化する程度で乳量や乳組成など乳生産への影響はほとんどない．反面，耐暑性は弱い．環境温度の上昇に伴い顕熱放散が減少するので，汗，呼吸などの水蒸気の蒸発による潜熱放散に頼るが，潜熱放散は湿度の影響を強く受ける．そこで，ヒトの不快指数に相当する温湿度指数（THI）や体感温度（ET）により暑熱環境の指標とする．THI72以上，ET25℃以上で飼料摂取量と乳量が減少し，受胎率も低下する．牛体への散水や牛舎への細霧，ダクトによる換気やトンネル換気などにより，牛体と牛舎からの熱の放散を促進する方策が採用される．

図9-14 厳寒期のカーフハッチによる子牛の哺育
（写真提供：干場信司氏）

(2) 泌乳生理と搾乳

　牛乳は乳腺細胞で合成される．1kgの牛乳の生成に必要な血液の灌流量は400〜500Lといわれる．乳頭を拭く刺激が下垂体に達するとオキシトシンが分泌され，乳腺胞や乳管の筋上皮細胞を2〜10分間収縮させる．乳頭刺激から1分以内に搾乳を開始し，オキシトシンの分泌を阻害しないようにウシに優しく接し，有効時間内に終了するよう心がける．ミルキングパーラーには配列の違いにより，アブレスト，タンデム，ヘリンボーン，パラレルなどのタイプがある．

(3) 牛乳の品質管理

牛乳の衛生的乳質は生乳中の細菌数，体細胞数（SCC），残留薬物を指標とする．体細胞数と残留薬物は搾乳前の衛生の指標であるのに対し，細菌数は搾乳後の生乳の取扱いに左右される．体細胞はほとんどが白血球であり，健康な乳房から分泌された牛乳 1mL の体細胞数は 10 万以下である．乳腺に細菌が感染すると体細胞数は増加する．乳房炎罹患牛および罹患分房を発見し治療する．搾乳直後の生乳を放置すれば細菌が急激に増殖する．そのため，1 時間以内に 10℃以下で，次の 1 時間以内に 4℃となるようバルククーラーで冷却する．

なお，初乳，乳房炎に罹患した乳牛の乳，治療のために抗生物質や乳に移行する可能性のある薬剤を投与したウシの乳は出荷できない．

4．肉　　牛

1）銘柄牛の作出

1975 年頃から牛肉でもブランド名を付けて販売され始め，1990 年には産地銘柄表示牛肉は 127 点あり，2009 年にはこれが 281 点に増加し，その半数ほどが和牛肉の銘柄となっている．

牛肉の銘柄は，認定機関により産地，品種および牛肉の品質などが一定の基準を満たすものに付けられ，神戸牛，松阪牛，近江牛などが有名である．このうち神戸牛は，兵庫県内で生まれ育成された但馬牛を県内で肥育し，県内の施設に出荷された未経産雌牛と去勢雄牛で，品質評価が一定の基準に達したものに付けられる．松阪牛は，三重県内の限定された生産区域における肥育期間が最長および最終の黒毛和種未経産の雌牛で，システムの条件を満たして出荷されたものと定められている．さらに，日本最古の和牛銘柄といわれる近江牛は，滋賀県内で最も長く飼育された黒毛和種とされ，品質に関する基準は定められていないが，富裕層が急増し消費市場の拡大が見込めるアジアを中心に本格的な輸出が図られている．

2）肉牛経営のタイプ

 和牛では，繁殖（子取り）経営と肥育経営およびそれらを併せた一貫経営がある．交雑種および乳用種における子牛の生産は，酪農経営で行われるので，和牛のような繁殖経営は見られず，初乳を飲ませたあとの新生子牛を購入して行う哺育・育成経営と肥育経営およびそれらを併せた一貫経営がある．

3）飼育方法と施設および設備

(1) 繁 殖 牛

 和牛の雌子牛では，10ヵ月齢で性成熟に達し，初回発情が観察される．繁殖供用開始は14ヵ月齢前後とし，体重は300kg以上，体高は116cm以上であることが望ましい．発情は21日周期で起こり，16〜26時間（平均24時間）続く．交配適期は発情終了前後で，朝に発情を発見したらその日の午後か夕方に，午後に発見したら翌朝に人工授精する．妊娠期間は約285日であり，次回，次々回の発情が観察されなければ妊娠とみなすことができる（ノンリターン法）．それでも，人工授精後40〜50日に直腸壁から胎膜を触診するか（直腸検査法），超音波診断装置（図9-15）によって妊娠を確認するのが望ましい．

 群飼している場合には，繁殖牛を分娩予定日の1〜2週間前に，消毒を済ませた分娩房に移動し，外陰部からの粘液の漏出や乳房の張りの変化などの分娩兆候が観察されたら，厚めにワラを敷く．陣痛が始まると落ち着きがなくなり，2〜4時間後に分娩が始まる．第一次破水が起こり，次いで第二次破水後に娩出する．分娩後に子牛の口と鼻の周りの胎膜を取り除き，呼吸確認を行う．母牛が子牛をなめないときは，子牛にフスマを振りかけてなめさせる．それでも駄目なときは，乾いた布で体を拭いてやる．分娩後2〜3時間で胎盤が娩出されるが（後産），8〜10時間経過しても娩出しないことを後産停滞といい，そのときは獣医師によ

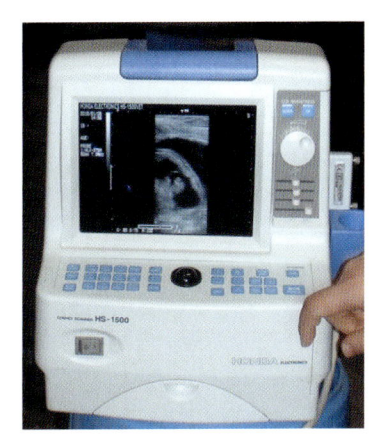

図 9-15　超音波診断装置

る処置が必要である．

(2) 哺育・育成牛

　新生子牛は寒さに弱いので，風が直接体に当たらない場所に置く．子牛は生後30分ほどで立ちあがり母乳を飲む．初乳には病気を防ぐ免疫グロブリンが含まれるので，できるだけ早く飲ませ，自力で飲まないときは母乳を搾り，強制的に投与する．製品化された人工初乳や凍結保存された初乳も利用できる．

　乳用種では，生後7日目以降に除角されることが多いが，肉用種では子牛市場に出荷されることが多く，除角することは少なかった．除角が闘争を緩和し群飼に効果があることが見直され，近年，子牛導入後に肥育農家で除角（断角）されている．また，個体識別番号により登録するため，哺育中の子牛の両耳に指定された耳標を装着する（図9-16）．これは，わが国で初めての牛海綿状脳症（BSE）の発生により（2001年9月），BSEのまん延防止と牛肉の安全性に対する信頼回復を図るため，10桁の個体識別番号で生産から消費段階まで一元管理することが制度化されたためである（牛トレーサビリティ制度）．2009年1月に36頭目が確認されて以降，わが国でBSEは発生していない（肉用種雌4頭／乳用種雌30頭／乳用種去勢雄2頭，2012年4月現在）．

　母牛と一緒に飼育されている子牛でも，遅くとも生後5ヵ月齢までに離乳する．哺乳子牛に3週齢から良質な粗飼料を給与し，母乳不足によって増体量が少ない場合は，子牛に濃厚飼料を給与する別飼い（クリープフィーディング）を行う．母牛の繁殖機能の早期回復と子牛生産の回転を高めるために，代用乳（液状飼料）とカーフスターター（人工乳，固形飼料）を用いて人工哺育し，体重50～70kg（7～10週齢）を目安に，早期離乳を行うケースが増加している．

　わが国では通常，雄の肥育は行われず，肉質の向上を図るため，生後5ヵ月齢までに子牛の精巣が除去される（去勢）．去勢には観血去勢と

図9-16　耳標を装着した子牛群

無血去勢があり，後者ではバルザック挫滅器が使われる．雌子牛を将来，繁殖牛として用いる場合には，良質粗飼料主体で飼育するが，肥育素牛として子牛市場に出荷するときは，雄雌ともに出荷体重を大きくするため，濃厚飼料を多給することが少なくない．このような場合，余分な体脂肪は化粧肉と呼ばれ，肥育農家では素牛導入後に飼い直しをしなければならないので嫌われる．したがって，育成期に粗飼料を十分に給与するとともに（生後6ヵ月齢までは20〜40%，それ以降は40〜60%），骨，筋肉などの発育に必要な栄養素を給与する必要がある．子牛を市場出荷するまでに，子牛登記とワクチン接種を済ませておく．また，舎飼いでは蹄が伸びやすく，そのままにすると膝に負担がかかるため，削蹄する必要がある．肥育開始までに2回，肥育開始後も年2回程度削蹄することが望ましい．

4）飼料の種類と給与

(1) 飼料の種類（濃厚飼料と粗飼料）

　粗飼料としてトウモロコシ，ソルゴー，スーダン，イタリアンライグラスなどが栽培されるとともに，乾草，ワラ類などが輸入されて用いられており，肥育時の粗飼料として重要な稲ワラは稲作農家から購入および収集する努力がなされている．濃厚飼料は主に輸入穀類であるトウモロコシ，オオムギ，コムギ，マイロ，フスマなどとともに，米ヌカ，大豆粕，ビール粕，トウフ粕などの国内で発生する農業副産物，食品製造副産物が利用されている．

(2) 繁殖牛の飼料

　繁殖牛の飼料は牧草や野草など粗飼料のみで十分であり，トウモロコシサイレージなど高エネルギーの飼料はエネルギー過多となる．子牛を離乳した母牛には維持に要する養分量を給与すればよい．放牧している場合には，草地の状態によってエネルギーが不足することがあり，そのときは濃厚飼料を補足する．また，妊娠末期2ヵ月間は胎子が急激に発育するので，濃厚飼料を1kg程度与える．

　授乳期間中の母牛の養分要求量は大きく，栄養摂取量が不足すると，子牛の発育および母牛の繁殖機能の回復に悪影響を及ぼすので，母牛と子牛の体重変化を把握しながら，適宜，濃厚飼料を給与する必要がある．

(3) 育成牛および肥育牛の飼料

　育成牛には濃厚飼料を制限しながら，良質乾草を十分に食い込ませ，将来，飼料をより多く摂取できるように腹づくりをする必要がある．乾草とともに粗剛な粗飼料である稲ワラも給与されている．

　穀類は消化率をあげるために粉砕，挽き割りおよび圧ぺんなどに加工処理されているが，肥育牛にトウモロコシを全粒で給与しても，デンプンの消化率は低下するものの，増体成績，飼料効率，肉質などには影響しない．飼料費の低減のためにトウフ粕，ビール粕，米ヌカなどの食品製造副産物が利用されるが，それらの栄養的特徴を十分に理解して使用することが望ましい．肥育前期には乾草，サイレージなどの良質な粗飼料とともに，胃の発達を促すために稲ワラが給与され，肥育中期から後期のウシには体脂肪が黄色化しないように，稲ワラのみが給与される．

5）肥 育 技 術

(1) 役肉用牛から肉用牛への転換と肥育方式の変化

　1960年頃までの和牛は，役肉用牛として農耕と運搬および堆肥利用など有畜農業の中核的存在で，くず穀物，米ヌカなどの農業副産物や野草が与えられ，飼育中に生まれる子牛や使役後に肥育されたウシが貴重な現金収入になった．雌牛でも去勢牛でも子牛のときから育成しながら，役牛として使ったあと，成長が終わったウシを飼い直して脂肪を付けて出荷する成牛肥育が行われた．肥育方式として雌牛では理想肥育，普通肥育，去勢牛では理想肥育，壮齢肥育などに分類され，それらの肥育期間や仕上体重に違いが見られた．

　耕耘機，化学肥料などの普及で農業の機械化，化学化が進展する中，役肉用牛から肉用牛への転換が図られるとともに，肥育経営の規模拡大と専業化が進められた．肉用牛への転換の過程で，それまでの使役利用後における成牛肥育と異なり，去勢，離乳後の雄子牛を用いて育成および肥育する若齢肥育技術が開発された．1960年代半ば頃から関西の農家を中心に普及し始め，その後全国に広がることによって，肥育産業がわが国に定着することになった．若齢肥育ははじめ18ヵ月齢で450kgに仕上げることが目標とされたが，次第に仕上体重が上昇し，

肥育期間が延長された．その後，増体能力の向上もあり現在では，30ヵ月齢で700kg前後あるいは血統によってはそれを上回る体重で出荷されている．このように，若齢肥育における肥育期間の長期化に伴い，理想肥育との境界もあいまいになったことから，これらの用語自体が次第に使われなくなった．

　1970年前後に，牛肉需要の伸びに応じて，乳用種の雄牛が牛肉資源として見直され，さらに1979年に初めて牛乳の生産調整が行われ，酪農家は生まれた子牛をできるだけ高く売るため，黒毛和種を交配した交雑種子牛を生産するようになり，肉質のうえで乳用種と肉用種の中間的な牛肉生産が行われるようになった．

　肉用牛の成長過程，生産量などに応じた適正な養分要求量を示すものとして，肉用牛飼養標準が1970年に初めて作成され，その後5回改定されている．現在の『日本飼養標準肉用牛（2008年版）』（中央畜産会，2009）には，肥育に関して肉用種（去勢牛，雌牛）と交雑種（去勢牛）および乳用種（去勢牛）について，それぞれ体重，増体日量に応じた1日当たりの各種養分量と給与飼料に含ませるべき各種養分の含量とが示されているので，飼養標準に基づいて，濃厚飼料の配合設定や濃厚飼料と粗飼料の給与設計が行われている．

(2) 素牛の選定と主な肥育方式

　素牛の選定にはまず，日齢に応じた標準的な体重および体型を示していることが重要である．子牛の価格が肥育経営を左右すること，血統も出荷時の肉質や販売価格に大きく影響するので，出荷時における収支予測を考慮して，適切な価格の素牛を選定すべきである．素牛導入時には清潔な牛房を用意し，新鮮な水を給与して休息させる．次いで良質な乾草とワラを与え，下痢や咳などの健康状態を観察する．個体管理が容易にできるように，導入後に器具（図9-18）を用いて，鼻環が装着されている．濃厚飼料を給与する場合は，予定の給与量までに2～3週間をかけ，徐々に増やしていく．肥育前期には群飼育され，肥育後期には1頭または2頭飼いされることが多い．牛群に分けるときは，体重を目安に揃えることが望ましい．

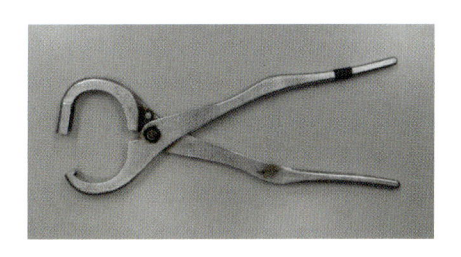

図9-18　鼻環装着器具

肉用種では系統によっても肥育方式が異なるが（表9-2），一般的には肥育期間中，前・後期または前・中・後期の肥育ステージ別に，粗飼料と濃厚飼料の給与比率，粗飼料の種類および濃厚飼料の栄養素含量をかえる．肥育前期には乾草や稲ワラなどの粗飼料を20％以上給与し，肥育後半に粗飼料を15％以下とし，稲ワラのみを給与する．反芻胃内の微生物相の適応が不十分だと乳酸アシドーシスを引き起こすので，肥育前期から後期への飼料の切りかえに2～3週間かける必要がある．

交雑種の成長速度は，肉用種と乳用種のほぼ中間であり，増体のピークを導入後できるだけ早い時期に達成するのが望ましい．

乳用種では肥育前期には肉用種，交雑種と同様に良質乾草を給与するが，発育を遅延させることなく，骨格と消化器官を充実させる必要がある．出荷時の肉質の面から，出荷月齢は21ヵ月以上が望ましい．乳用種では生産費に占める飼料費の割合が肉用種，交雑種よりも大きいので，飼料費の節減が求められ，トウフ粕，ビール粕，ミカンジュース粕，焼酎粕，パン屑，麺屑などの食品製造副産物が積極的に利用されている．

近年，ビタミンAを欠乏させることで，脂肪交雑が改善されることが判明し，13～20ヵ月齢頃までビタミンA含量の低い飼料が給与されている．しかしながら，過度のビタミンA制限は食欲不振，発育の低下，免疫能の低下，失明，四肢の浮腫などによって，肥育農家が被る経済的損失がきわめて大きい．このため，日頃から肥育牛の行動や健康状態を観察するとともに，指導機関の協力を得て血中濃度を測定して把握すべきである．

表 9-2 現在の主な肥育方式

肥育牛の種類	肥育開始月齢（肥育開始体重）	肥育期間	出荷月齢（出荷体重）
肉用種去勢牛肥育	9～10ヵ月（280～300kg）	20～21ヵ月	29～30ヵ月（670～730kg）
交雑種去勢牛肥育	7～8ヵ月（270kg）	19～20ヵ月	27ヵ月（770kg）
交雑種雌牛肥育	7～8ヵ月（230～260kg）	18～23ヵ月	25～30ヵ月（650～750kg）
乳用種去勢牛肥育	6～7ヵ月（270～290kg）	13～15ヵ月	21ヵ月（740～780kg）

2010年度におけるわが国の牛肉の自給率は42％であり，国内生産量に占める肉用種，交雑種および乳用種の割合はそれぞれ43％，24％および31％である．牛肉の自給率や国産牛肉の品種別生産割合はほぼ同じレベルで推移しており，特に大きな変化は見られていない．

6）衛生と病気

(1) 牛舎の衛生管理

夏季は涼しく，冬季は牛体に直接風が当たらない，排水と通風のよい牛舎が望ましい．新鮮できれいな空気，清潔な水を与え，乾いた敷料を十分に敷いて，牛体を常に清潔に保つことが大切である．衛生管理に関連して，2010年の宮崎県の口蹄疫と全9県に及ぶ高病原性鳥インフルエンザの発生を踏まえ，2011年4月に家畜伝染病予防法が改正された．法改正により，伝染病の発生予防と早期発見・通報，迅速に的確な初動対応を徹底するため，飼養衛生管理基準の遵守が家畜所有者に義務付けられた．肉牛飼養農家が遵守すべきこととして以下のことがあげられ，厳格な衛生管理が推進されることになった．

①農場内における衛生管理区域の設定と消毒の徹底（消毒設備の設置義務，車両，ヒト，物品の消毒徹底）
②ネズミ，野鳥など野生動物からの病原体の感染防止措置
③飼養牛の健康観察と異常確認時における家畜保健衛生所への早期通報
④飼養牛の焼却または埋却が必要となる場合に備えた土地の確保

このように衛生管理の徹底を図ることは，伝染病の発生予防のみならず，慢性疾病の予防，育成および増体の向上など，経営面からも大きな効果が期待できる．

(2) 子牛の病気

子牛は離乳までは下痢や肺炎などにかかりやすいので，生後2ヵ月齢まで，カーフハッチ（図9-19）で哺育および育成することが望まし

図9-19　カーフハッチ飼養子牛

い．下痢や各種の疾病対策として，生後できるだけ早く初乳を飲ませるとともに，妊娠末期の母牛に大腸菌性下痢予防ワクチンを接種して母乳への抗体分泌を促したり，定時における寄生虫の駆除と混合ワクチンの接種およびビタミン剤の投与などを行う．

(3) 繁殖関連の病気

繁殖障害を予防するため，栄養不良や過肥とならないように栄養管理に気を付ける．分娩時にはなるべく立ち会い，難産や後産停滞などに適切に対応する．

(4) 肥育に伴う病気

肥育牛は肉質と生産性の向上が求められることから，穀類主体の濃厚飼料が多給されている．微生物によって発酵しやすい濃厚飼料を多給することで，反芻胃内環境の恒常性を保つことが難しくなるため，ルーメンアシドーシス，第一胃炎，肝膿瘍，鼓脹症などの消化器病が発生する．

濃厚飼料中に米ヌカ，フスマなどのリン含量の高い飼料の割合が増加すると，尿路系にリン酸マグネシウムアンモニウムを主成分とする結石が沈着して尿石症が発生し，重症な場合には，膀胱破裂や尿毒症で死亡することもある．

血統的に脂肪交雑のよく入る肉用種の肥育牛で，肥育が進むと腹腔内脂肪細胞が壊死変性を起こし，それが腸管を狭窄したり消化器障害をもたらすのが腸間膜脂肪壊死症である．

(5) 放牧での病気

小型ピロプラズマ症はわが国の放牧病の中で被害の大きい疾病の1つで，マダニ類が媒介する．ダニが保有する小型ピロプラズマ原虫が，ダニの吸血時にウシの体内に侵入して赤血球に寄生することで貧血が起こる．貧血が続くと発育停滞，繁殖障害が見られ，幼若牛では致死率も高いことから，できるだけ早期に発見し，治療することが必要である．油性の殺ダニ剤の定期的な塗布が効果があり，そのうえで，殺虫成分を染み込ませたイヤータッグ装着の併用が有効である．

イネ科とマメ科の混播草地でマメ科牧草が優先していると，ルーメン内に多量のガスが充満し，腹部を膨張させる鼓脹症を発症することがあり，重度の場合に

は死亡する.

5．その他の家畜

1）ヒツジ

　①**種類，用途，一生**…毛用種，肉用種，毛肉兼用種，乳用種，毛皮種がある．日本で主に飼われているヒツジは，ラム肉生産（生後1年未満）のためのサッフォーク種で，北海道，東北6県，長野県に多く飼養されている．4ヵ月齢で離乳した子羊を秋まで放牧し，45〜55kgに仕上げたものをラムという．

　ヒツジは季節繁殖性で，世界的には多様な環境に広く分布しており，群行動の習性を持った家畜である．生後8ヵ月で初発情が見られるが，翌秋に種付けをした方がよい．ヤギと同じく春に分娩，秋に種付けというサイクルで繁殖が行われる．産子数は1〜2頭が普通である．

　②**飼育**…ヒツジは寒さに強いが，暑さと湿気に弱い．ヒツジは反芻動物として，ヤギやウシと同じ消化生理の特徴と栄養特性を示し，同様に飼料を利用できる．ヒツジは飼料の利用性が高く，草類，樹葉類，穀類はもちろん，根菜，海藻まで広く採食する．長く成長した草より，短草を好む傾向がある．離乳は生後4ヵ月であるが，その後12〜14ヵ月を育成期間とする．

　成羊は春桜の開花頃にせん毛という毛刈り作業を行わなければならない．

　ヒツジは病気にかかっても症状が現れにくいことから，健康状態を普段からよく観察することが大事である．病気はヤギと共通で，腰麻痺，急性鼓張症，内部寄生虫などに注意しなければならない．

2）ヤギ

　①**種類，用途，一生**…乳用では日本ザーネン種，肉用ではシバヤギ，毛用ではカシミヤ種が代表的な品種である．もともとのスイスザーネン種を改良した日本ザーネン種は，年間産乳量500〜1,000kg，乳脂率3.5%である．シバヤギは五島列島や長崎県西海岸地方一帯で飼養されている成体重20〜30kgの小型のヤギであるが，周年繁殖できる．毛用のカシミヤ種は，インド北部からイラン，モ

ンゴル，中央アジア，チベットで広く飼われ，粗い外毛とその下に下毛と呼ばれる貴重なカシミヤを持っている．その産毛量は年にわずか300gである．

②**飼育**…寒さに強いが暑さと湿気に弱い．畜舎内は乾燥し，風通しがよくなければならない．高いところを好むので，そのような運動場を備えるとよい．ヤギは，樹葉を非常に好み，広葉樹の新芽，若芽，樹皮まで食べる．地面に落ちた飼料や汚れたものは食べない習性があり，同一飼料に飽きやすいところがある．

ヤギはウシのように反芻家畜であるので，栄養の基本はウシと同じである．生後3週間前後で一般の飼料を食べるようになるので，早く離乳させるようにする．育成ヤギは第一胃が十分発達するように濃厚飼料を与えすぎないようにする．生後6～7ヵ月で発情をするが，交配は体ができあがる翌年の秋に行うのがよい．

腰麻痺にかかるので，予防注射を打つなどして防ぐとともに，媒介する蚊の発生防止と防除を徹底する．

3）ウ　　マ

①**種類，用途，一生**…体格や用途によって，軽種（サラブレッド，アラブなど），重種（フルトン，ペルシュロンなど），中間種，在来種（木曽ウマ，北海道和種，トカラウマ，与那国ウマなど）に分けられる．これらは，その目的によって騎乗，駄載，ばん曳，馬肉生産，アニマルセラピーに利用されている．

2年で性成熟，出生時体重は成熟時の10％程度，馬肉生産は重種を1歳前後から肥育，2～3歳で出荷，日本で年5,000tを生産する．

②**飼育**…繁殖雌馬の飼育は，放牧を中心とし，与える飼料は主として粗飼料である．ミネラルが不足しないようにするとともに，分娩1ヵ月前からは難産防止のためひき運動を行う．子馬の離乳は5～6ヵ月に行い，その後放牧を主体に飼育する．飼料の給与量は体重の2～3％程度（乾物量）とし，濃厚飼料を与えすぎない（全量の半分以下）．粗飼料としてはイネ科の牧草の生草や乾草，その他ササやクズなどの野草も与えられる．濃厚飼料はエンバク，オオムギ，フスマ，トウモロコシの他，市販配合飼料も給与できる．

参 考 図 書

和　書

阿久澤良造ら（編）：乳肉卵の機能と利用，アイ・ケイコーポレーション，2005.
阿部　亮ら：新版家畜飼育の基礎，農山漁村文化協会，2008.
板橋久雄（監修）：国産飼料の利用拡大に対応した乳牛の栄養管理，デーリィマン社，2009.
伊東正吾（監修）：わかりやすい養豚場実用ハンドブック，チクサン出版社，2006.
伊藤　宏：食べ物としての動物たち－牛，豚，鶏たちが美味しい食材になるまで－，講談社，2001.
伊藤敞敏ら（編）：動物資源利用学，文永堂出版，1998.
今井　裕（編）：家畜生産の新たな挑戦，京都大学学術出版会，2007.
上坂章次：原色家畜家禽図鑑，保育社，1964.
内田仙二（編）：サイレージ科学の進歩，デーリィ・ジャパン社，1999.
扇元敬司ら（編）：新編畜産ハンドブック，講談社，2006.
大竹　聡（監訳）：PIG SIGNAL，ベネット，2011.
沖谷明紘（編）：肉の科学，朝倉書店，1996.
奥村純市・藤原　昇（編）：家禽学，朝倉書店，2000.
岡本全弘（監修）：たくましい乳牛に仕上げる育成の科学と技術，酪農学園大学エクステンションセンター，2005.
小原嘉昭（編）：ルミノロジーの基礎と応用，農文協，2006.
香川芳子（監修）：食品成分表2012，女子栄養大学出版部，2012.
家畜繁殖学会（編）：新繁殖学辞典，文永堂出版，1992.
加藤征史郎（編）：家畜繁殖，朝倉書店，1994.
上野川修一（編）：乳の科学，朝倉書店，1996.
唐澤　豊・菅原邦生（編）：動物の栄養 第2版，文永堂出版，2016.
唐澤　豊ら（編）：動物の飼料 第2版，文永堂出版，2017.
国立医薬品食品衛生研究所食品衛生管理部（監）：HACCP実践のための鶏卵の衛生管理ガイドライン，鶏卵肉情報センター，2006.
（独）国立環境研究所地球環境研究センター温室効果ガスインベントリーオフィス（環境省）：National Greenhouse Gas Inventory Report of Japan
齋藤忠夫ら（編）：畜産物利用学，文永堂出版，2011.
齋藤忠夫ら（編）：最新畜産物利用学，朝倉書店，2006.

在来家畜研究会（編）：アジアの在来家畜，名古屋大学出版会，2009.
佐々木康之・小原嘉昭（編）：反芻動物の栄養生理学，農文協，1998.
佐藤英明（編）：新動物生殖学，朝倉書店，2011.
佐藤衆介ら（監修）：動物への配慮の科学－アニマルウェルフェアをめざして－，チクサン出版社，2009.
佐藤衆介ら（編）：動物行動図説，朝倉書店，2011.
正田陽一（監修）：世界家畜図鑑，講談社，1987.
正田陽一（監修）：世界家畜品種事典，東洋書林，2006.
正田陽一（監修）：動物大百科 10. 家畜，平凡社，1987.
新獣医学事典編集委員会（編）：新獣医学事典，チクサン出版社，2008.
鈴木善祐ら（著）：新家畜繁殖学，朝倉書店，1988.
（社）全国家畜畜産物衛生指導協会（企画）：生産獣医療システム 肉牛編，農山漁村文化協会，1999.
高木伸一：たまご博物館　http://homepage3.nifty.com/takakis2/
高橋迪雄（監修）：哺乳類の生殖生物学，学窓社，1999.
田先威和夫ら（編）：新編養鶏ハンドブック，養賢堂，1982.
谷口幸三・谷田 創（編）：暮らしの中にみるヒトと動物との関わり，広大生物圏出版会，2004.
畜産環境整備機構：家畜ふん尿処理・利用の手引き，畜産環境整備機構，1998.
（社）畜産技術協会：畜産における温室効果ガスの発生制御 総集編，（社）畜産技術協会，2002.
津田恒之（監修）：新 乳牛の科学，農文協，1987.
内藤元男（監修）：畜産大事典，養賢堂，1980.
内藤元男ら：新版畜産学，朝倉書店，1980.
中村 良（編）：卵の科学，朝倉書店，1998.
名久井忠（監修）：飼料自給・最前線，酪農学園大学エクステンションセンター，2008.
日本獣医解剖学会（編）：獣医組織学 第五版，学窓社，2011.
日本食品衛生学会（編）：食品安全事典，朝倉書店，2009.
日本皮革技術協会（編）：総合皮革科学，日本皮革技術協会，1998.
日本皮革技術協会（編）：皮革ハンドブック，樹芸書房，2005.
日本薬学会（編）：乳製品試験法・注解，金原出版，1984.
（独）農業・生物系特定産業技術研究機構（編）：最新農業技術事典（NAROPEDIA），農山漁村文化協会，2006.
（独）農業・生物系特定産業技術研究機構（編）：日本飼養標準・家禽（2004年版），中央畜産会，2005.
（独）農業・生物系特定産業技術研究機構（編）：日本飼養標準・豚（2005年版），中央畜産会，2005.
（独）農業・食品産業技術総合研究機構（編）：日本飼養標準・肉用牛（2008年版），中央畜産会，2009.